기본부터 알아가는

전기전자재료

유모토 모토시게 감수

아오야기 미노루 · 스즈키 카오루 · 다나카 야스히로
마츠모토 사토시 · 유모토 모토시게 저자

김봉환 · 전경한 · 김종재 역자

도서출판 홍릉

역자소개

김봉환

2005년 서울대학교 전기컴퓨터공학부 박사
2009년부터 현재 대구가톨릭대학교 전자전기공학부 교수

전경한

2002년 경북대학교 전자공학과 박사
2015년부터 현재 대구가톨릭대학교 교수

김종재

1988년 일본 고오베대학교 물리학과 박사
1989년부터 현재 대구가톨릭대학교 교수

저자소개

유모토 모토시게 (湯本 雅恵) [감수, 집필 부분 : 1장]
1950년 사이타마현 출생. 1978년 무사시공업대학 (현 동경도시대학) 대학원 공학연구과 박사과정 전기공학전공 수료. 같은 해, 동 대학 조수, 그 후, 강사, 조교수를 거쳐 1995년 교수. 그동안 프랑스 국립과학연구소(CNRS)에서 객원연구원. 유전체 재료의 표면물성, 방전물리, 고전압공학 연구에 종사하고 있다.

아오야기 미노루 (青柳 稔) [집필 부분 : 2장, 4장]
1961년 토치기현 출생. 1981년 오야마공업고등전문학교 전기공학과 졸업. 1990년 동경농공대학 공학부 전자공학과 졸업. 1998년 동경대학 대학원 공학계연구과 전자정보공학전공 박사과정 수료. 1981-1988년 SONY주식회사. 1990-2001년 닛산자동차주식회사. 2001-2003년 도마코마이공업고등전문학교 전기전자공학과 조교수. 2003년부터 일본공업대학. 현재 일본공업대학 전기전자공학과 교수. 전기전자재료 및 전자회로시스템의 연구에 종사하고 있다.

스즈키 카오루 (鈴木 薫) [집필 부분 : 3장]
1955년 후쿠시마현 출생. 1980년 일본대학 대학원 이공학연구과 전기공학전공 박사전기과정 수료. 같은 해 일본대학 이공학부 전기공학과 조수. 1990년 동 대학 전임강사. 1997년 동 대학 조교수. 2007년부터 동 대학 교수, 전기재료의 레이저나 방전플라즈마에 의한 창성과 고기능화 연구에 종사하고 있다.

다나카 야스히로 (田中 康寛) [집필 부분 : 5장]
1961년 후쿠오카 출생. 1986년 와세다대학 이공학부 졸업. 1988년 와세다대학 대학원 이공 학연구과 석사과정 수료. 1991년 동 대학 동 대학원 동 연구과 박사과정 수료. 1992년 무사시공업대학 (현 동경도시대학) 공학부 강사. 1998년 동 대학 동 학부 조교수. 2004년부터 동 대학 동 학부 교수. 현재 동 대학 공학부 기계시스템공학과 교수. 절연재료 내부에 축적하는 공간전하 분포의 측정법 개발을 통해 절연성 평가 연구에 종사하고 있다.

마츠모토 사토시 (松本 聡) [집필 부분 : 6장]
1955년 토치기현 출생. 1984년 도쿄대학 대학원 공학계연구과 전기공학전공 박사과정 수료. 1984-2007년 주식회사 도시바. 2003-2007년 큐슈공업대학 공학부 객원교수. 2007년 시바우라공업대학 공학부 전기공학과 교수, 현재에 이른다. 고전압공학, 전력기기, 전기재료, 전기 자기학, 전기전자 측정을 담당하고 있다.

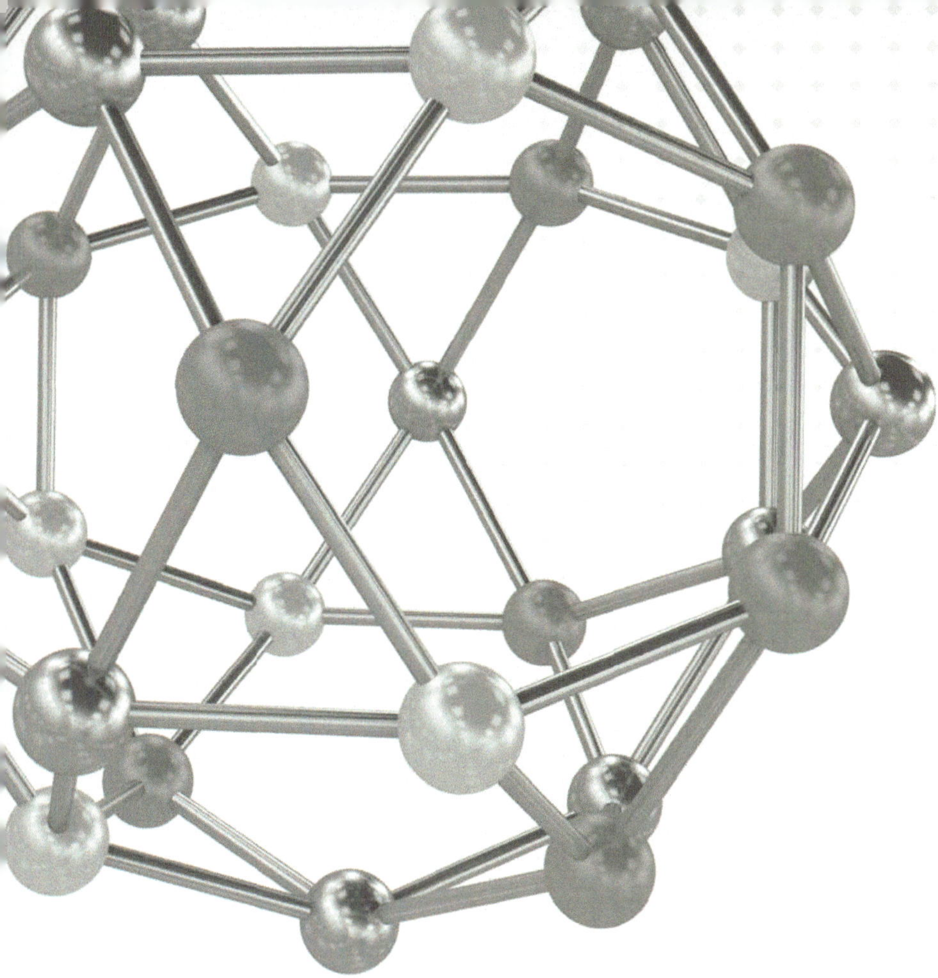

기본부터 알아가는

전기전자재료

유모토 모토시게 감수

아오야기 미노루 · 스즈키 카오루 · 다나카 야스히로
마츠모토 사토시 · 유모토 모토시게 저자

김봉환 · 전경한 · 김종재 역자

도서출판 홍릉

基本からわかる電気電子材料講義ノート

by Minoru Aoyagi, Kaoru Suzuki, Yasuhiro Tanaka, Satoshi Matsumoto and Motoshige Yumoto

Original Japanese Language edition
KIHON KARA WAKARU DENKI DENSHI ZAIRYOU KOUGI NOTE
Supervised by Motoshige Yumoto
by Minoru Aoyagi, Kaoru Suzuki, Yasuhiro Tanaka, Satoshi Matsumoto, Motoshige Yumoto

Published by Ohmsha, Ltd.
Korean translation rights arrangement with Ohmsha, Ltd.
through Japan UNI Agency, Inc., Tokyo and Gaon Agency, Seoul

기본부터 알아가는

전기전자재료

인 쇄: 2020년 8월 10일 초판 1쇄
발 행: 2020년 8월 21일 초판 1쇄

역자와의
협의하에
인지생략

역 자: 김봉환 · 전경한 · 김종재
발행인: 송 준
발행처: 도서출판 홍릉
주 소: 01093 서울시 강북구 인수봉로 50길 10
등 록: 1976년 10월 21일 제5-66호

전 화: 02-999-2274~5
팩 스: 02-905-6729
e-mail: hongpub@hongpub.co.kr
http://www.hongpub.co.kr
ISBN: 979-11-5600-783-8(93560)

정 가: 25,000원

저자의 글

널리 보급되고 있는 수많은 공업 제품은 여러 물질을 이용하여 만들어지고 있습니다. 예를 들어 책상은 나무 또는 금속을 주로 하여 만들어졌으나, 단일 물질로 되어 있는 것은 아닙니다. 제품을 용도에 맞추어 안전하고 기능을 높이도록 각종 물질을 쓰고 있습니다. 전기 전자 공학 분야에서 이용되는 장치도 마찬가지입니다. 수많은 부품을 넣어 만든 제품이 대부분입니다. 예를 들어 스마트 폰은 다수의 물질을 이용한 많은 기능을 가진 소자를 조합해서 만들어지고 있습니다. 이들, 전기 전자 공학 분야에서 이용되는 제품을 구성하는 재료 중, 전기적 특성에 관련된 물질이 전기 전자 재료입니다.

이러한 전기 전자 공학 분야에서 이용되는 제품을 구성하는 재료 중, 전기적 특성에 관련된 물질이 전기 전자 재료로. 이러한 전기 전자 공학 분야에서 만든 장치, 기기 또는 소자나 부품에 이용되는 재료는 전기 전자 공학 분야의 발전 초기 단계에서는 금속, 고무, 신문, 섬유, 자기, 광물과 기름 같은 천연 자원이 대부분을 차지하고 있었습니다. 그 당시는 지금과 비교하면 높은 성능을 요구 받은 것이 아닌, 장치나 기기를 설계할 때, 이들 재료를 선택하는 데, 그 거시적 물성치, 예를 들어 전도율 혹은 저항률, 유전율 그리고 투자율이라는 물리량을 파악함으로써 충분히 대응하고 있었습니다. 그런데, 공학 분야의 발전에 따른, 또 원료의 정제와 합성 기술 등의 진보에 의해서 재료의 품질이 향상되어 재료의 이용되는 환경은 가혹하게 되었습니다. 그 결과, 높은 성능으로 신뢰성 높은 장치를 설계하기 위해서는 거시적 물성의 이해만으로는 대처할 수 없는 일이 늘고 있습니다.

예를 들어 각종 기기나 소자는 소형화와 경량화, 초절전에 대응하기 위해서 작아지고 아주 높은 전류의 가담하는 장소가 일어나게 되고 있습니다. 즉, 재료가 전기적으로 파괴되는 전기장과 같은 높은 전기장에 놓인 재료 물성의 이해가 필요하게 되었습니다. 또한 대량의 정보를 전달하기 위해서는 높은 주파수를 사용하는 것이 필수가 되었고, 빛을 다루는 분야가 확대되고 있습니다. 따라서 재료의 주파수 특성의 파악이 필요합니다. 또한, 작고도 파워풀한 동력을 창출하기 위해서, 혹은 정밀 측정에 매우 강한 자기장을 다루는 일이 많아졌으며, 극저온을 이용한 초전도 자석이 각 방면에서 이용되어 왔습니다. 리니어 신칸센 또는 의료용 진단 장비 등은 그 전형적인 예입니다.

한편, 지속 가능한 사회를 구축하기 위해 소비 전력이 작은 소자 및 장비 개발이 점점 발전적으로 진행되고 있습니다. 그런데 소자의 소비 전력은 낮아지고 소형화는 더 빠른 속도로 진행되고 있기 때문에, 국소적으로 소비하는 전력 (전력 밀도)은 오히려 높아져 발열에 의한 온도 상승에 견딜 재료가 필요가 있습니다. 방열의 연구가 새로운 소자의 개발을 주도 하고 있는 것이 현실입니다.

따라서 이 책에서는 이상과 같은 기술 동향의 흐름을 참작, 전기 전자 공학 분야에서 사용되는 물질에 대하여 미시적으로 본 기본적인 물성과 함께 다양한 재료의 제조법 및 용도를 정리하여 "왜"라는 질문에 대한 대답을 주는 내용이 되도록 노력했습니다. 본문의 구성은 다음과 같습니다.

1장에서는 미시적 관점에서의 현상의 이해가 필요한 이유를 정리해 두었습니다.

2장에서는 재료 물성을 이해하기 위한 미시적 기초 지식을 정리해 두었습니다.

3장부터는 각종 소자가 이용되고 있는 스마트 폰의 내부와 대조해 설명하고 있습니다.

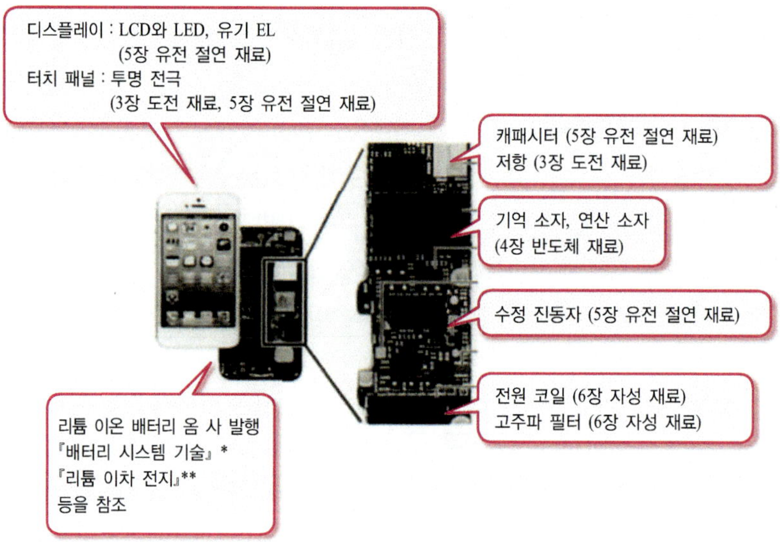

그러면, 전기 전자 재료가 다방면으로 사용되는 것을 이해하고 그 폭의 넓이, 깊이에 관심을 가지고 공부를 진행합시다.

2015년 5월

감수자 유모토 마사에(湯本雅恵)

역자 서문

국내에서는 지금까지 전기 · 전자 · 재료와 관련된 다양한 종류의 책들이 발간되어 이 분야에 종사하는 사람들에게 많은 도움을 주고 있다. 그러나 전기 · 전자 · 재료를 전공하는 학생들에게 쉽게 설명하면서도 정확한 용어를 사용하여 개념 위주로 심도 있게 논의한 책은 부족하기 때문에 역자는 대학에서 전기 · 전자 · 재료와 관련된 교과목을 강의하면서 상당한 아쉬움을 느끼고 있었다. 기존에 사용하던 책이 학생들이 이해하기에는 내용이 난해하고 학생들이 학습의 어려움을 토로하여 학생들이 쉽게 이해하고 도움이 될 수 있는 책을 찾고자 노력했는데 홍릉과학출판사에서 이 책의 번역을 권유하게 되었다.

이 책의 가장 큰 장점은 다양한 학습능력을 가지고 있는 학습자들을 배려하여 책의 내용을 구성했다는 점이다.

첫째, 전공에 입문하는 학습자도 무리 없이 학습을 할 수 있도록 책의 체계를 구성했다. 각 분야별 이론에 대한 설명과 예제를 통해 적용해봄으로 이해를 증진시킬 수 있도록 하였다.

둘째, 많은 사진과 표를 제시하여 내용의 이해를 돕도록 하였다는 것이다.

셋째, 전공용어에 대한 정확한 기술을 통해 학습자들이 혼란을 느끼지 않고 배울 수 있도록 하였다. 따라서, 전기 · 전자 · 재료에 대해서 배우는 대학의 학생들부터 현장에서 실제 업무에 종사하는 전문가들까지 본 교재들 통해 많은 도움을 받을 수 있으리라고 생각된다.

이 책의 원문에 나오는 일본어 전문용어를 한글 전문용어로 번역하고자 노력하였지만, 몇몇의 일본어 전문용어 경우에는 한글 전문용어가 몇 가지로 사용되고 있어 역자의 선택에 따라 용어를 번역하였다. 그리고 보다 정확한 이해를 돕기 위해 원작의 의미를 왜곡하지 않는 범위 내에서 자연스런 우리말 표현을 사용하고자 성심을 다 하였다. 비록 저희 졸고에 부족한 점이 많이 있더라도 너그러이 이해해 주시고 따가운 질책을 주신다면 앞으로 수정 · 보완하고자 한다.

완벽한 출간을 위해 밤을 새워 감수를 도와준 편집부 여러분들께 감사드리며 공학관련 서적을 번역 출판하여 한국인의 과학적 소양을 일깨워 주고 있는 홍릉과학출판사의 사회적 기여에 대하여 우선 책을 사랑하는 한 독자로서 고마움을 표시하고 싶다.

끝으로 이 책의 공동역자인 동료교수님들, 그리고 번역과정에서 많은 격려와 조언을 아끼지 않았던 연구실 동료들에게도 감사의 마음을 표한다.

2018년 3월

역자일동

차 례

1장 | 전기전자재료란

2장 | 전기전자재료의 기초

3장 | 도전 재료

4장 | 반도체 재료

5장 | 유전 · 절연 재료

6장 | 자성재료

1장

전기전자재료란

주변에서 사용되고 있는 전기제품은 모두 여러 종류의 물질을 이용한 부품이나 소자를 조합하여 만들어지고 있다. 이러한 전기·전자 공학 분야에서 이용되는, 혹은 만들어진 제품을 구성하고 있는 물질 중 전기특성에 관계있는 재료가 전기전자재료이다.

모든 물질은 원자로 구성되어 있다. 그런데 여러분은 "공간"이란 비어있으며 입자가 거의 존재하지 않는 것이라고 smRU지지 않는가? 또한 각종 소자를 구성하는 고체는 어느 정도의 수의 원자로 형성할 수 있는지, 구체적인 숫자를 떠올릴 수 있는가?

이 장에서는 2장부터 배울 재료의 물성을 이해하기 위해 미시적 관점에서 현상을 바라보는 관점이 필요한 이유를 정리하고 있다.

1-1 전기전자재료란 무엇일까

Key point

2장부터 배울 재료의 전자적인 뜻을 이해하기 위해서는 물질 속에 존재하는 원자의 수와 크기, 또한 전자의 숫자와 이 숫자를 인식하는 일이 매우 중요하다. 전기 · 전자 · 재료의 각각의 물성, 용도 등을 이해하기 전에 기초적인 개념을 잡아보자.

1 물질의 상태와 원자 수밀도

모든 물질은 원자로 구성되어 있다. 동일한 원자로 구성되어 있는 물질에서 온도 및 압력에 의해 원자 간의 거리가 바뀌어, 기체 · 액체 · 고체 등 세 가지 상태로 분류되는 것은 화학의 지식으로 아는 것이다. 또한 전기공학분야에서는 기체보다 더 희박한 상태인 진공도 하나의 재료로 이용한다. 그래서 전기 · 전자재료를 전기 · 전자 공학분야에서 유용한 기능을 발휘하는 물질이라고 이해할 수 있다.

여기서 물질에 포함된 원자의 수를 산출 해 보자. 특히, 단위 체적 중에 존재하는 원자의 수를 수밀도라고 부르고 있는데 이는 단위 체적당 질량과의 혼란을 피하기 위해서이다. 기체의 경우는 가스의 종류에 관계없이 표준 상태에서 1 mol(몰) 아보가드로 수 = 1 mol = 6.022×10^{23}의 체적 22.4L 중에 6.0×10^{23}개의 원자가 존재하므로 수밀도는

$$수밀도 = \frac{6.0 \times 10^{23}\ [1/\text{mol}]}{22.4 \times 10^{-3}\ [\text{m}^3/\text{mol}]} = 2.7 \times 10^{25}\ \text{m}^{-3}$$

이다. 감각적으로는 물질이 없다고 느껴지는 공간에서 1 m^3 체적 중 10^{25}개 이상의 원자가 존재하고 있는 것이 기체이다. 고체의 경우에는 $10^{28}/\text{m}^3$ 이상의 원자들이 즐비하다. 액체는 고체보다는 적지만 숫자는 10^{28}개/m^3개이다.

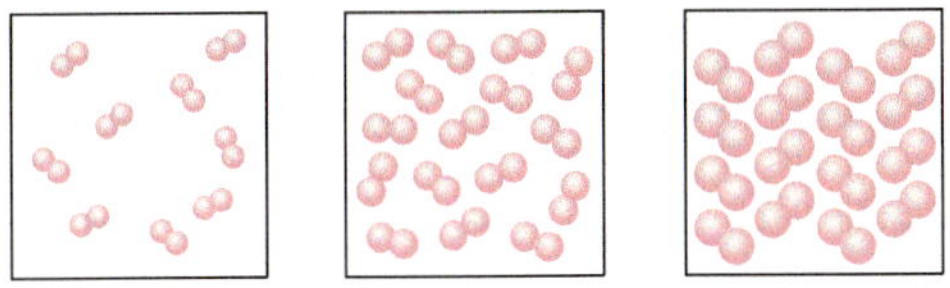

그림 1.1 3상태의 원자의 밀도 차이의 이미지도

이같이 기체, 액체, 고체의 원자의 결합 상태는 그림 1.1에 나타낸 바와 같이 상상될 정도의 큰 차이는 없다.

2 원자의 크기와 원자 간의 거리

원자의 구조는 보어의 원자 모델에 따르면 양성자와 중성자로 구성된 원자핵 주위를 양성자의 수와 같은 수의 전자가 궤도운동하고 있다. 2장에서 자세히 설명하고 있지만, 하나의 궤도에 존재할 수 있는 전자의 수는 한정되어 있다. 또한 전자의 궤도반경은 쿨롱 힘에 의한 구심력과 원심력이 균형이 맞으며, 게다가 전자의 파동성을 기반으로 양자조건에 맞고, 아름다움의 가치를 가지고 있는데, 수소원자의 반경은

$$r_n = 5.3 \times 10^{-11} \mathrm{n}^2 [\mathrm{m}]$$

이다. 여기서 n을 주로 양자수라고 하며 정수 값이다. 전자는 주로 양자수가 작은 궤도에서부터 각 궤도에 존재할 수 있는 숫자로 채워져 차례로 바깥궤도가 채워진다. 이러한 상태를 기저상태라고 하며 수소원자의 경우 n=1의 궤도에만 전자가 존재하고. 그 궤도의 직경은 1.1×10^{-10} m이다. 그러나 외부에서 에너지를 주면 n=2, 3, ... 등 바깥궤도로 전환한다. 이를 여기상태라고 하며 n=2의 경우, 그 직경은 4.2×10^{-10} m이다.
전선 재료로 사용되는 구리원자의 바닥상태의 가장 바깥쪽 궤도(가전자)의 직경이 2.5×10^{-10} m이며, 많은 원자들은 대략 $1 \sim 3 \times 10^{-10}$ m 정도의 직경을 가진다.

다음은 원자의 크기와 원자 간의 거리와의 관계를 비교해 보자. 원자는 밀도가 높게 되면 질서정연하게 배열하여 결정된다. 2장에서 설명된 대로 배열방법에 대해서는 원자에 의해 여러가지가 있지만, 여기에서는 극히 담대히 원자가 입방체의 정점에 존재할 수 있다고 가정하면, 이 경우 원자 수밀도의 3제곱근의 역수가 원자 간의 거리가 된다. 구리의 경우 2.3×10^{-10} m이 된다(예제 1 참조). 이 값은 원자의 크기보다 작은 값이 된다. 구리의 주기율표를 보면 4주기 째에 존재하기 때문에 n = 4의 궤도가 옆 원자궤도와 겹치기 때문이다. 고체의 경우에는 다른 원자에서 원자 간의 거리와 가전자의 궤도직경을 비교하면 비슷한 정도의 값이다. 즉, 물질을 구성하는 원자의 전자궤도는 서로 인접해 있거나 겹쳐있는 상태임을 알고 있어야 한다. 이러한 이유로 고체의 전자적인 행동을 이해하기 위해서는 밴드이론이 필요하게 된다.

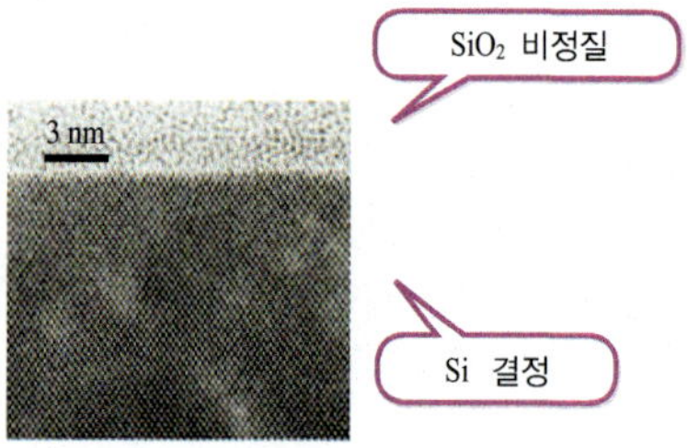

그림 1.2 TEM(투과 전자현미경) 상

3 입자의 열운동

입자는 온도에 따라 열운동을 하고, 절대온도는 입자의 평균 운동에너지의 크기로 정의되어있는 것을 물리학에서 배운 것이 기억날 것이다. 즉

$$\frac{1}{2}\,mv^2 = \frac{3}{2}\,k_B T$$

여기서 m : 입자의 질량 [kg], v : 입자의 평균 열 속도 [m/s], k_B : 볼츠만상수 (1.38×10^{-23} J/K), T : 절대온도 [K]로 표현할 수 있다.

공기의 주성분인 질소분자의 평균 열속도를 산출해 보자. 질소분자는 두 개의 질소원자로 구성되어 있으며, 질소원자는 7개의 양성자와 7개의 중성자로 구성되어 있다. 양성자와 중성자의 질량은 약간 다르지만, 여기에서는 모두 1.7×10^{-27} kg가정하고, T = 300 K(실온)의 수치를 위 식에 대입하여 유효숫자 2자리로 계산하면

$$\frac{1}{2} \times 28 \times 1.7 \times 10^{-27} V^2 = \frac{3}{2} \times 1.4 \times 10^{-23} \times 300$$

$$\therefore\ V = \sqrt{\frac{3 \times 1.4 \times 10^{-23} \mathrm{J/K} \times 300\mathrm{K}}{28 \times 1.7 \times 10^{-27} \mathrm{kg}}} = 510\ \mathrm{m/s}$$

이다. 즉, 300 K의 공기 중에서는 거의 음속의 1.5배 속도로 질소분자는 무작위로 날아 간다. 기체의 수밀도의 3제곱근의 역수를 평균 원자 간의 거리라고 한다면, 10^{-9} m 정도의 간격이 되고, 이러한 공간을 음속의 1.5배 정도로 각각 운동하고 있기 때문에, 서로 자주 충돌을 반복하고 있는 것을 알 수 있다. 고체의 경우에는 인접한 원자사이의 힘이 균형을 이루는 격자점을 중심으로 원자는 열속도로 진동하고 있다. 진동하기 위해서는 격자점의 주위에 공간이 필요하다. 그러나 온도가 높고 넓은 공간이 없으면 빠른 속도로 진동할 수 없다. 물질이 열팽창을 하는 것은 이 같은 이유에 의한 것이다.
그런데 원자의 열속도는 매우 큰 값이지만, 에너지의 값 10^{-21} J은 적은 값이

다. 이것을 2장 이후에 종종 사용되는 eV(일렉트론 볼트)라는 단위로 표현하면 0.03 eV 밖에 되지 않고, 4장에 나오는 반도체체의 금지대의 숫자, 또는 2, 3장에서 나오는 가시광(광자)의 에너지와 비교해도 작은 값이다.

정리

기체라고 해도, 단위체적 중에 많은 원자가 분포하고 있으며, 고체의 경우에는 원자 간의 거리와 가전자의 궤도직경이 동일한 정도의 값으로 배열되어 있다. 또한 절대영도가 아니라면 입자는 열운동을 하고 있는 것으로 인식해두자.

예제 1

구리 원자의 수밀도를 구해보자. 이때 구리의 몰질량은 63.5 g/mol, 밀도는 8.9 g/cm^{3}이다. 아울러, 입방체의 정점에 원자가 배열하는 결정구조를 하고 있는 경우 원자 간의 거리를 구해보자.

해답 1 m^{3}당 몰수는 SI 단위를 사용하여 계산하면

$$\frac{8.9\times10^{3}\ \mathrm{kg/m^3}}{63.5\times10^{-3}\ \mathrm{kg/mol}}=1.4\times10^{5}\ \mathrm{mol/m^3}$$

가 된다. 다음 아보가드로 수를 이용한 1 m^{3}당 원자수를 산출하면

$$1.4\times10^{5}\ \mathrm{mol/m^3}\times6.0\times10^{23}\ [1/\mathrm{mol}]=8.4\times\frac{1028\ \mathrm{m^{-3}}}{10^{28}}$$

이고 원자 간의 거리는

$$\frac{1}{\sqrt[3]{8.4\times10^{28}\ \mathrm{m^{-3}}}}=2.3\times10^{-10}\ \mathrm{m}$$ 이 된다.

1-2 다양한 재료

Key point

전기전자재료는 주변의 모든 제품에 사용되고 있다. 어떤 전기 제품에 어떤 재료가 사용되고 있는지, 그 일단을 파악하여 전기전자재료를 이해하고 학습한다.

1 전기전자재료의 물성에 의한 분류

전기전자재료는 물성의 차이, 즉 저항 또는 전도성이 지표가 되는 도전 재료, 유전율이 지표가 되는 유전재료, 그리고 투자율이 지표로 사용되는 자성재료 등으로 분류할 수 있다. 또한 전도도의 값에 따라 초전도 재료, 반도체 재료 그리고 절연재료로 분류된다. 또한, 종래의 유전체재료는 절연재료로서 다루어지고 있었지만, 현재는 재료의 기능을 활용하는 일이 많아져서 유전재료라고 하는 분류가 확립되어 있다. 이 책에서는 이러한 분류에 따라 장을 구성하였다.

2 전기전자재료의 소재에 의한 분류

석유 화학 산업의 눈부신 발전에 따라 고분자재료가 널리 이용되고 있다. 최근에는 엔지니어링 플라스틱 등의 명칭도 사용되며, 기능성을 갖는 고분자재료가 사용되고 있다. 자기는 오래 전부터 이용되어 왔지만, 기존의 용도뿐만 아니라 기능성이 있었던 세라믹, 게다가 파인 세라믹스는 유전체재료의 대표적인 소재의 하나로서 널리 이용되고 있다. 자성재료는 희소 금속의 사용에 의해 우수한 자화특성을 갖는 영구자석이 개발되어 널리 이용되고 있다. 또한 탄소 재료는 접점재료나 발열체뿐만 아니라 기능성 재료로서 많은 연구가 진행되고 있는 물질이다.

3 전기전자재료의 원자배열에 따른 분류

진공, 기체, 액체 그리고 고체 같은 상태의 차이에 의한 분류는 이미 언급했다. 게다가 고체라하더라도 격자점에 원자가 배열되어 있는 결정과 격자점에서 차이가 존재하는 무정형 상태(비정질)라는 분류가 있다. 결정도 미결정이 분산된 상태의 다결정과 단결정으로 나누어지며 물질에 따라서 액체와 결정의 중간상태인 액정이라고 불리는 상태도 존재한다. 고분자재료는 명칭에서처럼 하나의 분자사슬의 분자량이 수만 또는 그것보다 훨씬 큰 값을 가지므로 고체 상태에도 각 원자의 열운동과 자유도의 차이에 따라 유리상태와 고무상태로 있게 되는 차이가 존재한다. 또한 분자사슬이 3차원으로 결합하여 가교구조를 가지는 경우도 많고, 복잡한 구조를 갖는 재료가 많이 존재한다.

4 장치에 들어가는 여러가지 재료

전기・전자기기에 사용되는 재료를 이 책에서 다루는 순서대로 몇 가지 예를 들어보자. 도전 재료의 전형적인 용도는 전선이다. 그림 1.3과 같이 전력용 케이블에는 구리가, 철탑과 애자에 매달려있는 가공 송전선로에는 비중이 작은 알루미늄이 각각 가는 전선을 묶어 사용한다. 이것은 3장에서 언급하는 표피 효과에 해당된다. 또한 같은 이유로 각 전선의 표면에 얇은 절연층(산화층)이 형성되어 있다. 그림에 나타내는 초전도 케이블은 비스무트 계열의 고온 초전도 전선이며, 그 재질은 세라믹이다. 또한, 고온 초전도 재료라고는 말해도, 현재는 액체질소 온도(−196℃)까지 차가워야할 필요가 있으며 단열층이 필요하다.

전력용 케이블

가공송전선

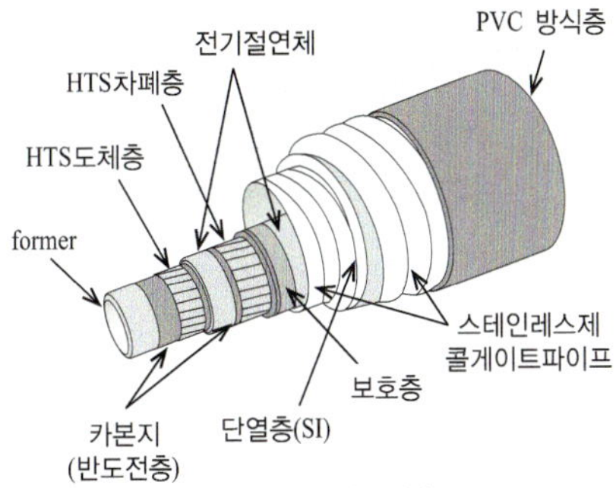

초전도케이블

그림 1.3 전선종류 및 구조

많은 장치에 사용되는 터치 패널은 투명 전극, 즉 유리 등의 표면에 도전 재료가 코팅된다. 프린트 기판에는 도전 재료의 배선이 연산이나 기억 기능을 위해서 반도체 소자나 저항, 커패시터 등의 소자가 조합되어 배치된다. 태양전지의 패널은 반도체로 가능한 장치이다.

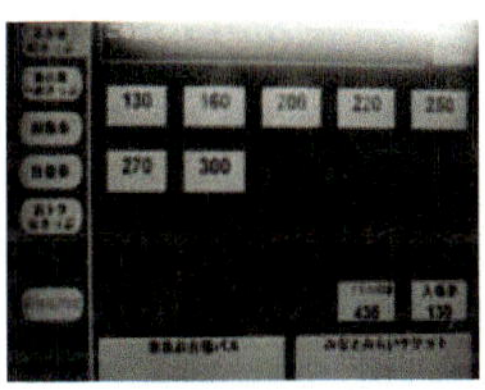

터치패널

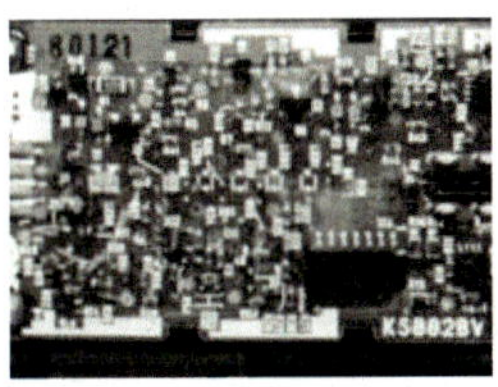

프린트 기관에 내장된 소자

태양전지패널

그림 1.4 전도성 재료 및 반도체 재료가 이용되고 있는 예

전력 케이블의 도체 사이에 삽입되어 있는 절연물은 높은 전계가 인가된 상태에서 수십 년 동안 적합한 성능을 보장하기 위해, 절연물과 도체와 접하는 부분에는 반도체 도전층을 가지도록 설계하는 연구가 이루어지고 있다. 또한 애자에 세라믹이 오래전부터 사용되고 있으며 안정적인 부품이지만 최근에는 경량화를 위해 고분자재료를 이용하는 경우가 증가하고 있다.

애자와 그 하부의 주름

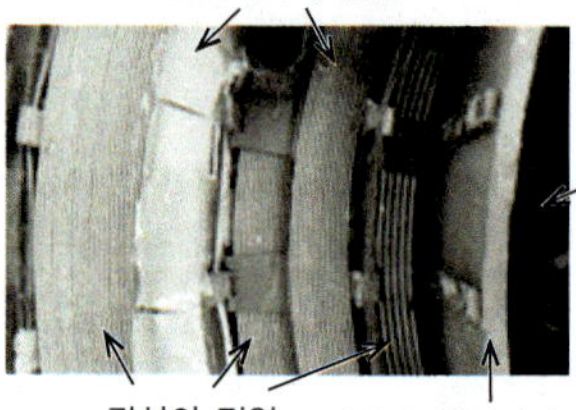

변압기의 권선과 권선간의 절연

그림 1.5 절연체의 종류와 구조

변압기(트랜스)의 경우에는 권선 자체 보다 권선 간 그리고 철심과 권선사이에 절연재료가 필수적이다. 여기에는 지금까지의 오랜 사용 경험에 따라 안정적인 종이 또는 프레스보드가 사용되고 있다. 디스플레이는 LED(light emitting diode, 발광 다이오드)와 LCD(liquid crystal display), 그리고 작은 화면의 경우에는 유기 EL(electro luminescence, 전계 발광) 등의 유전 재료가 이용되고 있다. 신호등은 기존의 전구에서 수명이 매우 길고 절전이 가능한 LED로 대체되어 있다. LED는 액정 백라이트(liquid crystal back light)로도 사용되고 있다.

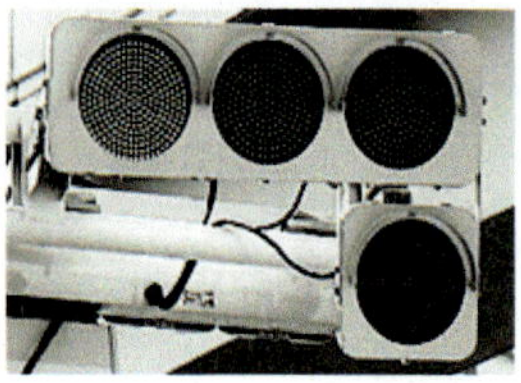

LED신호등

그림 1.6 반도체 재료

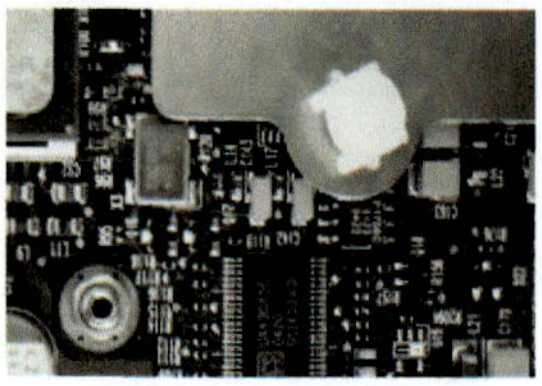

인쇄회로의 기판의 크리스탈

그림 1.7 유전체재료가 이용되고 있는 예

전자기기 중에는 압전효과를 이용하여 수정 진동자에 의해 클럭을 발생시키는 회로가 내장된 장치도 있는데 이는 유전재료로서의 이용 용도중 하나이다.

자성체의 용도로는 변압기와 전동기(모터)의 철심이 있다. 전력 절감을 위해 히스테리시스 손실이나 와전류 손실이 작은 재료가 개발되고 있다. 최근에는 영구자석의 성능 향상으로 영구자석을 이용한 소형모터도 다수 이용되고 있다. 또한 외부로부터 전기회로에 전력을 공급하기 위하여 배선을 이용하지 않는 비접촉 전력공급을 위해서도 철심의 사용이 필요하다.

모터 단면 모델

비접촉 전기공급장치의 수전부

그림 1.8 자성체가 이용되고 있는 예

정리

전기전자 공학분야에서 사용되고 있는 장치나 기기 또는 부품은 많은 전기전자재료가 사용되고 있는 것을 인식하고 배움의 동기로 하자.

예제 2

액정의 종류를 알아보자.

해답 분자사슬 배열의 차이에 따라 네마틱 액정, 스메틱 액정, 콜레스테릭 액정 등이 있다.

보다 심층적인 이해를 위해서는

小林駿介 : 도쿄이과대학 · 철부지 선정도서 "액정, 그 이상한 세계에 — 휴대전화, TV 화면에서 시작된 현대과학 —", 오무사(2007년) 등을 참고한다.

1-3 전기전자재료 앞으로의 방향

Key point

전기전자재료의 미래를 꿈꾸어 보자.

새로운 기능을 갖는 재료 또는 현재보다 더 작고, 전력 절약화를 실현할 수 있는 재료가 많이 연구되고 있다.

예를 들어, Si를 이용한 집적회로는 성능 향상의 한계가 보이기 시작했으며, 화합물 반도체나 Ge를 이용한 고속 동작이 가능한 반도체 소자의 연구가 진행되고 있다. 특히 Ge는 결정에 변형을 줌으로써 캐리어(전자, 정공)의 이동도(전계에 의한 캐리어 이동의 용이성)이 Si의 10배 정도이다. 이러한 용어에 관해서는 4장에서 소개한다. 또한 변형 Ge를 주체로 하는 양자점 구조를 형성하고 광학전자공학에 대한 연구가 진행되고 있으며, 광 컴퓨터의 실현이 가까워지고 있다. 또는 고분자재료를 이용, 유연성을 갖게 한 광도파로 또는 발광소자 등의 개발이 진행되고 있으며, 광도파로 및 유기 발광소자(EL) 등은 이미 실용화되는 단계에 있다.

생체 적합성, 심지어 생체 유래의 분자배열 등을 제어하는 바이오 일렉트로닉스 재료의 연구도 진행되고 있다.

자성재료 연구의 연장선상에 전자스핀의 차이를 이용하는 스핀트로닉스의 전개가 진행되고 있으며, 고집적 메모리 소자 등의 개발이 진행되고 있다.

소재로는 탄소원자로 구성된 탄소 나노튜브와 그래핀 등은 캐리어의 이동도가 Si의 100배 정도나 돼 기능성 재료로 센서와 투명 도전막에의 응용 연구가 진행되고 있다. 또한 다이아몬드와 그래핀은 열전도율이 높은데, 그래핀은 Si의 30배, 금속보다 10배 이상 높은 열전도 특성을 가지고 반도체 소자로 개발이 진행되고 있다.
나노기술의 발전에 따라 원자 자체의 배열 등을 제어하는 것이 가능해져, 양자점를 형성하는 것에 의한 단전자 트랜지스터 및 광전자 연구가 진행되고 있다. 유전체 나노크기의 입자를 혼입함으로써 유전율의 값을 장소에 따라 변화시켜 물질내부의 전계분포의 제어를 가능하게 하는 나노 복합재료 등의 기술도 발전하고 있다. 모두 지속가능한 사회를 지탱하는 기반기술의 하나로서 기대되고 있다.

연습문제

1 10원 동전을 구리로 만들수 있는데 동전에 어느 정도의 구리원자가 존재하는지 계산해보자. 단, 10원 동전의 무게는 법률에서 1.22 g으로 정해져 있다. 또한 두께 0.1 mm이고 한변이 1.0 mm인 사각형의 동박에 존재하는 원자의 수를 산출해 보자. 上中下

2 구리원자의 300 K에서의 열속도를 산출해 보자. 上中下

3 영구자석의 재료를 살펴보자. 上中下

4 고온 초전도 재료의 종류를 알아보자. 上中下

2 장

전기전자재료의 기초

전기전자재료는 도체 · 반도체 재료, 유전 · 절연재료 및 자성재료로 크게 분류되지만 이 장에서는 더욱 일반적인 전자와 물질의 특성의 관계에 대한 기초를 학습한다.

2-1절에서는 원자의 구성과 원자와 원자핵의 크기, 그리고 전자의 전하량에 대해 복습을 겸하고 간단히 되돌아 본다. 또한 주양자수, 방위 양자수, 자기 양자수, 스핀 양자수로 나타낼 양자상태, 그리고 전자궤도에 전자가 배치될 때의 규칙에 대해 학습한다.

2-2절에서는 화학 결합과 밴드구조를 설명하고 결정에 대해 학습한다.

2-1 물질의 구성과 전자

Key point

전자는 물질의 성질에 매우 큰 영향을 미친다. 원자의 전자상태를 이해에는 주양자수, 방위 양자수, 자기 양자수, 스핀 양자수로 표현되는 전자상태를 아는 것이 중요하다. 이 절에서는 이러한 네 개의 양자수에 대해 이해하고 있는지, 또 원자의 전자배치에 대해 학습한다.

1 물질과 전자상태

물질을 미세하게 분할하면 물질을 구성하는 분자가 된다. 분자는 물질의 성질을 가지고 있다. 그 크기는 고분자재료를 제외하고, 1 nm (1×10^{-9} m) 정도의 크기이다. 분자는 원자로 구성된다. 원자는 1×10^{-10} m 정도의 크기로, 전자와 원자핵으로 구성된다. 원자핵은 1×10^{-15} m 정도의 크기로, 양자와 중성자로 구성된다. 그리고 양성자와 중성자는 쿼크(quark)라는 무거운 입자의 조합으로 구성된다고 생각되고 있다. 전자는 렙톤(lepton)이라는 가벼운 소립자의 일종으로, 그 이상의 분할을 할 수 없으며, 크기가 없는 입자로 간주한다. 조금 복잡하지만 전기전자・재료는 양성자와 중성자를 쿼크의 조합으로 처리할 필요는 없고, 양성자와 중성자를 원자핵을 구성하는 최소 단위의 입자로 생각해도 문제는 없다. 즉, 전기전자・재료를 생각함에 있어서는 전자, 양성자, 중성자의 조합으로 이루어진 원자로 생각하면 충분하다. 이것은, 물질을 구성하는 분자는 화학 결합에 의해 결합된 원자로 이루어져 있기 때문이고, 화학 결합은 전자와 원자핵을 생각하면 충분하기 때문이다.

전자와 원자핵 등은 모두 매우 작은 영역의 이야기이지만, 만일 원자핵의 반경을 1 m라고 하면 전자는 원자핵에서 약 100 km 떨어진 곳에 위치하게 된다. 비율로 생각해보면 원자핵과 전자 사이는 까마득히 멀다라고 할 수 있다. 그럼 질량은 어떨까? 전자의 질량은 9.109×10^{-31} kg이고 양성자와 중성자의 질량은 각각 1.673×10^{-27} kg이다. 비율로 생각하면, 전자의 질량은 양성자와 중성자에 비해 약 1/1,830의 질량이다. 원자의 질량의 대부분은 원자핵의 것이다. 또한 전자 1개의 전하량은 -1.602×10^{-19} C이고, 양성자 1개의 전하량은 1.602×10^{-19} C이다. 원자핵에서 전자와 양성자의 수는 동일하기 때문에 원자는 전기적으로 중성이다.

2 양자상태

원자핵 주위를 전자가 운동한다고 생각하면, 전자의 수와 그 궤도는 재료를 구성하는 물질의 특성에 큰 영향을 미친다. 그들을 이해하는 것은 재료의 특성을 간략하게 알 수 있는 기초가 된다. 원자핵에 속박되면서 운동하는 전자의 궤도는 여기저기에 궤도반경이 정해지고 전자의 에너지도 이 값을 취한다. 이러한 전자의 상태를 양자상태라고 한다. 전자를 본 사람은 아무도 없지만, 전자를 파동 함수로 취급하여 슈뢰딩거 방정식에 의해 얻어지는 양자 상태에 따라 다양한 실험에서 방증할 수 있는 전자의 상태를 모순없이 설명할 수 있다. 표 2.1에 나타낸 바와 같이, 전자의 양자상태(전자상태)는 주양자수, 궤도 각운동량 양자수(방위 양자수), 자기 양자수, 스핀 양자수의 네 개로 표현된다.

표 2.1 양자수

양자수	양자수의 제한	양자수의 의미
주양자수	n = 1, 2, 3 ...	전자의 에너지를 결정하는 값
궤도 각운동량 양자수 (방위 양자수)	ℓ = 0 ~ n−1	전자궤도의 형태를 결정하는 값 주양자수가 같아도 방위 양자수가 다르면 약간의 에너지 차이가 난다. l = 0s (sharp) 궤도 l = 1p (principal) 궤도 l = 2d (diffuse) 궤도 l = 3f (fundamental) 궤도
자기 양자수	m = −ℓ, −ℓ+ 1, ..., 0, ..., ℓ−1, ℓ	외부에서 자계를 걸 때 자계 방향으로 관찰되는 방위 양자수
스핀 양자수	s = ±(1/2) $\hbar$*	전자의 고유한 성질에 따른 양자수

*$\hbar = h/2\pi$, h(플랑크 상수)$= 6.63 \times 10^{-34}$(J.S)

(1) 주양자수 n(principal quantum number)

주양자수 n은 전자가 날아가는 반경을 가진 구면 궤도 위를 운동하고 있다고 가정하는 양자의 상태로 전자의 에너지의 대략적인 값을 제공한다. 가장 원자핵에 가까운 각으로부터 주양자수 n = 1, 2, 3, ...의 정수가 주어지며, 각각의 구는 K, L, M, ...이라는 이름을 가진다. 이 궤도껍질에 들어갈 수 있는 전자의 최대수는 $2n^2$으로 주어진다. 즉, K 껍질에는 최대 2개, L 껍질에는 최대 8개, ...라는 식으로 전자가 위치하게 된다.

(2) 궤도 각운동량 양자수 ℓ(azimuthal quantum number)

궤도 각운동량 양자수 ℓ은 전자궤도의 형태를 결정하는 양자수이다. 주양자수에서 전자는 원자핵 주위의 공 껍질의 궤도 위를 운동하고 있다고 설명했다. 그러나 이 설명은 반드시 올바르다고 할 수 없고, 전자가 다수 존재하는 경우에는 음의 전하를 가진 전자 간의 상호작용에 의해 더 복잡한 궤도가 된다. 이 전자궤도의 형태를 나타내는 것이 궤도 각운동량 양자수이다. 예를 들어, L 껍질은 구면 궤도(s 궤도)를 취하는 전자와 아령 형의 궤도(p 궤도)를 취하는 전자가 있다. 두 궤도의 전자 모두 L 껍질에 속해 있기 때문에, 전자의 에너지는 거의 동일하지만 전자와 원자핵의 상호작용에 의해 p 궤도의 전자 쪽이 s 궤도의 전자보다 에너지가 약간 커진다. 궤도 각운동량 양자수는 표 2.1에 나타낸 바와 같이 $\ell=0\sim n-1$의 값을 취한다. K 껍질은 n=1, 따라서 $\ell=0$만으로 궤도는 구면모양이 되고 이 공 껍질 모양의 궤도를 s 궤도라고 한다. L 껍질은 n=2, 따라서 $\ell=0, 1$이다. L 껍질도 $\ell=0$의 궤도는 s 궤도로 공 껍질 모양이다. 그러나 L 껍질의 s 궤도는 K 껍질의 s 궤도보다 궤도반경의 큰 구면 궤도이다. $\ell=1$의 궤도를 p 궤도라고 하고 아령 형태의 궤도이다. 이 아령 형에는 파동 함수에서 3종류 p_x, p_y, p_z 궤도가 존재한다. 이하, M 껍질, N 껍질과 주로 양자수가 증가함에 따라 전자궤도의 종류도 d 궤도, f 궤도로 증가한다. 전자의 에너지는 다음에서 설명하는 구성 원리를 이해해야, ℓ이 커진다는 것을 알 수 있다.

(3) 자기 양자수 m(magnetic quantum number)

자기 양자수 m은 원자 외부에서 자계가 인가된 경우에만 나타나는 양자수이다. s의 궤도의 전자는 구면 궤도를 위해서 인가되는 자계의 방향이 바뀌어도 전자의 에너지로 변화는 없지만, p 궤도 이상의 전자는 전자의 운동 방향이 자계의 방향에 대해 같은 값이 아니기 때문에 자계의 상호작용에 의해 전자의 에너지 차이가 발생할 수 있다. 전자상태의 수는 ℓ의 값에 대해 $-\ell$, $-\ell+1$, $-\ell+2$, ..., 0, 1, 2, ..., ℓ의 총 $2\ell+1$개가 있다.

(4) 스핀 양자수 s(spin quantum number)

스핀 양자수 s는 전자 자신의 고유 방향을 나타낸다. 전자가 방향을 바꾸면 그 전자는 점같은 입자이므로 전자자체는 회전하지 않는다. 전자의 스핀은 그의 질량과 같이 고유의 성질일 뿐이다. 원자에 외부 자계가 인가된 때 스핀에 의한 자계와 외부 자계의 상호작용의 차이에 따라 스핀 양자수 s는 $+1/2\ \hbar$과 $-1/2\ \hbar$, 두 개의 전자상태를 얻을 수 있다. $\hbar$을 줄여서 $\pm 1/2$ 또는 업(↑), 다운(↓)으로 기술될 수도 있다.

그림 2.1은 네 개의 양자수의 관계를 일람표로 나타낸 것이다. 그러나 그림 중에 나타낸 전자궤도에서 전자는 그림에 나타낸 궤도 근처에 분포하고 있다고 생각할 수 있지만, 장소를 특정할 수 없다.

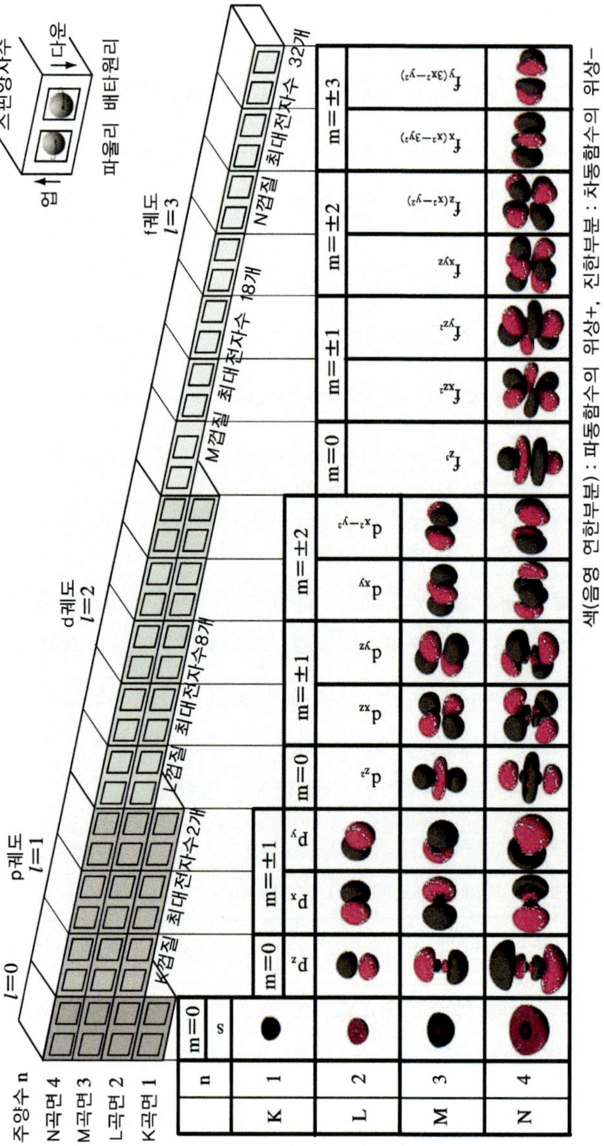

그림 2.1 주양자수, 궤도각 양자수, 자기 양자수, 스핀 양자수

3 전자궤도에서 전자의 진입방향

전자가 많은 경우에는 에너지의 작은 전자궤도에서 전자가 쌓여가는 것이다. 그러나 전자궤도가 복잡해지면 전자끼리와 전자와 원자핵 사이의 상호작용에 의해 단순히 할 수 없게 된다. 전자가 원자 궤도에 들어가는 순서는 다음과 같은 규칙이 있다. 이러한 재료의 성질을 좌우하는 중요한 규칙이다.

(1) 구성 원리(Aufbau principle) or building-up principle

쌓음 원리 또는 구축하는 원리라고도 한다. 원칙적으로 전자는 전자 에너지가 낮은 곡면, 그리고 낮은 에너지의 전자궤도부터 순서대로 진입한다. 그러나 전자가 너무 많아서 전자궤도가 복잡해지면 주양자수가 큰 전자도 전자궤도가 원자핵에 가까워지게 되고 양의 전하를 가진 양자의 정전 전위의 영향으로 전자의 에너지가 작아지는 궤도가 있다. 이 영향을 고려하여 전자가 궤도에 들어가는 순서를 나타내는 것이 그림 2.2에 나타내는 구성 원리이다. 전자는 3p 궤도의 다음은 4s 궤도에 들어간다. 그러나 Cr, Cu, Mo, Pd, Au 등의 예외도 있으므로 주의가 필요하다.

(2) 파울리 배타 원리(Pauli exclusion principle)

양자수 n, l, m로 결정되는 하나의 궤도는 전자 스핀의 방향이 다른 전자가 두개까지만 들어갈 수 있다. 이것은 전자(페르미 입자)의 본질적 성질이다.

(3) 훈트의 법칙(Hund's rule)

그림 2.3에 나타낸 바와 같이, 전자는 에너지가 같은 궤도에 들어가는 경우에는 가능한 다른 궤도에 들어간다. 예를 들어, p 궤도에 전자가 채워지는 경우, 전자는 p_x 궤도에 스핀 양자수가 다른 2개의 전자가 채워지고 나서 p_y 궤도나 p_z 궤도에는 채워지지 않고, p_x, p_y, p_z에 1개씩 채워지고 나서 스핀 양자수가 다른 전자가 p_x, p_y, p_z 에 채워지게 된다.

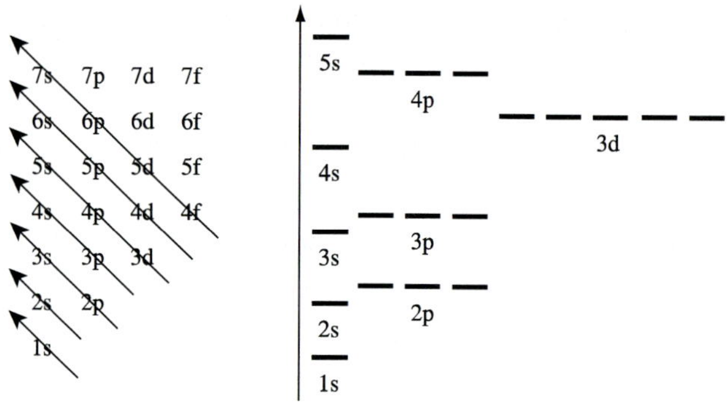

그림 2.2 구성 원리그림

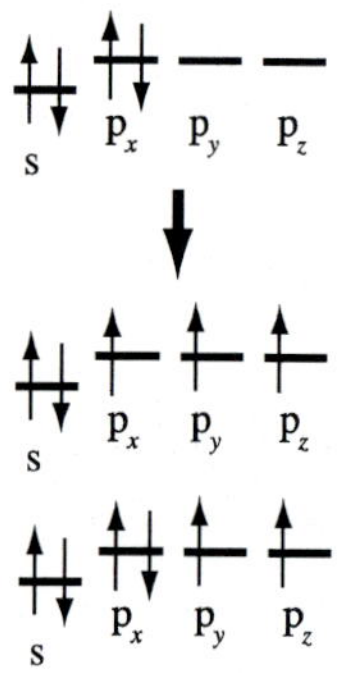

그림 2.3 훈트의 법칙

이러한 규칙에 따라 원자에 전자가 담긴 결과를 표 2.2로 나타낼 수 있다. H 원자는 전자 수가 1개이기 때문에, 1s 궤도에 전자가 1개 배치된다. He 원자는 전자 수가 2개이기 때문에, 1s 궤도에 전자가 2개 결합하며 1s 궤도가 가득 차게 된다. 이 꽉찬 상태를 폐곡면 상태라고 한다. Ne 원자는 전자 수가 10개이므로, 1s, 2s, 2p 궤도가 폐곡면 상태이다. He 또는 Ne는 불활성 기체라고 불리는 안정된 기체이다. 전자궤도가 폐곡면 상태가 되어있는 원자는 화학적으로 안정적이다. H 원자 이외의 1 족의 Li 원자와 Na 원자는 폐곡면 상태에 대해 전자가 1개 더 많은 상태이므로, 1개의 전자를 방출하여 1가의 양이온이 되기 쉬운 성질이 있다. 이들 원소는 알칼리 금속이라고 한다. F나 Cl은 폐곡면 상태에 대해 전자가 1개 부족한 상태이므로, 1개의 전자를 받아 1가의 음이온이 되기 쉬운 성질이 있다. 이들 원소는 할로겐이라고 한다. 또한 3d 궤도가 폐곡면 상태가 되고 없는 전이 금속과 4f 궤도가 폐곡면 상태가 되어 있지 않은 희토류 원소의 경우 자기모멘트를 발생, 자성재료의 성질을 가지고 있다.

원자를 취급함에 있어 전자가 원자 궤도에 위치 상태를 표기하는 방법이 필요하다. 예를 들어, 원자 번호 13의 Al 원자는 전자의 수는 13개이다. 이 13개의 전자는 표 2.2와 같이 결합되어 있다. 이 상태는 $1s^2\ 2s^2\ 2p^6\ 3s^2\ 3p^1$이라고 표시한다.

표 2.2 원자의 전자 배치

껍질 궤도

껍질	궤도	1H	2 he	3Lil	7N	8O	9F	10 Ne	11 Na	13 Al	14 Si	17 Cl	19 k	20 Ca	21 Sc	25 Mn	26 Fe	29 Cu
K	1s	1	2	2	2	2	2	2	2	2	2	2	2	2	2	2	2	2
	2s			1	2	2	2	2	2	2	2	2	2	2	2	2	2	2
	2p				3	4	5	6	6	6	6	6	6	6	6	6	6	6
M	3s								1	2	2	2	2	2	2	2	2	2
	3p									1	2	5	6	6	6	6	6	6
	3d														1	5	6	10
N	4s												1	2	2	2	2	1
	4p																	
	4d																	
	4f																	

4 전자의 여기(excitation)

전자는 원자의 에너지가 최소가 되도록 에너지가 낮은 궤도부터 결합하고 있다. 수소 원자는 K 껍질에 전자가 1개만 존재하는 경우가 기저상태(ground state)이다. 기저 상태에 있는 원자에 빛, 열, 전계, 자계 등을 주면, 가장 바깥쪽 궤도에 있는 전자(가전자)가 에너지가 높은 바깥 궤도로 이동(전환하기)할 수 있다. 이와 같은 상태를 여기 상태(들뜬 상태)라고 한다. 예를 들어, 그림 2.4와 같이 기저 상태에 있었던 전자는 빛 등의 외부 에너지 $E_i(=h\nu)$가 주어지면 에너지 $\Delta E(=E_2-E_1)$를 받아서 여기 상태가 된다. 전자가 여기된 만큼 빛의 에너지는 ΔE만큼 감소하고, 파장이 긴 빛($\nu'=(E_i-\Delta E)/h$)으로 변화한다. 여기된 전자는 ΔE의 에너지에 해당하는 파장(ν'')의 빛을 방출하고 기저 상태로 돌아간다.

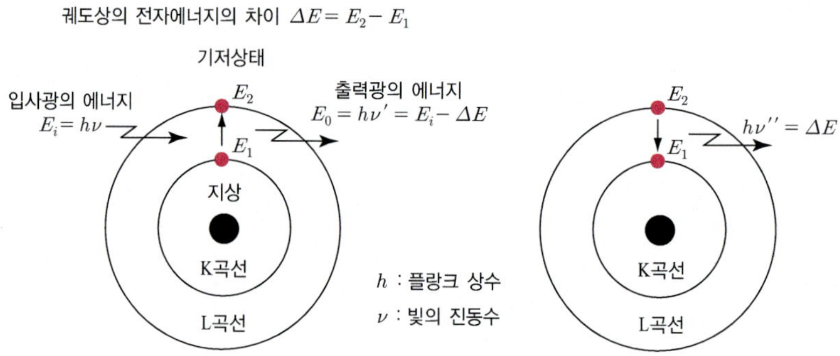

그림 2.4 여기에 의한 빛의 흡수와 방출

정리

(1) 원자, 원자핵, 전자의 크기, 전자, 양성자, 중성자의 질량과 전하
(2) 주양자수 n, 궤도 각운동량 양자수 ℓ, 자기 양자수 m, 스핀 양자수 s
(3) s 궤도, p 궤도, d 궤도, f 궤도
(4) 구성 원리, 파울리의 배타 원리, 훈트의 법칙
(5) 전자의 여기

예제 1

Si, Ti, Au의 전자 배열을 기술하자.

해답

- Si : $1s^2\ 2s^2\ 2p^6\ 3s^2\ 3p^2$
- Ti : $1s^2\ 2s^2\ 2p^6\ 3s^2\ 3p^6\ 3d^2\ 4s^2$
- Au : $1s^2\ 2s^2\ 2p^6\ 3s^2\ 3p^6\ 3d^{10}\ 4s^2\ 4p^6\ 4d^{10}\ 4f^{14}\ 5s^2 5p^6\ 5d^{10}\ 6s^1$(구성 원리의 예외)

2-2 화학 결합과 에너지밴드 다이어그램

Key point

원자가 모여 고체가 되기 위해서는 원자와 원자사이의 결합력이 필요하다. 그리고 원자가 결합하는 경우, 전자의 양자상태가 변화해서 에너지 밴드가 가능하다. 이 에너지 밴드가 재료로서의 성질을 결정한다. 이러한 성질들을 이해하는 것이 도체, 반도체, 절연체, 자성재료 등의 전기・전자재료를 이해하는 기반이 되므로 매우 중요하다.

일반적으로 원자 또는 원자단의 집합체에 있어서 구성원들 간에 강한 힘이 작용하여 그 집합체를 하나의 뚜렷한 단위체로 간주할 수 있을 경우, 그러한 힘을 화학결합이라고 정의한다. 근본적으로 이러한 힘은 쿨롱의 법칙에 따른 정전기적 힘에서 유래한다. 2개의 원자가 가까이 접근하면 각 원자내의 핵과 전자가 다른 원자의 핵과 전자의 영향을 받게 되어 전하의 부호에 따라 정전기적 인력 또는 반발력이 입자들 간에 작용하게 된다. 이러한 상호작용으로 인력이 우세해지면 원자들은 분자를 형성하게 되는데 이때 두 원자 사이에는 화학결합이 생긴다.

1 화학 결합(chemical bond)

화학결합은 원자끼리를 결합시키는 힘이다. 원자의 결합은 어떤 원자의 전자에너지가 다른 원자와 상호작용함으로써 결합하기 전의 에너지보다 낮아지기 때문에 생기는 현상이다. 이를 통해 다수의 원자가 결합하여 분자나 결정을 생성한다. 화학 결합은 그림 2.5에 나타낸 바와 같이, 공유 결합, 이온 결합, 금속 결합, 수소 결합, 반데르발스 결합 등이 있다. 이러한 것들에 대해 설명한다.

(a) 공유결합(covalent bond)

인접 원자가 서로 전자를 내어 결합해서, 서로 안정적인 폐각(closed shell) 구조를 형성함으로써 결합하는 방식이다.

(b) 이온결합(ionic bond)

음이온과 양이온 간의 정전기력에 의해 결합하는 방식이다.

(c) 금속결합(metallic bond)

금속 원자가 몇 개의 가전자를 방출하고 이온화되면, 방출된 전자는 결정 전체를 자유전자로서 확산하게 되는데, 자유전자와 정이온이 된 원자가 결합하는 방식이다. 마치 전자의 바다 속을 원자가 떠있는 듯한 이미지라고 생각하면 된다.

(d) 수소결합(hydrogen bond)

수소와 전기음성도가 수소보다 큰 원자(산소나 질소 등)가 결합해야 하는 경우, 수소에서 전자가 쉽게 떨어져 약간의 양의 전하를 띠고 있다. 전기음성도가 큰 원자는 약간 음의 전하를 띠게 된다. 이와 같이 영구 쌍극자를 형성 한 분자와 다른 원자(분자) 사이에 정전 인력이 작용하여 결합하는 방식이다. 다음에 서술하는 반데르발스 결합과 같은 결합 방식이지만, 수소 결합은 지향성을 가지고 있고 반데르발스 결합보다도 결합력이 크고, 결합 거리가 짧은 등 공유 결합 성질을 가지고 있어, 반데르발스 결합과는 구별되어 있다.

(e) 반데르발스 결합(vander waals' bond)

배향력, 유도력, 분산력 세 결합력의 총칭이다. 배향력은 영구 쌍극자를 가진 원자와 분자 사이에 작용하는 정전 인력에 기인한 결합력이고 유도력은 영구 쌍극자를 가진 원자와 분자, 무극성 분자 나 원자사이에 발생하는 결합력이다. 무극성 분자와 원자도 근처에 존재하는 영구 쌍극자 전하에 의한 정전 유도현상에 따라 전하가 유도된다. 그 유도된 전하와 쌍극자에 의한 전하 사이의 정전 인력에 의한 결합력이다. 또한 쌍극자가 없는 경우에도 원자와 분자에서 분자 내의 전자의 운동에 의해 순간적으로 전자가 편향되어 쌍극자가 발생할 수 있다. 그 쌍극자에 의해 무극성 분자나 원자에 유도된 쌍극자와의 사이에 발생하는 정전 인력에 의한 결합력이 분산력(런던 분산력)이다. 이러한 반데르발스 힘에 의한 결합은 매우 약한 결합이다. 이 결합력은 r의 $-n$승에 비례하여 거리가 아주 가까울 때만 중요해진다.

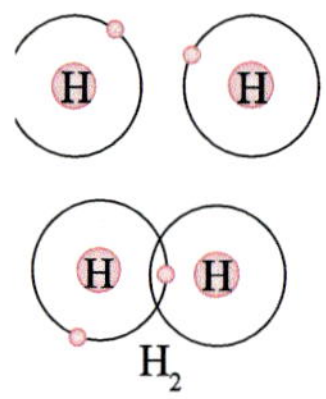

수소원자는 1s 궤도의 전자를 서로 공유하는 안정한 구조가 되어 H_2가스(2원자 분자)를 구성한다.

공유 결합

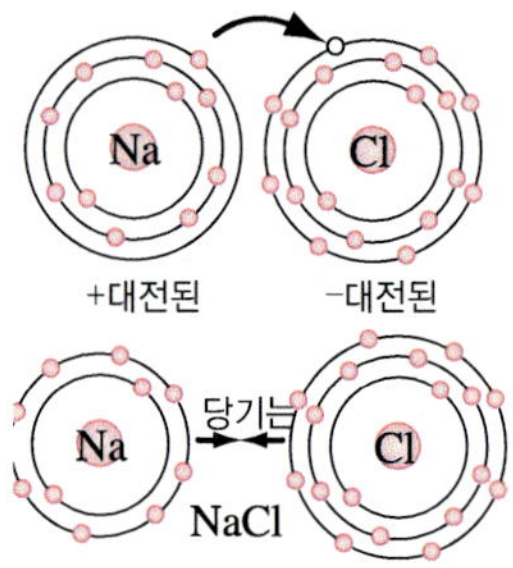

Na원자는 3s 궤도의 전자 1개를 방출하고 폐곡면 구조를 취하고 안정된다. cl원자는 Na원자로부터 전자 1개를 받아서 3p 궤도가 폐곡면 구조가 되고 안정된다. 이온화하고 대전한 원자사이에 정전인력이 작용하여 결합한다.

이온 결합

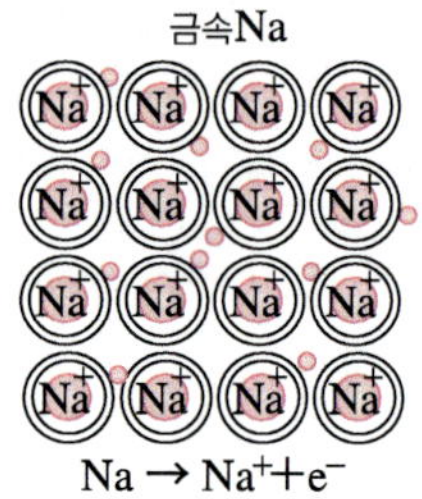

Na원자는 3s 궤도의 전자 1개를 방출화기 쉽다. 방출된 전자는 금속 Na전체에 퍼져, 남겨진 Na이온 사이에 결합력이 작용한다.

금속 결합

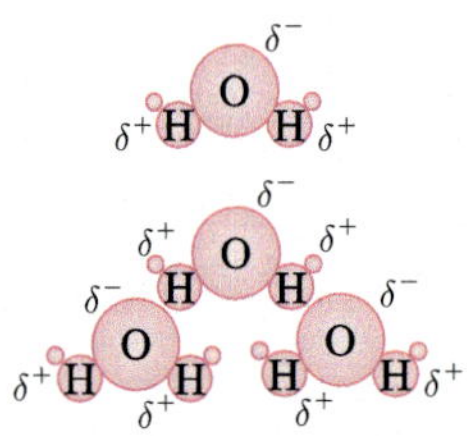

물분자를 구성하는 산소와 수소는 전기음성도의 차이에서 전자는 산소에 치우친다. 그 결과, 산소원자는 음전하가, 수소원자는 양전하가 약간 생겨, 정전인력에 의한 결합이 생긴다.

수소 결합

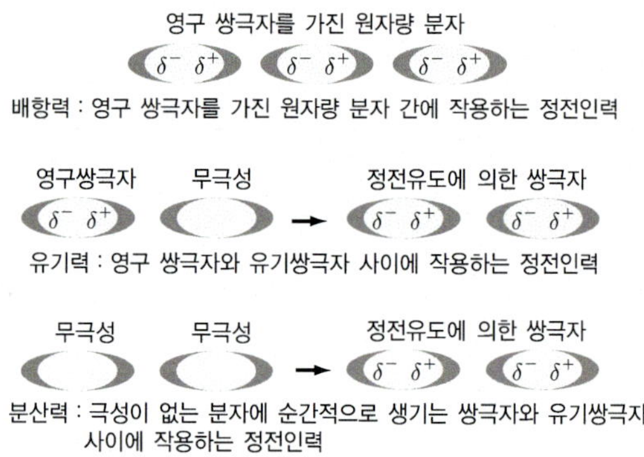

반데르발스 결합

그림 2.5 원자 간 결합력

2 원자 간의 결합과 에너지밴드의 형성

원자들이 결합하면 전자는 고립된 상태와는 다른 에너지 상태가 된다. 그림 2.6(a)는 두 원자가 접근 할 때 전자의 에너지 상태를 보여준다. 원자가 멀리 떨어져 있는 경우 원자 간에는 힘이 작용하지 않다. 그러나 원자끼리 가까워지면 임의의 원자에 속한 전자의 음전하와 다른 원자의 양성자의 양전하 사이에 정전 인력이 작용한다. 따라서 원자들이 서로 접근하는 정도에 따라 전자의 에너지는 저하된다. 그러나, 원자끼리 매우 가까워지면 양성자의 양전하 사이에 의한 반발력(척력)이 작용하여, 더 이상 접근하기 어렵게 된다. 이러한 결과, 특정 위치 r_0에서 전자의 에너지가 가장 낮게 안정된다. 그림 2.6(b)는 수소 원자가 결합할 때 수소 원자의 전자 에너지(에너지 준위)를 보여준다. 수소 전자는 1s에 1개의 전자를 가지고 있다.1s 궤도에는 스핀 양자수가 다른 2개의 전자가 들어갈 수 있다. 2개의 수소 원자가 스핀이 다른 전자를 1개씩 낸 경우, 1s 궤도는 스핀이 다른 전자 2개로 채워져, 공유 결합에 의해 수소 분자가 형성된다(2원자 분자가 된다). 그림 2.6(c)는 헬륨 원자 2개가 다가가는 경우를 표시하고 있다. 헬륨 원자는 1s 궤도에 전자 2개가 들어간 폐각 구조를 하고 있기 때문에, 원래 안정된 원자이다. 다른 헬륨 원자가 다가와도 파울리의 배타 원리에 의해 1s 궤도에 4개의 전자는 들어가지 않다. 이 경우 서로 1s 궤도의 에너지 준위를 약간 밀어서, 4개의 전자가 들어갈 수 있도록 전자의 에너지 변화가 일어난다. 그러나 만약 전자를 파동 함수로 표현되는 파동으로 생각하면 그림 2.6(d)에 나타낸 바와 같이, 원자 사이에 전자가 존재하지 않는 파동의 중복과 원자가 존재할 수 있는 파동의 중복, 두 가지를 생각할 수 있다. 전자를 반결합 궤도, 후자를 결합 궤도라고 한다. 반결합 궤도는 원자와 원자 사이에 전자가 존재하지 않기 때문에 결합할 수 없는 상태가 되고, 분자로 안정할 수가 없기 때문에 이 분자는 분해되어 원자 2개로 돌아간다. 이것이 헬륨 분자 등의 불활성 기체가 단원자 분자로 있는 이유이다.

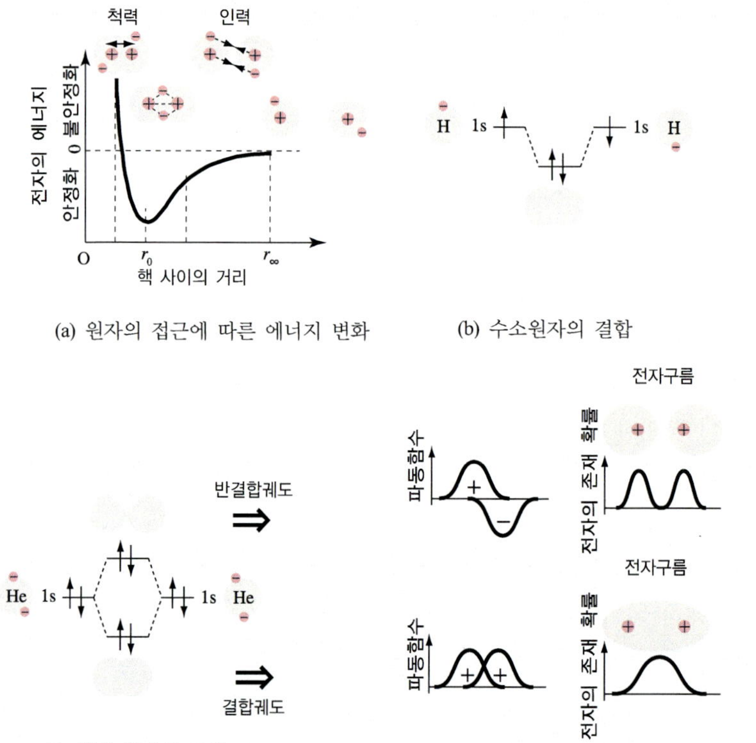

(a) 원자의 접근에 따른 에너지 변화 (b) 수소원자의 결합 (c) 헬륨 원자의 결합 (d) 전자를 파동으로 생각하는 경우 원자 간 결합

그림 2.6 원자끼리의 결합

지금까진 두 원자가 결합하는 경우를 보았지만, 고체처럼 더 많은 원자가 결합하는 경우는 더욱 상황이 달라진다. 그림 2.7에 나타낸 바와 같이, 결합 전에 각 전자는 전자의 궤도에 대응하는 에너지 상태에 놓여 있다. 원자 몇 개가 모이면 같은 궤도에는 스핀이 다른 2개의 전자 밖에 들어가지 않는다는 파울리의 배타 원리에 의해 가까운 전자들은 조금씩 에너지를 밀어서 결합한다. 또한 많은 원자들이 서로 접근하여, 원자의 간격이 좁아져서 결정을 형성하는 경우, 원자의 결합을 위해 전자의 에너지 상태가 크게 달라지게 되고, 그에 따라 에너지 밴드(energy band)를 형성하게 된다. 에너지 밴드는 전도대, 금지대, 가전자대로 나누어진다. 그 중 전자가 들어가는 대역을 허용대, 그리고 허용대 중 절대 영도에서 전자가 완전히 막혀있는 허용대를 충만대, 충만대에서 가장 에너지의 높은 대역폭을 가전자대라고 한다. 또한 가전자대보다 에너지가 높고, 전자가 없는 또는 일부 있는 허용대를 전도대라고 한다. 가전

자대의 정상에서 전도대의 아래까지 전자가 존재할 수 없는 대역을 금지대라고 한다. 가전자대와 전도대가 중복되고, 그 사이에 금지대가 존재하지 않는 물질이 금속 재료이다. 또한 금지대 폭이 넓은 경우에는 절연체의 재료가, 그리고 금지대 폭이 그 중간의 경우는 반도체 재료가 된다. 그 자세한 내용은 다음 장에서 설명된다.

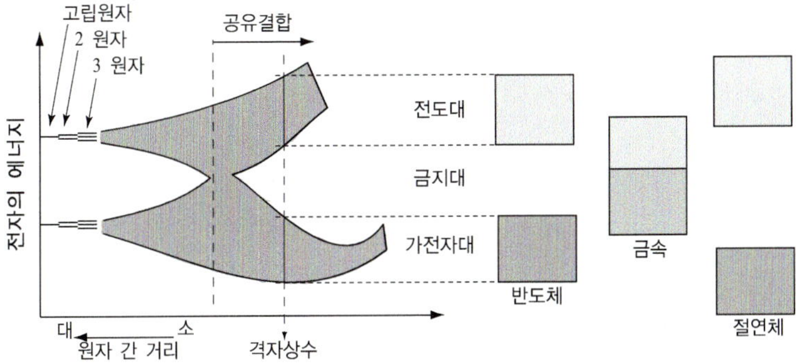

그림 2.7 에너지 밴드 구조

3 결정, 다결정, 비정질

원자끼리(또는 분자끼리)가 결합되어, 3차원적으로 규칙적이고 주기적으로 장거리에 걸쳐 원자가 늘어선 것을 결정, 그리고 그 3차원 공간에서 배열하는 방법을 결정 구조라고 한다. 원자의 배열 방법에는 여러 가지가 있지만, 전기・전자・재료에서 유용한 것들을 그림 2.8에 나타낸다. 금속 재료의 70%는 체심 입방 격자(BCC : body centered cubic), 면심 입방 격자(FCC : face centered cubic), 육방밀집 격자(HCP : hexagonal closed packed) 구조를 가지는 것으로 알려져 있다.

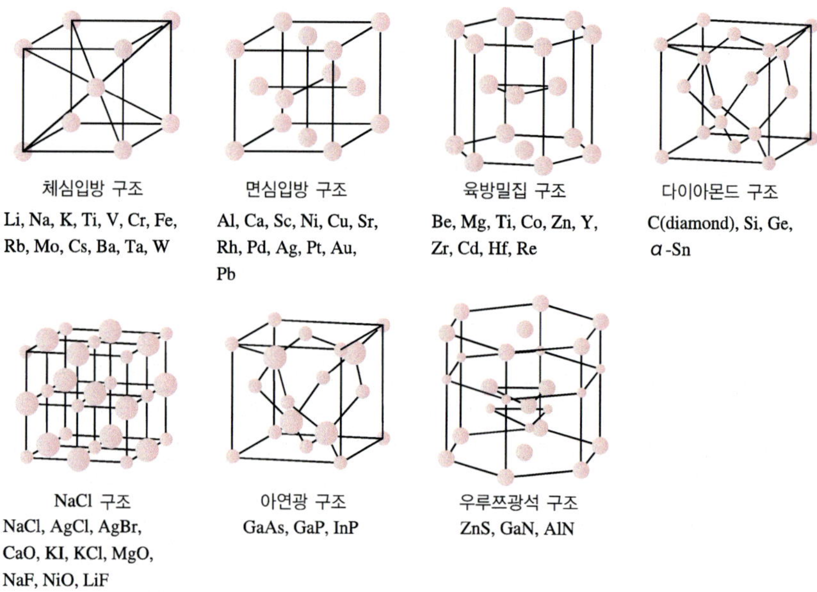

그림 2.8 결정 구조

결정은 동일한 결정 구조가 3차원적으로 반복되지만 그 구조의 단위가 되는 것이 단위격자이다. 그림 2.8에 나타낸 결정 구조는 단위격자이다. 결정은 3차원의 방향성을 가지고 있지만, 그 방향에 따라 성질이 다르다. 따라서 결정을 재료로 사용하는 경우, 결정의 어느 부분을 사용하는지를 파악해야 한다. 결정의 방향성에 의한 품질의 차이를 나타내는 데에는 결정면과 방향을 명확히 할 필요가 있다. 결정면(격자면)을 정의하는 것이 밀러 지수이다. 밀러 지수는 (hkl)처럼 괄호 안의 세 개의 정수로 표시한다. 그림 2.9를 참고하여 밀러 지수를 나타내는 방법을 보여준다.

① 단위 격자의 세 주축을 좌표축에 있어 각각의 단위 격자의 변의 길이(격자 상수)를 단위로 눈금을 취한다.
② 격자면과 좌표축의 교차점을 눈금 단위로 나타낸다. 예를 들어 x, y, z 축과 2, 1/2, 1에서 교차한다.
③ 이러한 역수를 취한다. 1/2, 2, 1이다.
④ 분모의 최소 공배수를 곱하여 최소의 정수비로 고친다. 1, 4, 2이다.
⑤ 이 면의 밀러 지수는 (1 4 2)가 된다.

괄호 ( ) 안의 숫자를 구분하는 쉼표는 붙이지 않다. 또한 결정면의 교점이 마이너스 방향으로 축을 자른 때에는 지수에 –로 표기한다.

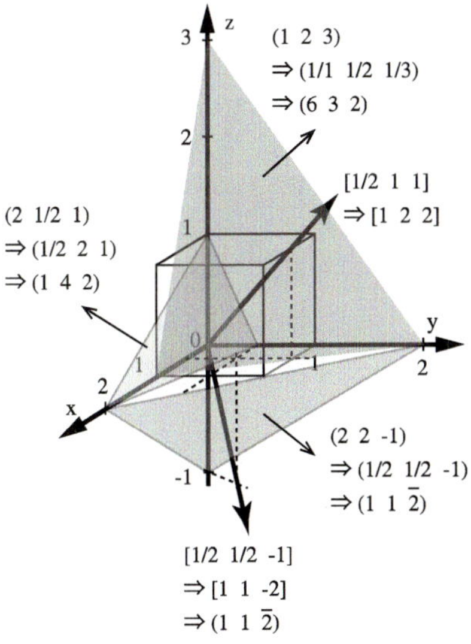

그림 2.9 결정면과 결정 방위의 표시 방법

결정의 방향은 결정 방위라고 불리며, 방향에 수직인 면의 밀러 지수로 나타낼 수 있지만, 다음과 같이 쉽게 구할 수 있다. 예를 들어, [1 2 2] 방향은 ① 결정 방향이 단위 격자와 교차 좌표는 1/2, 1, 1이다. ② 분모의 최소 공배

수를 곱해서 최소의 정수비로 고친다. 1, 2, 2가 된다. ③ 이 경우, 결정의 방향은 사각 괄호 [ ]로 묶어서 [1 2 2]로 나타낸다.

그림 2.10과 같이 결정 중에서도 전체가 하나의 결정으로 구성되어 결함이나 불순물이 없는 결정을 단결정이라고 한다. 또한 전체가 수 nm에서 수 mm 정도의 여러 결정(미세 결정립의 모임)으로 가능한 것을 다결정이라고 한다. 또한 3차원적으로 규칙적이고 주기적으로 원자들이 나란히는 있지만, 장거리에 걸쳐 그 규칙성이 유지되지 않는 구조를 비정질(非晶質)이라고 한다. 세라믹과 유리는 비정질이다.

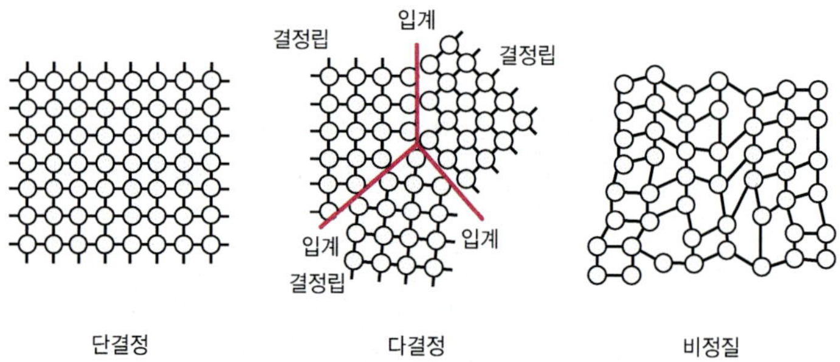

그림 2.10 단결정 · 다결정 · 비정질

정리

(1) **공유 결합, 이온 결합, 금속 결합, 수소 결합, 반데르발스 결합**
(2) **배향력, 유도력, 분산력**
(3) **에너지 밴드, 전도체, 가전자대, 금지대**
(4) **금속, 반도체, 절연체의 에너지 밴드**
(5) **결전, 다결정, 비정질**
(6) **밀러 지수**

예제 2

(1) **금속 재료는 일반적으로 열전도가 좋다. 그 이유에 대해 고찰하자.**

(2) **그림 2.9에 표시된 결정면과 결정 방위를 구하라.**

해답

(1) 금속 재료는 금속 결합에 의해 결합하고 있다. 금속 결합은 자유전자가 내부에 확산되어 있다. 결정의 일부가 가열되는 경우, 열에너지를 받은 자유전자가 결정 내부에 확산되는데 그 열에너지를 확산하기 전에 방출하기 위해 열전도가 좋다.

(2) 그림 2.9를 참조하라.

1 전자의 에너지 준위를 생각하면 일렉트론 볼트 [eV]라는 단위가 사용된다. 이 정의에 대해 알아보자. 또한 1 eV는 몇 [J]인가?

2 보어의 양자 조건에 대해 알아보고, 보어의 수소 원자 모형에서 수소 전자의 보어 반지름 r과 수소 전자의 전체 에너지(운동에너지와 쿨롱 포텐셜을 합한 에너지)를 구하라. 단, 전자의 전하 $e = -1.6 \times 10^{-19}$ C, 전자의 질량 $m = 9.1 \times 10^{-31}$ kg, 진공의 유전율 $\varepsilon_0 = 8.85 \times 10^{-12}$ F/m, 플랑크 상수 $h = 6.63 \times 10^{-34}$ $m^2 \cdot kg/s$로 한다.

3 아래의 표를 N 껍질까지 기술하자.

궤도	주양자수 n	방위 양자수 ℓ	궤도이름	자기 양자수 m	스핀 양자수 s	최대수납 전자수	
K 곡면	1	0	1s	0	++1/2, -1/2	2	2
L 곡면	2	0	2s	0	++1/2, -1/2	2	8
		1	2p	-1	++1/2, -1/2	2	
				0	++1/2, -1/2	2	
				+1	++1/2, -1/2	2	

4 C, P, Ar, Fe, Ni, Ga, Ge, As, In, Sn, Sb 대해 표 2.2를 만들자.

5 300 K의 열에너지와 파장 500 nm의 빛 에너지를 계산하자.

6 공유 결합, 이온 결합, 금속 결합, 반 데르 발스 결합을 결합력 강도, 녹는점 · 비점, 전기 전도, 경도 대해 정리하자.

7 오른쪽 그림의 육방밀집 격자에서 밀러 지수의 표시 방향을 조사해, ①부터 ③의 결정면과 ①부터 ③의 결정 방위를 밀러 지수로 표시하자. 단, 결정 방위는 3개의 기본 벡터 a_1, a_2, a_3로 표시하자.

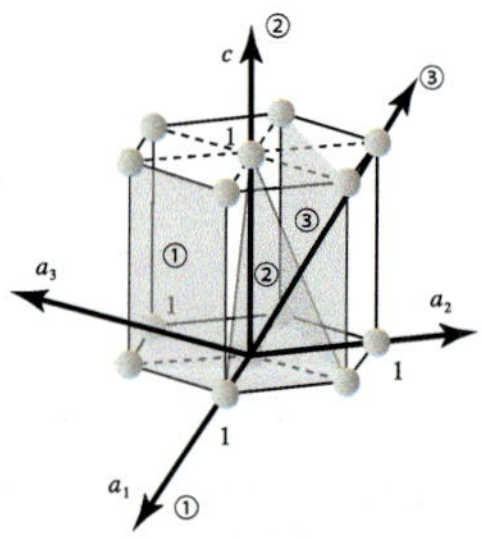

3장

도전 재료

도전 재료는 금속에 존재하는 전자가 자유롭게 이동할 수 있는 전자 전도성 물질이다. 전자는 외부 전계에 의한 힘에 의해 가속되며 전계와 반대 방향으로 운동 할 때 주위의 격자와 불순물과 충돌 저항을 받아 힘의 평형을 유지하여 속도가 안정된다. 따라서 충돌 확률이 낮으면 저항은 전류를 흘리기 쉬운 재료가 된다. 또한 충돌에 의해 발열, 이른바 줄 손실이 발생한다.

3-1절에서는 전기 전도의 개념과 옴의 법칙의 도출에 대해, 3-2절에서는 온도에 따른 저항의 변화와 응용제품인 서미스터에 대해, 3-3절에서는 실제 도전 재료 및 전선이나 케이블을, 3-4절에서는 저항재료, 저항기와 발열재료 등에 대해, 3-5절에서는 배선과 접촉・접합용의 도전 재료를, 3-6절에서는 도체와 반도체 및 절연체의 계면에서의 현상을, 3-7절에서는 저항이 제로인 초전도 재료의 구조 등에 대해 학습한다.

3-1 전기 도전

Key point

전자나 정공 등의 하전 입자는 외부전계에 의한 힘에 의해 가속되어 뉴턴의 법칙에 따라 운동한다. 금속에서는 전도대에 있는 전자가 자유롭게 이동하는 자유전자모델에 따라 이 운동 방정식을 풀어 옴의 법칙을 이끌어 낼 수 있다. 미분 방정식을 푸는 것은 어렵기 때문에, 1개의 전자에 대해 교류 전계에 한정하여 생각하면 이해가 용이하게 된다.

1 전자는 어떻게 이동하는가

전자가 매질을 어떻게 이동 하는지를 생각해 보자. 전류는 하전 입자의 운동에 의한 시간적 변화량 $i = dq/dt$ [A] = [C/s]으로 표시되기 때문에 다음과 같이 생각할 수 있다.

(1) 전계 E = 0일 때

전계를 가하지 않으면 그림 3.1(a)와 같이 전자는 중성 원자와 충돌하면서 무질서하는 열 운동을 하게 된다. 그러나 열 운동은 난잡하기 때문에 평균 속도는 0이 되고, 외부에는 평균적으로 전류가 흐르지 않는다.

(2) 전계 E($\neq$0)를 인가한 때

이 계에 그림 3.1(b)와 같은 외부 전계 E를 가하면 전자는 열 운동을 하면서 x 방향에 $-qE$의 힘으로 끌린다. 이를 드리프트(drift : 표동) 운동이라고 한다. $p = m\bar{v}$를 평균 운동량이라고 하면 전계에 의해 전자에 주어진 운동량의 변화는 뉴턴(Newton)의 운동 법칙 $F = ma$과 정전기력 $F = -qE$가 동일하기 때문에 다음과 같이 표시된다.

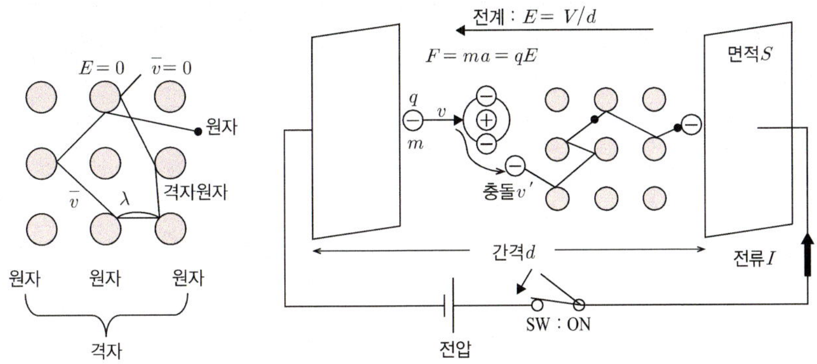

(a) 전계$E=0$ (b) 전계 E를 인가

그림 3.1 도체내의 전자의 움직임과 전계 인가에 의한 이동

$$\left(\frac{\mathrm{dp}}{\mathrm{dt}}\right)_{\text{전계}} = \mathrm{ma} = \mathrm{m}\frac{\mathrm{d}\bar{\mathrm{v}}}{\mathrm{dt}} = -\,\mathrm{qE} \tag{3.1}$$

여기서 a는 가속도이다.

그래서, 위 식에서 전계가 일정하면 가속도도 일정하기 때문에 속도는 계속 상승해서 무한대(초전도)가 되는 것일까 라는 의문이 생기겠지만, 실제로 전자가 중성 입자와 충돌하여 감속되어 x 방향의 평균 운동량을 잃게 된다. 충돌에 의해 잃는 운동량은 단위 시간의 충돌 횟수 ν(ν : 충돌 주파수(collision frequency), $\nu=1/\tau$, τ : 완화 시간(relaxation time), 충돌에서 다음의 충돌까지의 시간)와 1개의 충돌에서 잃어버릴 운동량의 곱이기 때문에

$$\left(\frac{\mathrm{dp}}{\mathrm{dt}}\right)_{\text{충돌}} = -\,\mathrm{k}\nu\cdot\mathrm{p} = -\,\mathrm{m}\nu'\bar{\mathrm{v}} \tag{3.2}$$

이다. 여기서, k는 충돌로 잃게되는 운동량의 비율, $\nu' = k\nu$이다.

예를 들어 데드볼은

m : 공은 무거울수록 아프다.

ν : 1초에 여러 번 맞으면 아프다.

v : 공은 빠른 쪽이 아프다.

라고 생각되는 것이지.

$$\therefore\ m\frac{d\bar{v}}{dt}+m\nu'\bar{v}=-qE \tag{3.3}$$

가 된다. 이제, 전계로서 교류전계 $E=E_0e^{j\omega t}$를 인가하면, 전자는 $\bar{v}=Ae^{j\omega t}$ 로 운동하는 것으로 가정한다. 그러면 식 (3.3)은

$$mj\omega Ae^{j\omega t}+m\frac{v'}{v(\nu)}=Ae^{j\omega t}=-qE^{j\omega t}E\cdot e^{j\omega t} \tag{3.4}$$

$$Am(\nu'+j\omega)=-qE_0 \tag{3.5}$$

따라서

$$A=\frac{-qE_0}{m(\nu')+j\omega} \tag{3.6}$$

$$\therefore\ \bar{v}=\frac{-qE_0e^{j\omega t}}{m(\nu'+j\omega)}\ \ (\bar{v}=Ae^{jwt}\text{이므로}) \tag{3.7}$$

이다. 여기서, 전류를 전극의 면적으로 나눈 전류밀도 J는

$$J=-qn\bar{v}=\frac{q^2nE_0e^{j\omega t}}{m(\nu'+j\omega)}=\frac{q^2n\cdot(\nu'-j\omega)}{m(\nu'^2+\omega^2)}E_0e^{j\omega t}(n:\text{전하의 개수}) \tag{3.8}$$

왜냐하면

$$J\left(\frac{A}{m^2}\right)=q\left(\frac{C}{개}\right)\cdot n\left(\frac{개}{m^3}\right)\cdot v\left(\frac{m}{s}\right)=\left(\frac{C}{s}\right)\cdot\left(\frac{1}{m^2}\right) \tag{3.9}$$

따라서

$$\sigma^* = \frac{J}{E} = \frac{q^2 n}{m(\nu' j\omega)} = \frac{q^2 n\cdot(\nu' - j\omega)}{\nu' + \omega^2} = \sigma' - j\sigma'' \tag{3.10}$$

교류는 하전 입자의 이동에 의해

$$저항\ 성분\ \sigma' = \frac{q^2 n\nu'}{m(\nu'^2 + \omega^2)} \tag{3.11}$$

$$인덕턴스\ 성분\ -j\sigma'' = -j\frac{q^2 n\omega}{m(\nu'^2 + \omega^{2)}} \tag{3.12}$$

가 동시에 내재하는 것을 의미한다(그림 3.2).
직류는 $\omega = 0$으로 놓고

$$J = \frac{q^2 n\nu' E}{m\nu'^2} = \frac{q^2 nE}{m\nu} = \frac{q^2 n\tau\cdot E}{m} = \sigma E \tag{3.13}$$

여기서, 완화 시간 $\tau = 1/\nu$이다.

$$\sigma = \frac{nq^2\iota}{m}, \rho = \frac{1}{\sigma} = \frac{m}{nq^2\iota}\ 하면,\ J = \sigma E가\ 된다. \tag{3.14}$$

단면적 S, 간격 d의 균일한 물질은 I = JS, V = Ed로 쓸 수 있으므로,
$E = \frac{v}{d}$, $I = ES \rightarrow E = \frac{1}{\sigma}\frac{I}{S}$가 되므로

$$\frac{V}{d} = \rho\frac{1}{S} \qquad \therefore\ I = \frac{V}{R} \qquad \left[\therefore\ R = \rho\frac{1}{S}\right] \tag{3.15}$$

되어, 옴(Ohm)의 법칙을 얻을 수 있다.

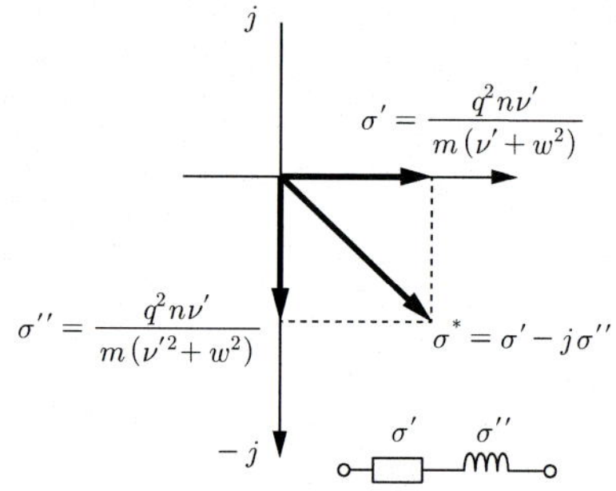

그림 3.2　도전율의 위상도

수학에서는 y = ax라는 식에서 y는 결과, a는 비례 계수, x는 변수(원인)를 의미하고 있지. 따라서 그림과 같이 전류 I가 흐름으로써 저항 R에 비례한 역기전력힘 V가 발생하여 평형하게 되므로, 전기회로의 개념으로 적합한 것이지.

전기 재료로는 I = (1/R) V → J = σE로 나타내며 전압 V와 전계 E를 인가함으로써 저항 R에 반비례 또는 전도도 σ에 비례한 전류 I와 전류밀도 J가 흐르는 것을 의미하고 있는 것이지.

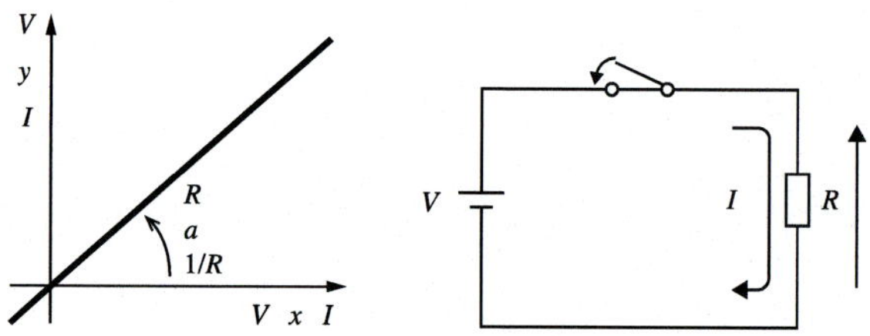

옴의 법칙을 생각하면 : 전압 – 전류 특성과 등가회로

정리

도체 중 전자는 전계의 인가에 의해 이동하고 전류밀도는

$$J = \frac{q^2 n(\nu' - j\omega)}{m(\nu'^2 + \omega^{2)}}E = \sigma E$$

로 표시된다. 또한 $I = JS$, $V = Ed$로 쓸 수 있으므로

$$\therefore I = \frac{V}{R} \quad \left[\therefore R = \rho\frac{I}{S}\right]$$

로 되어, 옴(Ohm)의 법칙을 얻을 수 있다.

예제 1

은의 분자 용량 M = 원자량 107.868, 밀도 $10.5 \times 10^3\ kg/m^3$, 그리고 20℃에서의 저항률을 $\rho = 16.2\ n\Omega \cdot m$로 했을 때, 완화 시간 τ의 식으로 나타내고, 그 값을 구하라.

해답 은은 전도 전자수가 금속중의 원자수와 같기 때문에 전자 밀도 n은 아보가드로수 N_A에서

$$n = \frac{N_A}{M} \rightarrow \tau = \frac{m_e \cdot \sigma}{n \cdot e^2} = \frac{m_e}{n \cdot e^2 \cdot \rho} = 3.74 \times 10^{-14} S$$

3-2 온도에 따른 저항의 변화

Key point

도전 재료나 저항재료는 온도가 상승하면 저항값도 증가한다. 온도가 변화해도 저항값이 잘 변하지 않는 표준 저항기나 반대로 고감도 온도 감지 센서인 서미스터 등을 제조하는데 필요한 지식이다.

1 마티센(Matthiessen)의 관계

일반적으로 도체의 온도가 상승하면 중성 원자로 구성된 격자의 진동이 증가하므로 충격 주파수는 증가하고 저항도 그림 3.3의 실선과 같이 증가하게 된다.

$$R = R_0 + at \tag{3.16}$$

t를 절대온도 T [K]로 고치면

$$R = b + aT \tag{3.17}$$

여기서, $b = R_0 + 273a$이다.
저항에 대해 보여주는 경우

$$\rho = \beta + \alpha T \tag{3.18}$$

여기서, α는 저항의 온도 계수이고, 도체에서는 정($\alpha > 0$)인, 마티센의 관계를 얻을 수 있다.
반도체와 절연체의 전압 전류 특성도 비례의 특성이 되어 옴의 법칙을 나타내는 관계가 얻어진다. 그러나 저항의 온도 계수는 그림 3.3의 파선과 점선처럼 부정($\alpha < 0$)이 되거나 도체와는 다른 전기 전도 메커니즘을 갖는 것을 알 수 있다.

표 3.1에 대표적인 전선 재료 및 반도체 재료의 물성치를 나타낸다.

마티센법칙

금속의 전기저항률을 격자진동에 기인하는 저항률과 불순물산란에 의한 저항률로 분리할 수 있다는 법칙이지.

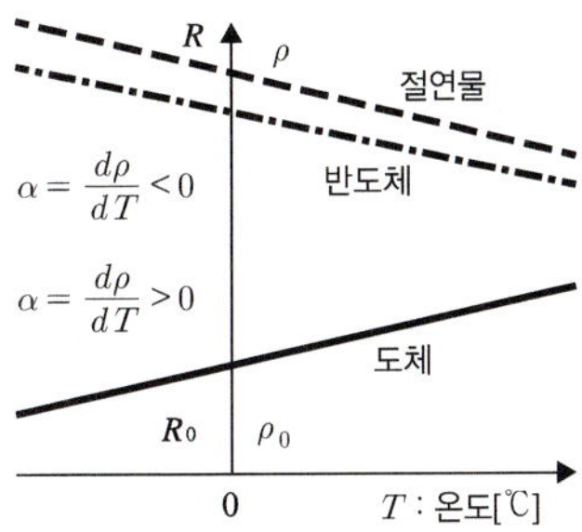

그림 3.3 고유저항의 온도 특성

표 3.1 대표적인 전선 재료 및 반도체 재료의 물성표

도전 재료	원소기호	저항률 ρ [nΩ·m] (20℃)	저항비율의 온도계 수 α(× 10^{-3}) (20℃)	융점[℃]	인장 강도 [kg/mm^2]	밀도 (× 10^3) [kg/m^3]	원자량
은	Ag	16.2	4.1	961.8	15.0	10.50	107.87
구리	Cu	17.25	4.3	1,084.6	20.0	8.96	63.55
금	Au	22.0	4.0	1,064.2	10.0	19.32	196.97
알루미늄	Al	27.5	4.2	660.3	8.0	2.70	26.98

진성반도체	원소기호	저항률 ρ [nΩ·m] (20℃)	저항비율의 온도계 수 α(× 10^{-3}) (20℃)	융점[℃]	인장 강도 [kg/mm^2]	밀도 (× 10^3) [kg/m^3]	원자량
게르마늄	Ge	0.96	−50	937.4	--------	5.32	72.63
실리콘	Si	3,970.0	−70	1,412.0	--------	2.33	28.08

2 서미스터(thermistor)

서미스터는 열 민감성 열가변 저항기(thermally sensitive resistor)의 약자로, 온도의 상승에 대해 저항 값이 증가하는 PTC(positive temperature coefficient) 서미스터와 저항 값이 감소하는 NTC(negative temperature coefficient) 서미스터가 있다. 서미스터를 온도 센서로 이용하는 경우에는 브리지 회로 등과 같이 하나의 저항으로 사용되기 때문에 다른 세 저항과 온도 계수가 같은 양(+)의 PCT 서미스터보다도 온도가 높아지면 저항이 감소하는 NTC 서미스터가 일반적인 목적으로 많이 사용되고 있다.

NTC 서미스터는 주재료인 망간(Mn), 니켈(Ni)의 전이 금속 산화물에 코발트(Co), 알루미늄(Al) 등의 산화물을 혼합하여 압축하여 원반 모양으로 성형한 후 소결하여 대전류용 디스크 형 또는 적층 구조 형 마이크로 칩 타입 등(그림 3.4) 소전류용까지 다양하게 사용되고 있다. 특히, 자동차 산업과 의료 산업의 온도・유량 센서 등에 많이 사용되고 있다.

PCT 서미스터는 티탄산바륨($BaTiO_3$)에 퀴리온도(curie point)까지 이동시킨 희토류(스트론튬(Sr), 납(Pb))를 불순물로 미량 첨가하여 상온에서 저항 값은 작으나 이 퀴리 온도 이상에서 급격히 저항 값이 증가하는 특성을 이용하고 있으며, 전기밥솥이나 팬히터, USB 회로 등의 과전류 보호 및 모터, 파워 MOSFET 등의 과열 방지 등에 이용되고 있다.

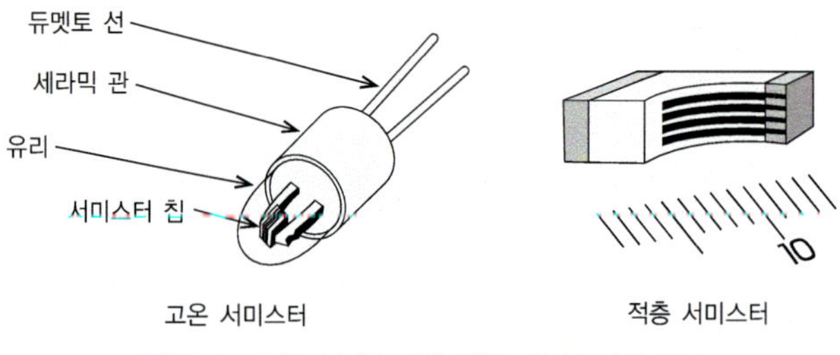

그림 3.4 고온 서미스터와 적층 서미스터의 구조

예제 2

니크롬(Ni-Cr 합금)의 저항률은 20℃에서 1,080 nΩ ·m이며, 이것을 700℃에 가열하면 저항력이 7% 증가한다. 마티센 법칙을 이용하여 니크롬 중의 격자 결함이나 불순물의 산란에 기준한 저항률의 식을 만들고, 그 값을 구하라.

해답 온도를 절대온도로 변환하면

$$a = \frac{(1.07-1) \cdot 1\,180 \times 10^{-9}}{(700+273)-(20+273)},\ \rho = \rho_{i\,+}aT \rightarrow\ \rho_i = 1{,}047{,}4\ n\Omega\ \cdot m$$

3-3 도전 재료 및 전선 · 케이블

Key point

도전 재료의 응용 제품에는 도체를 선으로 늘어뜨려 지점 간을 전기적으로 연결하는 전선과, 도체가 절연 및 보호 코팅으로 덮여있는 케이블이 있다. 일반적인 배전용 전선에는 구리(Cu)가, 장거리 송전용 전선에는 가벼운 알루미늄(Al)이 많이 사용되고 있다. 고주파의 표피 효과의 감소와 반도체 집적회로(IC : integrated circuit)에서는 전연성이 우수한 금(Au)이 이용되고 있다.
* 전연성 : 재료에 누르는 하중을 가했을 때 얇게 펴지는 성질을 말한다.

1 도전 재료

금속 중 저항률이 가장 작은 재료는 은이지만, 산화되기 쉽기 때문에 저항 비율은 악화된다. 또한 은은 고가이기 때문에 다른 금속과 합금 및 도금 재료로 사용되는 것은 드물고, 단품으로의 이용은 거의 없다.

은 제품은 산화하면 흑색화되기 때문에 관리가 복잡해지지. 그러나 살균 작용이 있어 물고기를 먹을 때 포크와 나이프로 사용되었던 것이지. 또한 접시와 스푼에 은을 사용하면 독(비소)을 감지할 수 있기 때문에 옛날 왕족이 독살을 두려워 사용하기도 했어. 한국에서는 옛부터 경상북도 울진에 은이, 강원도 철원에 구리가, 강원도 횡성 등에 금이 산출되어 왔지.

(1) 구리(Cu)

일반적인 전선(표 3.2)에 사용되는 구리는 전기 분해로 정제한 것으로, 99.96% 이상의 순도를 가지며, 철(<0.01%)과 황(<0.005%) · 납(<0.005%) 등의 불순물이 저항을 증가시키고 있다. 또한 일반적으로 생산되는 구리는 산소를 0.05% 정도 포함하고 있는데, 이 구리를 수소 환원 반응시켜 산소 함량을 0.01% 이하로 한 것을 무산소 구리라고 부르고 있다. 경동선은 구리를 주조 · 압연 ·

실온에서 신선 가공한 것으로, 기차 트롤리 선(Cu-Be : 2%) 등에 이용되고 있다. 연동선은 경동선에 열을 가한 것으로, 적당한 경도와 인장 강도를 가지고 있기 때문에 전선에 많이 사용되고 있다.

도금선은 구리의 표면에 주석(Sn)을 전기 도금한 것으로, 내식성과 내 산화성이 우수하다. 또한 은(Ag)이나 니켈(Ni) 도금은 고분자 피복의 고온 산화 방지에 이용되고 있다.

표 3.2 대표적인 구리 재료의 물성표

도전 재료	저항률 ρ [nΩ · m] (20℃)	융점[℃]	인장 강도 [kg/mm^2]	밀도(×10^3) [kg/m^3]	증가율[%]
주조 구리	17.1 ~ 17.6	1,083.0	15 ~ 20	8.90	15 ~ 20
연동선	17.1 ~ 17.8	1,083.0	23 ~ 28	8.89	63.5
경동선	17.6 ~ 18.0	1,083.0	35 ~ 47	8.89	197.0

(2) 알루미늄(Al)

알루미늄은 보크 사이트를 전해 정련하여 만들어지는 경량 재료이므로 장거리 전송 전선에 사용되고 있다. 또한 부드럽기 때문에 중심을 강심에 의한 연선 구조로 되어 있다. 표 3.3과 같이 경도를 높이기 위해 열간압연을 한 경알루미늄 와이어는 열에 의해 저항이 감소하는 성질을 가지는데, 일반적으로 350 ~ 450℃에서 단시간 단련하는 것이 결정립의 성장이 적고, 저항의 저감 효과가 높아진다. 알루미늄의 인장 강도를 개선하기 위해 용해도가 다른 금속인 Si를 0.5 ~ 0.6%, Mg를 4%, Fe 0.3% 첨가한 알루드라이 합금에 열을 가한 것이 가장 우수하다. 반도체 집적회로(IC)의 배선에는 몇%의 실리콘이나 구리를 혼합한 Al : Si 및 Al : Si, Cu 합금이 이용되고 있다. 모재인 Si에 Al이 확산시켜 접합 파괴를 방지한다. Cu는 전류나 응력에 의해 원자가 이동 하는 마이그레이션을 방지하기 위해 첨가된다.

표 3.3 대표적인 알루미늄 와이어 재료의 물성표

도전 재료	저항률 ρ [nΩ · m] (20℃)	인장 강도 [kg/mm^2]	열팽창계수 [20℃]	증가율[%]
경알루미늄선	28.3	15 ~ 17	24×10^{-6}	40
알루듀루	35.9	35	24×10^{-6}	-------
알드레이	31.2	37	24×10^{-6}	4

(3) 금(Au)

금은 내 산화성 및 내 약품성이 있고, 전연성이 뛰어나 박막화와 세선화가 용이하기 때문에 IC의 리드와 전극에 많이 사용되고 있다. 또한 구리를 도금하고 고주파 특성(표피 효과)이 개선된 음향 기기용 고급 케이블에 이용되고 있다.

2 도체를 응용한소자 : 전선

전선은 피복없이 사용되는 경우도 있지만, 일반적으로는 그림 3.4와 같이 절연물로 피복을 입혀 사용한다. 케이블은 다수의 피복 전선을 다발로 만든 후 그 외측을 피복하여 외계에서 습기나 화학적 변화를 받지 않도록 보호하는 형태를 가지고 있다.

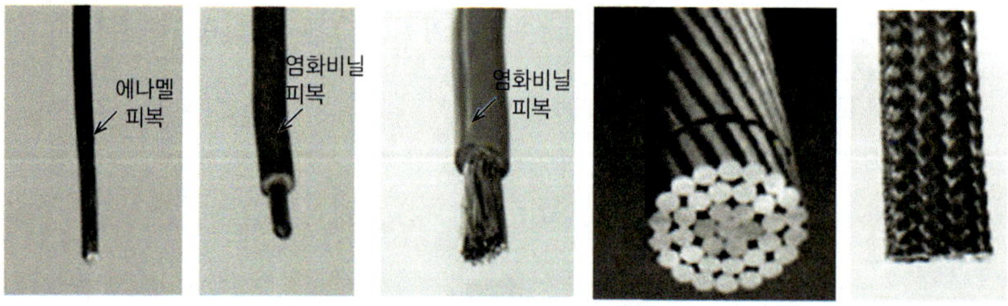

그림 3.5 대표적인 전선의 단면 구조

(1) 단선

피복없는 단선은 원형단면이 많이 이용되고 있지만, 대전류용은 평각형 또는 기차 트롤리 선처럼 홈이 들어간 특수 형상을 하고 있는 것도 있다. 전선을 피복하는 절연물 종류는 매우 다양하며, 일반적으로는 염화 비닐을 피복한 전선이 사용되고 있다. 연동선 표면에 절연성의 에나멜을 입힌 것은 기계적으로 약하기 때문에 폴리 비닐 포말과 폴리 이미드를 피복한 견고하고 내열성을 가진 전선이 기기의 소형화에 이용되고 있다. 고무 절연 전선은 고무의 유황성분과 구리와의 반응을 방지하기 위해 니켈코팅을 한 전선이 이용되고 있다.

무한 직선 도선에 전류 i가 흐르는 왕복 선로에서, 선로 도체 n개, 길이 ℓ의 자기 인덕턴스 L은 다음 식으로 구할 수 있는 것이지.

$$L = \frac{n\varphi}{i}$$

선로의 간격 D보다 선로의 반경 r이 매우 작을 때, 자속 φ는

$$\varphi = \frac{\mu_0 \ell i}{A 2\pi} \ln \frac{D}{r}$$ (ln : 자연로그)

n = 1개의 경우는 다음 식이지.

$$L_0 = \frac{\mu_0 \ell}{2\pi} \ln \frac{D}{r} [H]$$ (도체 외부)

또한 도체 내부의 자기 인덕턴스는 다음 식으로 요구되는 것이지.

$$L_1 = \frac{\mu \ell}{8\pi}$$ (도체 내부)

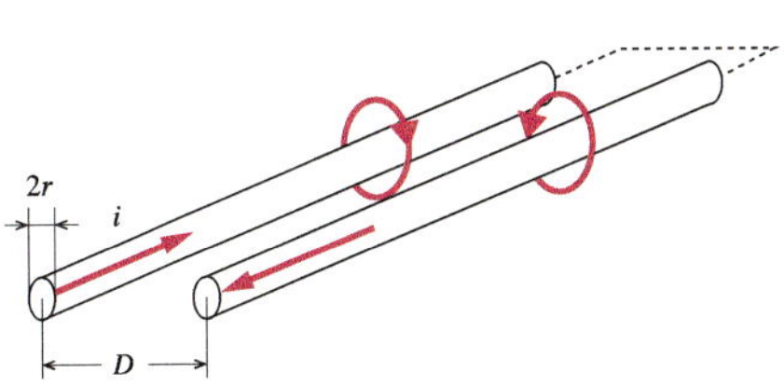

왕복 선로의 자기 인덕턴스

예제 3

선로의 반경 1 mm 간격 5 mm의 평행 왕복 구리 선로 1 km 당 자기 인덕턴스를 구하라.

해답 왕복 선로는 자기 인덕턴스의 합이 2배이고, 구리의 비 투자율 $\mu_r \fallingdotseq 1$ 이므로

$$
\begin{aligned}
\mathrm{L} &= 2(L_1 = L_0) \\
&= 2\left(\frac{\mu_0 \times 1000}{8\pi} + \frac{\mu_0 \times 1\,000}{2\pi}\ln\frac{0.005}{0.001}\right) \\
&= 743\mu\mathrm{H}
\end{aligned}
$$

이 구해진다.

(2) 연선

동심(同心) 연선은 중심선 주위에 동심형태로 선을 배치한 것이고, 집합 연선은 일반적인 연선이다. 복합 연선은 동심 연선 및 집합 연선을 복합한 것이고, 평형 연선은 대면적의 연선에서 평형으로 한 것이고, 편조선은 평형 연선을 망으로 짜서 모양을 유지한 것으로 접지선 등에 이용되고 있다. 강철 알루미늄 선은 인장강도를 위해 강철 연선을 넣었으며 전류는 주위의 알루미늄에 흐른다. 장거리 송전선로에 사용되며, 가볍고 작기 때문에 철탑을 낮고 작게 만들 수 있게 한다.

표피 효과

도체의 전류밀도 J는 깊이 δ 대해 $\mathrm{J} = \mathrm{e}^{-\delta/\mathrm{d}}$와 같이 감소하게 되거든. 여기서 d는 표피 깊이이고, 전류가 표면 전류의 1/e(약 0.37)로 되는 깊이는 $\mathrm{d} = \sqrt{(2\rho/\mathrm{w}\mu)}$와 구할 수 있어(여기서, ρ : 저항률, ω : 각 주파수 $= 2\pi\mathrm{f}$, f : 주파수, μ : 투자율). 교류 전류에 대해 전선은 직류 전류에 대한 두께 d의 파이프와 같은 저항으로 보여, 원형 단면의 전선의 저항은

$$\mathrm{R} = \frac{\rho}{\mathrm{d}}\left(\frac{\mathrm{L}}{\pi(\mathrm{D}-\mathrm{d})}\right) \fallingdotseq \frac{\rho}{\mathrm{d}}\left(\frac{\mathrm{L}}{\pi\mathrm{D}}\right)$$

여기서, L : 도체의 길이, D : 도체의 직경

주파수가 높아지면 실효 단면적이 감소하여 저항이 증가하고 손실도 커지게 되는데, 이를 방지하기 위하여 단면적이 동일한 복수의 절연 도체선(에나멜 선 등)을 합한 리츠 선이 이용되고 있지.

예제 4

직경 1 cm의 구리의 표피 깊이를 주파수 50 Hz와 10k Hz와 10M Hz에 대해 구하라.

해답 구리의 저항률 $\rho = 17.2\,\mathrm{n}\Omega \cdot \mathrm{m}$, 비 투자율 $\mu_1 \fallingdotseq 1$하면

$$\mathrm{d} = \sqrt{\frac{2 \times 17.2 \times 10^{-9}}{2\pi \times 50 \times \mu_0\mu_\mathrm{r}}} = 9.3\,\mathrm{mm} \quad [M = \mu_0\mu_r]$$

$$\mathrm{d} = \sqrt{\frac{2 \times 17.2 \times 10^{-9}}{2\pi \times 10 \times 10^3 \times \mu_0\mu_\mathrm{r}}} = 660\,\mu\mathrm{m}$$

$$\mathrm{d} = \sqrt{\frac{2 \times 17.2 \times 10^{-9}}{2\pi \times 10 \times 10^6 \times \mu_0\mu_\mathrm{r}}} = 20.9\,\mu\mathrm{m}$$

이 구해진다.

(3) 허용 전류

단선에 흘릴 수 있는 전류는 전선의 단면적에 따라 표 3.4와 같이 규정되어 있다. 연선은 소선수와 선의 직경에서 요구되는 공칭 단면적에 의해 허용 전류가 규정되어 있다. 허용 전류가 커지면 단선은 굴곡이나 절단 등의 가공이 어렵기 때문에 연선이 이용되고 있다.

표 3.4 단선과 연선의 규격치

단선			연선							
선 직경	단면적	허용 전류	소선수	선 직경	공칭단면적	허용 전류	소선수	소선 직경	공칭단면적	허용 전류
1	0.8	16	7	0.4	0.9	17	19	1.8	50	190
1.2	1.1	19	7	0.45	1.25	19	19	2	60	217
1.6	2.0	27	7	0.6	2	27	19	2.3	80	257
2	3.1	35	7	0.8	3.5	37	19	2.6	100	298
2.6	5.3	48	7	1	5.5	49	19	2.9	125	344
3.2	8.0	62	7	1.2	8	61	37	2.3	150	395
4	12.6	81	7	1.6	14	88	37	2.6	200	459
5	19.6	107	7	2	22	115	61	2.3	250	556
			7	2.3	30	139	61	2.6	325	650
			7	2.6	38	162	61	2.9	400	745
							61	3.2	500	842

3 도체를 응용한 소자 : 케이블

(1) 옥내 배선

실내 배선은 그림 3.6과 같이 평형케이블과 VVF(vinyl insulated vinyl sheathed flat-type) 케이블이 사용되고 있다. 전선 주위를 염화 비닐 절연물로 덮고 그 위에 염화 비닐로 외피를 한 것으로, 600 V 이하의 전압에서 사용되고 있다.

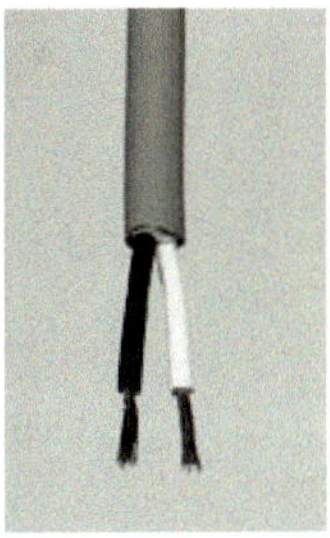

평형케이블

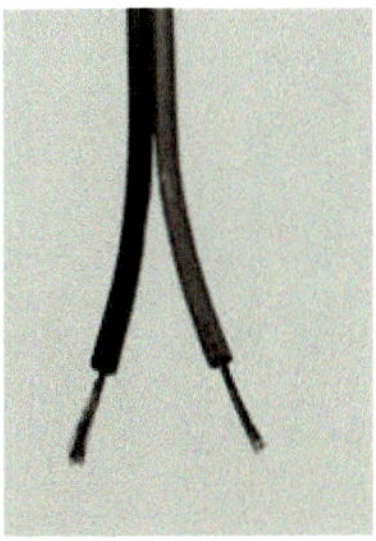

VVF케이블

그림 3.6 평형 · VVF케이블

(2) 전력용 케이블

전력용 케이블은 송전선에 사용되는데, CV(crosslinked polyethylene insulated polyvinyl chloride sheathed) 케이블(그림 3.7)은 전선 주위를 폴리에틸렌 절연물로 덮고 그 주위를 염화 비닐로 피복한 케이블인데, 사용 전압은 600 V ~ 500 kV 교류용이다. 다심 전력 케이블은 전선에 절연지를 감아 금속 피복을 실시하고 내부에 절연유를 충전한 OF(oil filled) 케이블(사용 전압 : 66 ~ 500 kV)과 기름 칠한 절연지를 감은 전선을 부식 방지 파이프 내에 고점도의 절연유를 고압으로 충전한 POP(pipe-type oil filled) 케이블(사용전압 : 154 ~ 500kV) 등이 있다.

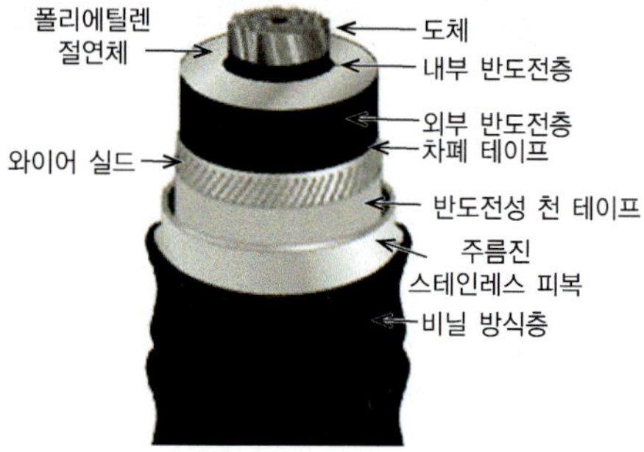

그림 3.7 CV케이블

(3) 통신 케이블

근거리용 시내 케이블은 폴리에틸렌(PE)이나 폴리염화비닐(PVC) 선을 왕복선으로 합한 것으로, 원거리 용 시외 케이블은 혼선을 줄이기 위해 별 모양이나 중심(DM 카드)이라는 구조를 가지고 있다. 고주파용 동축 케이블이 사용되며, 전송로를 전파하는 전자파의 전계와 자계의 비율인 특성 임피던스가 75 Ω 계의 3C2V, 5C2V, 7C2V(첫 번째 숫자는 케이블의 직경을 mm 단위로 표기) 등이나 특성 임피던스가 50 Ω 계의 3D2V, 5D2V, 7D2V 등이 있다.

동축 케이블은 그림과 같이 75 Ω 계가 안테나에 사용되며, M 형 커넥터이고, 50 Ω 계는 오실로스코프 등의 측정용으로 BNC 커넥터가 장착되어 있다.

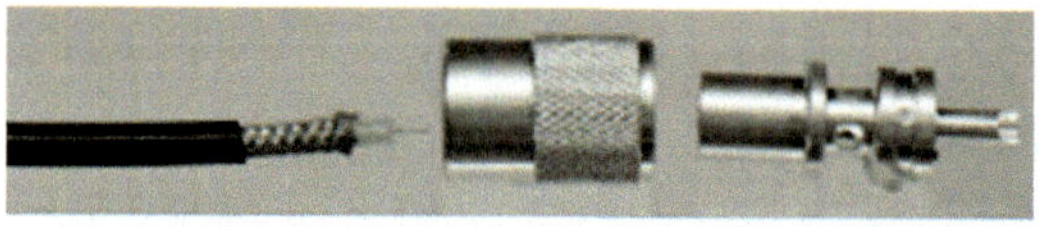

(a) 3CV-2V 케이블 및 M형 커넥터

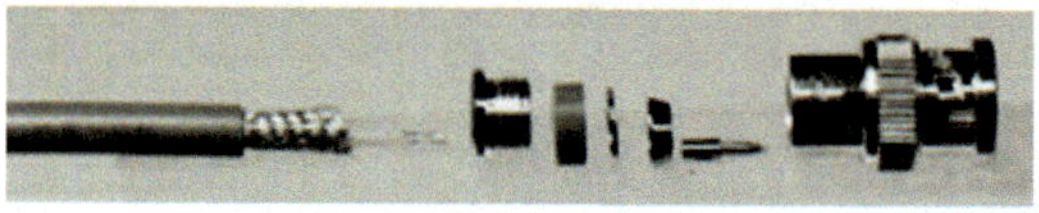

(b) 3D-2V 케이블과 BNC커넥터

동축 케이블 및 커넥터

정리

전선 및 케이블의 도전재료로는 주로 구리가, 경량화가 요구되는 송전케이블에는 강심 알루미늄이 사용되고 있다. 절연에는 염화 비닐이나 폴리에틸렌 등의 고분자재료를 전선 주위에 코팅하고 있다. 또한 허용 전류와 표피 효과 등을 고려하여 단선과 연선을 선택해야 한다.

3-4 저항재료 · 저항기와 발열재료

Key point

저항재료는 저항률이 큰 금속이나 탄소 등이나 그 합금 또는 산화물로 만들어 사용한다. 저항 값이 일정한 고정 저항기와 노브를 돌리면 회전 각도에 따라 저항 값을 바꿀 수 있는 가변 저항기(볼륨 : volume)가 있고, 고정도의 저항기는 박막형으로, 대 전력용 저항기는 권선형 등이 이용되고 있다. 또한 저항에 생기는 줄 손실에 의한 발열에 의해 고내열재료는 전열기(히터 : heater)와 전기로 등에 사용되고 있다.

1 합금

저항 값을 조정하기 위해 표 3.5에 나타낸 비교적 저항이 큰 2가지 이상의 금속을 융해 후 응고시킨 것을 합금이라고 한다. 합금의 융점과 저항은 혼합 비율에 비례할까? 실제로는 합금의 혼합 형식에 따라 3가지로 분류된다. 두 금속 사이에 친화력이 없을 때는 단순한 혼합물이 되지만 혼합 비율에 따라서는 석출시 마치 단상으로 보이는 고체를 얻을 수 있는데, 이를 공정형 합금이라고 부르고 있다.

예를 들어 그림 3.8(a)와 같이 납(Pb) 중에 주석(Sn)을 혼입한 것을 융해해서, 온도를 저하시키면 Pb의 결정이 석출하기 시작하여 Sn의 비율이 많아지기 때문에 응고 온도는 낮아진다. 응고 온도가 최저(Pb : 37% –Sn : 63%에서 183℃) 공정점을 초과하면 Pb의 석출보다 Sn의 석출이 강해지고 응고 온도는 다시 증가한다. 이때 저항은 Pb가 100% 값에서 거의 선형적으로 감소하고 Sn이 100% 값에 이른다. 또한 그림(b)에 나타내는 콘스탄탄처럼 구리(Cu)의 결정격자(b)에 니켈(Ni)이 침입이나 대체의 형태로 혼입한 것을 고용체라고 한다. 그림의 액상선 이상에서는 액체로, 고체선 이하에서는 고체로, 양곡선에 끼워진 부분은 액체와 고체가 공존하는 특성을 가진다. Ni의 원자 반지름은 0.125 nm, Cu는 0.128 nm되고, 결정 구조는 면심 입방 격자로 동일하다. 합금을 하면 결정격자의 변형이 나타나고 저항률은 이종 원자의 격자 부정합에 의해 두 금속성분 비율로 계산 한 값보다 눈에 띄게 증가하고, 격자의 변형이 가장 현저한 비율로 극대치를 보여준다. 또한 그림(c)와 같이, 마그네슘(Mg)은 최밀 육방 격자이고, Pb는 면심 입방 격자로 결정 구조가 다른 경우에 Mg_2Pb라는 금속간 화합물(intermetalic compound)이 가능하고, 독자적인 융점을 가지고 있다. 이것은 중량 백분율로 Mg : 19% -Pb : 81%의 경우이고, 원자 조성 백분율로 Mg : 33% -Pb : 67%인 2 대 1의 비율이 되고, 이 조성비를 경계로 두 개의 공정형 합금의 상태도를 옆으로 나란히 했을 때와 동일하다.

표 3.5 대표적인 저항, 발열재료의 물성표

저항재료	원소 기호	저항률 ρ [nΩ·m] (20℃)	저항비율의 온도계수 α ($\times 10^{-3}$) (20℃)	융점[℃]	밀도 ($\times 10^{3}$) [kg/ m^{3}]	원자량
마그네슘	Mg	45	4.0	650	1.738	24.305
나트륨	Na	46	5.5	97.8	0.97	22.99
몰리브덴	Mo	47.7	4.7	2,623	10.2	99.95
로듐	Rh	51	4.4	1,960	12.41	102.91
텅스텐	W	55	5.3	3,407	19.3	183.84
아연	Zn	59	4.2	419.5	7.14	65.38
코발트	Co	70	6	1,495	8.9	58.93
니켈	Ni	72.4	6.7	1,455	8.9	58.69
루테늄	Ru	76.4	----	2,250	12.4	101.07
인듐	In	83.7	5.1	156.6	7.31	114.82
오스뮴	Os	95	4.2	3,045	22.57	190.23
철	Fe	98	6.6	1,536	7.87	55.845
백금	Pt	106	3.9	1,769	12.45	195.08
팔라듐	Pd	108	3.7	1,552	12.02	106.42
주석	Sn	114	4.5	231.93	7.31	118.71
크롬	Cr	129	6.0	1,857	7.19	51.996
탄탈	Ta	155	3.3	2,985	16.7	180.95
베릴륨	Be	185	3.3	1,287	1.85	9.012
납	Pb	219	4.2	357.5	11.35	207.2
안티몬	Sb	390	4.7	630.74	6.7	121.76
티타늄	Ti	420	3.47	1,666	4.5	47.87
망간	Mn	1440	----	1,246	7.44	54.938
탄소	C	35 000	0.9	[3,370]	1.8 ~ 2.1	12.01

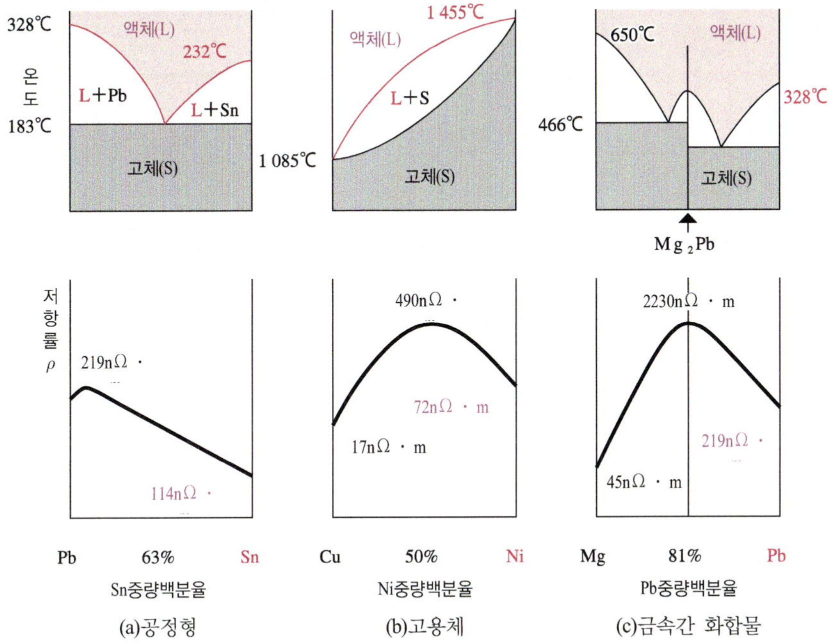

그림 3.8 합금의 종류와 저항률

망간은 Cu(83 ~ 86%) · Mn(12 ~ 15%) · Ni(2 ~ 4%)의 합금이고 고유저항은 420 ~ 480 nΩ · m로, 상온 부근의 온도 계수(1 ~ 3) × 10^{-5}/℃로 매우 작기 때문에 표준저항으로 사용되고 있다.

니크롬은 니켈 · 크롬 · 망간의 합금으로 저항이 높고, 내열성이 높기 때문에 1,000℃ 정도까지의 히터 선에 이용되고 있다. 제 1 종은 Ni(75 ~ 79%) · Cr(18 ~20%) · Mn(2.5% 이하) · C(0.15% 이하) · Si(0.5 ~ 1.5%) · Fe(1.5% 이하)에서 저항률은 1080 nΩ · m이고, 2종은 Ni(57% 이상) Cr(15 ~ 18%) · Mn(3.0% 이하) · C(0.2% 이하) · Si(0.5 ~ 1.5%) · Fe(잔부)에서 저항률은 1120 nΩ · m로 매우 큰 값을 나타낸다.

콘스탄탄은 Cu(55%) · Ni(45%)의 이원 합금으로 저항률이 490 nΩ · m로 높고, 온도 계수가 1.5 × 10^{-5}/℃로 매우 작기 때문에 표준 저항기 등에 사용되고 있다. 또한 열 기전력이 높기 때문에 동선(구리)과 조합하면 열전대를 만들 수 있는데, 열전대의 E형은 1000℃까지 온도를 측정할 수 있다. 같은 Cu-Ni계 합금인 어드밴스는 Cu(54.5%) · Ni(44.68%) · Mn(0.54%) · Fe(0.11%)에서 저항률이 475.6 nΩ · m로 높고 온도 계수가 0이기 때문에 표준 저항기의 대표적인 재료이다.

2 저항기

표 3.6은 저항 분류를 나타낸다. 저항은 저항 값이 일정한 고정 저항기와 회전의 각도에 따라 저항 값이 변화하는 가변 저항기가 있다. 표에 나타난 바와 같이, 필름 저항은 탄화수소 계의 원료 가스를 열분해해서 탄소를 세라믹 등의 원통에 석출시켜 만들거나, 금속을 증착이나 마그네트론 방전에 의한 스퍼터링 법을 이용하여, 그대로 또는 산화나 질화시켜 세라믹 등의 원통에 넣어 만든다.

표 3.6 저항기의 분류

분류	종류	세부 종류	저항 값	정격 전력
탄소계	피막계 (열분해 석출 피막)	벤젤계 탄화수소	5 Ω ~ 5 MΩ	1/8 ~ 2 W
	컴포지션 (탄소 분말과 수지)	솔리드형(덩어리형)	10 Ω ~ 20 MΩ	1/8 ~ 2 W
		피막형	5 Ω ~ 5 MΩ	1/8 ~ 2 W
금속계	피막계(박막형)	금속계	50 Ω ~ 2 MΩ	1/8 ~ 1 W
		금속 산화물 계	10 Ω ~ 200 kΩ	1/2 ~ 7 W
		금속 질화물 계	10 Ω ~ 200 kΩ	1/2 ~ 7 W
		박막 서멧	10 Ω ~ 10 MΩ	1/2 ~ 3 W
	후막계	후막 서멧	10 Ω ~ 10 MΩ	1/2 ~ 3 W
		메탈 그레이스	510 kΩ ~ 1 GΩ	1/8 ~ 4 W
	권선형	전력용	0.1 Ω ~ 90 kΩ	5 ~ 100 W
		고주파용 표준저항	온도 계수α : 작음	

합금 피막에는 Ni-Cr 합금증착막이 있고, 피막 표면을 SiO_2로 피복하여 안정화시키고 있다. 금속 질화막의 대표는 Ta : N이고, 질소와 아르곤에서 Ta를 스퍼터링하여 만든다. 금속 산화막에 $SnCl_4$와 SbO의 혼합 수용액을 약 800℃로 가열한 세라믹과 유리에 분사하는 SnO_2와 SbO 고용체 피막이 있다.

탄소 피막은 벤롤이나 메탄 등의 탄화수소 가스를 약 1,200℃로 가열한 석영과 세라믹스 위에 석출시킨 것이다. 탄화수소 가스와 염화 붕소를 혼합하여 침전시킨 탄소 피막과 탄화수소 가스와 트리메틸 클로로 실란을 혼합하여 석출시킨 카본얼로이 피막 등을 이용하여 표면 저항을 높이는 동시에 온도 계수를 개선하고 있다.

피막형 저항기는 나선형을 하고 있고(그림 3.9), 저항 값을 조정하여 고정밀도의 저항 값을 선택할 수 있고, 양산성도 우수하다. 또한, 휴대전화 등의 소형 전자기기에는 칩 저항기라는 각판상의 알루미늄(Al_2O_3) 절연 기판 위에 Ni–Cr 합금 등을 증착한 리드선이 없는 소형(0.4 mm × 0.2 mm 이상)의 표면 실장 부품이 사용되고 있다. 두께가 1 μm 이상을 후막이라고 부르고 유리 분말에 팔라듐과 은 분말을 혼합한 수용액을 약 800℃로 가열한 후 세라믹에 분사한 서멧(cermet : ceramic + metal)이나 금속 그레이스가 사용되고 있다. 솔리드(solid : 고체) 형태 저항은 카본 블랙과 같은 무정형 탄소 또는 분말 흑연(graphite)을 실리콘 레진과 혼합 소성하여 세라믹 및 고분자 재질의 원통 내에 포장한 것이다. 소형 저항기로 사용하고 양산에 적합하지만, 정확도가 나빠 저항 값을 소정의 값으로 조정하는 것이 어려운 단점이 있다.

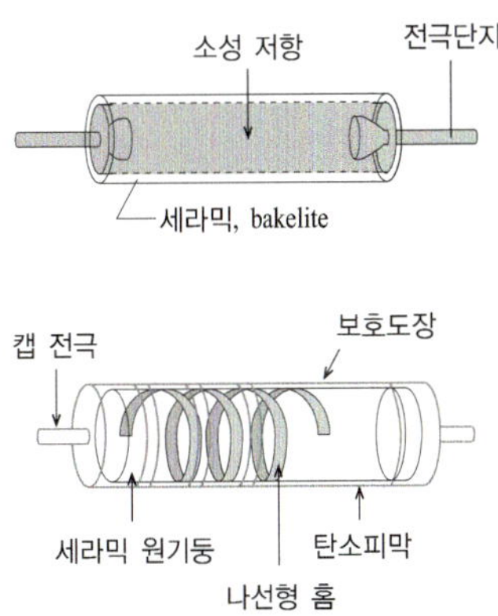

그림 3.9 솔리드, 필름 저항

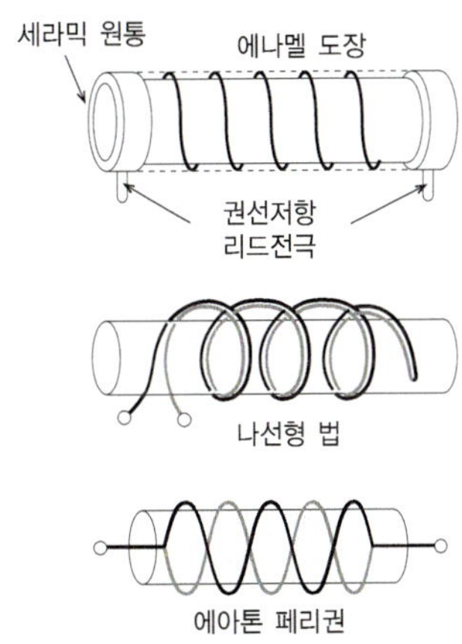

그림 3.10 각종 권선 저항기

권선 저항기는 그림 3.10와 같이 망간과 어드밴스, 콘스탄틴, 니크롬 선 등을 에나멜 등으로 절연하여 고분자 수지와 세라믹 원통형 보빈 위에 코일상으로 휘감아 만들어진다. 100 kΩ 이하의 낮은 저항 밖에 만들 수 없지만, 100 W 정도의 대 전력용 저항기에 이용되고 있다. 권선 저항기는 코일과 같은 구조이기 때문에 높은 주파수에 대하여 인덕턴스 성분(그림 3.11)이 무시할 수 없을 정도로 커지게 되는데, 이를 개선하는 방법이 에어턴 페리 감기(Ayrton–Perry winding) 및 되감기 법이다.

가변 저항기는 원형 박막 또는 권선 저항 위를 습동자라는 미끄럼 접촉 전극을 회전시켜 저항 값을 조정한다(그림 3.12). 회전 각도에 따라 저항 값이 비례하여 증가하는 B형과 처음에는 서서히 증가하지만 이후 급격히 증가하는 A형, 반대로 처음에는 급격히 증가한 후에 포화하는 C형이 있다.

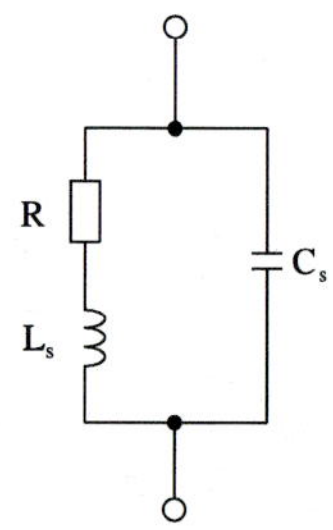

그림 3.11 저항기의 등가회로

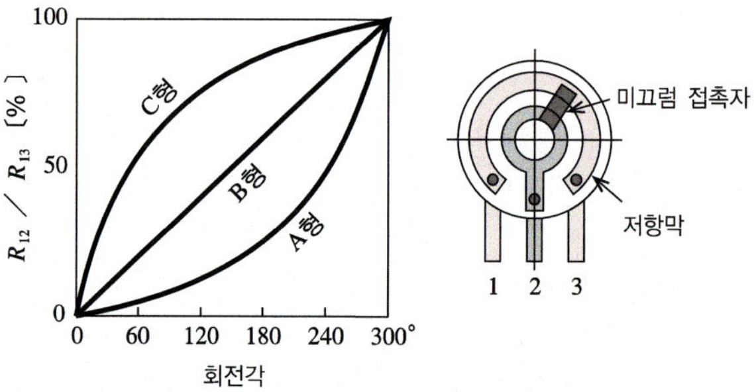

그림 3.12 가변 저항기의 회전각-저항 특성

3 발열재료

금속 발열재료로는 니크롬(Ni-Cr) 합금이 1,100℃ 이하의 전열선으로 많이 사용되고 있다. 또한 내열성이 풍부(~ 1,300℃)하고 저렴한 발열재료로 칸탈(Fe-Cr-Al) 합금도 사용되고 있다. 고 내열성으로, 백금(Pt)은 비싸지만 내산화성이 우수해 약 1,600℃(환원 분위기에서 약한)에서, 가공이 어려운 고경도 재료 텅스텐(W)은 약 2,500℃에서, 몰리브덴(Mo)은 약 1650℃의 환원 분위기(수소 가스)와 질소 가스 및 진공 등에 사용되고 있다. 비금속 발열재료로는 탄화 규소(SiC), 발열체는 SiC 분말과 Si 및 C를 2,000℃에서 소결한 600℃ 내열의 공기 중에서 사용할 수 있는 전기화로이다. 흑연 발열체는 진공이나 불활성 또는 환원 산소 분위기에서 막대 모양이나 관 모양으로 사용할 수 있다. 크립톨로는 입상으로 입자간의 접촉 저항으로 발열하고, 지르코니아는 ZrO_2에 CaO와 MgO, Y_2O_3를 첨가한 것으로, 대기 중에서 2,400℃까지 사용할 수 있다. 규산 몰리브덴 $MoSiO_2$ 분말은 Mo와 Si의 혼합 분말을 성형하여 수소 등의 비산화성 분위기에서 소결시킨 것으로, 1,700℃까지 공기 중에서 사용할 수 있다.

4 저항 왜곡센서 스트레인 게이지(strain gauge)

저항 스트레인 센서는 응력이 가해질 때 생기는 변형에 따라 저항 값이 변하는 감왜저항체를 이용하고 있다. 왜곡의 정도를 나타내는 게이지율은 $G=(\Delta R/R)/(\Delta L/L)$ 주어지고, 콘스탄틴은 $G=1.7 \sim 2.1$, 크로멜이 $G=2.5$, 어드밴스 $G=2.04 \sim 2.12$, 아이소이래스틱(Ni : 36%, Cr : 8%, Mo : 0.5%, Mn + Si + Cu + V : 3.5%, Fe : 52%)가 $G=2.8 \sim 3.5$이다.

5 자기저항 효과(magnetoresistance effect)

전류 경로에 자계를 수직으로 가하면 전자의 이동 방향이 구부러져 격자와의 충돌 기회가 높아지기 때문에 전기저항 값이 증가하는 현상을 자기저항 효과라고 한다. 비스무트(Bi) 1T의 저항 증가율 $\Delta\rho/\rho=0.45$로 게르마늄 $\Delta\rho/\rho=0.3$보다 크고, 인듐-안티몬(In-Sb)은 $\Delta\rho/\rho=23.6$으로 매우 큰 값을 가진다.

정리

저항재료나 발열재료는 저항 값이 크고, 조정이 쉬운 합금 재료가 이용되고 있다. 저항기는 고정 저항기와 가변 저항기가 있고, 탄소계와 금속계의 피막형과 권선형이 저항값과 허용 전력 등에 따라 구분하여 사용할 수 있다. 또한 저항 스트레인 센서나 자기저항 효과를 이용한 센서가 응용되고 있다.

3-5 배선 · 접촉 · 접합재료

Key point

전자기기의 소형화에 의해 전자 회로는 모듈화와 통합이 촉진되고 있어 장치 간의 배선도 마이크로미터(μm : 10^{-6} m)에서 나노미터(nm : 10^{-9} m) 정도로 줄어들고 있다.
기존의 전선이나 케이블에 의한 배선 이외에, 프린트 기판의 박막 배선 기술과 광학 소자에 사용되는 투명전극재료, 스위치나 브러시 등의 접촉재료, 솔더 등의 접합재료에 대해 배운다.

1 프린트 배선

장치의 소형화에 따라 부품이나 배선법의 소형화가 요구되고 있다. 프린트 배선은 페놀계와 유리 에폭시 수지 등의 절연 기판 표면에 두께 35~70μm의 전해동박을 접착제로 붙인 적층판을 사용하여, 사진 식각(photoetching)과 판, 스크린 인쇄 등에 의해 배선 패턴 부분을 남기고 불필요한 부분을 염화 제 2 동 용액과 황산 암모니아 용액의 에칭(식각)액으로 화학적 제거를 하여 만들어진다. 내식 감광성 필름(photoresist)에는 미경화 폴리계 피산 비닐 등이 있는데, 기판 위에 배선의 네거티브 필름을 부착하고, 거기에 자외선을 조사하여 광중합 경화 반응을 시킨 다음, 미경화 부분의 레지스트 막을 제거 용액으로 제거하여 동박을 노출시켜, 그 부분을 에칭(식각)한다. 에칭(식각)액을 이용하는 방법을 습식 식각, 플라즈마에 의한 방법을 건식 식각이라고 부른다. 마지막으로 레지스트 막을 제거하여 완성한다.
노금법(설연 기판 상에 배선 부분만 무전해 도금 및 전해 도금을 하는 방법)은 경제적이지만, 폐수 처리 및 세정 공정에 문제가 있고, 녹 발생이나 납땜성의 저하를 초래하는 등의 장애를 일으킬 수 있다. 또한 전도성 도료를 인쇄 도포하는 배선법에는 한면에 접착성 필름을 붙인 동박을 배선 패턴 금형 치구에 꿰뚫는 것과 동시에 기판을 가열 압착하는 스타핑법 또는 잉크젯 프린터에서 직접적으로(마스크리스) 컴퓨터의 CAD 데이터를 기록하는 방법이 있다.

2 박막의 도전율

박막(film)은 막의 두께가 수 μm 이하인 것을 말하므로, 기판 표면에 피착한 다른 고체 물질의 얇은 층을 말하며, 기판없이 존재하지 않는다. 이에 대해 박(foil)은 기판 없이도 존재할 수 있는 얇은 층이다. 박막 내의 자유전자가 격자에 충돌한 다음 충돌까지의 거리의 평균을 평균자유행정 λ라고 한다. 막의 두께가 얇아지면 그림 3.13처럼 박면상의 점 O~P로 전자가 충돌 산란하여 평균 자유 행정 λ가 실질적으로 줄어들고 전도성은 떨어지게 된다. 전체 평균 자유 행정 λ_{eff}은

$$\lambda_{eff} = \int_0^{\theta_0} \lambda \sin\theta d\theta + \int_{\theta_0}^{\pi/2} \lambda \sin\theta d\theta \tag{3.19}$$

두께를 d라고 하면 $d = X \cos\theta = \lambda \cos\theta_0$이므로

$$\overline{\lambda}_{eff} = d\left(1 + \ell n \frac{\lambda}{d}\right) \tag{3.20}$$

이다. 전자는 점 O 이외에서 출발하기 때문에

$$\overline{\lambda} = \left[\int_0^d \lambda_{eff} dz\right] / d = d\left(\frac{3}{4} + \frac{1}{2} \ell n \frac{\lambda}{d}\right) \tag{3.21}$$

과 같이 된다. 박막의 전도도를 σ로 하고, 고체 덩어리(bulk)의 전도도를 ∞로 표시하면 다음과 같이 된다.

$$\frac{\sigma}{\sigma_\infty} = \frac{\overline{\lambda_{eff}}}{\lambda} = \frac{d}{\lambda}\left(\frac{3}{4} + \frac{1}{2} \ell n \frac{\lambda}{d}\right) \tag{3.22}$$

이에 따라 전도성의 저하, 저항의 증가를 초래하지만, 실제로는 좀 더 복잡해서, 형상 효과라고 불리고 있다.

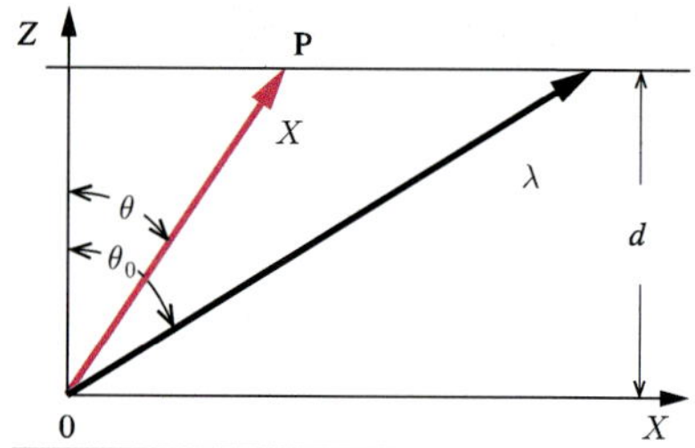

그림 3.13 박막 중 전자의 자유 행정

3 투명전극재료

금속은 자유전자가 빛을 반사하기 때문에 불투명하다. 그러나 두께가 얇아지면, 곳곳에 있는 전자 군이 플라즈마라는 분극 물질과 유사한 작용을 하여 빛을 투과한다. 예를 들어 두께 300 nm의 금 박막은 가시광 영역에서 60%의 투과율을, 두께 10 nm의 알루미늄 박막은 40%의 투과율을 나타내어, 시트 저항이 10 Ω 정도의 투명 전극이 된다. 액정 디스플레이나 태양전지 등에 사용되는 투명 전극에는 ITO(indium tin oxide : In_2O_3 : SnO_2)가 사용되고 있으며, 저항률이 $10^{-3} \sim 10^{-5}$ Ω · m로 낮고, 산화물 와이드갭 반도체에 불순물을 도핑하여 도너 준위를 형성한 n형 불순물 반도체이다.

금속의 전자파에 대한 비유전율 ε_r는 드루드 모델(Drude model)에서

$$\varepsilon_r = 1 - \frac{n \cdot e^2}{\varepsilon \cdot m_0 \left\{ \omega^2 - \left(\omega_0^2 + j\nu\omega \right) \right\}} \tag{3.23}$$

여기에서

$$\text{플라즈마 주파수 } \omega_p = \sqrt{\frac{n \cdot e^2}{\varepsilon \cdot m_0}} \tag{3.24}$$

이며 ${\omega_p}^2 \gg {\omega_0}^2 + j\nu\omega$이 성립하는 광학적인 주파수 영역에서

$$\varepsilon_{\mathrm{r}} \fallingdotseq 1-\frac{{\omega_{\mathrm{p}}}^{2}}{\omega^{2}} \tag{3.25}$$

로 근사화할 수 있다. 반사율 R은

$$\mathrm{R}=\left|\frac{\sqrt{\varepsilon_{\mathrm{r}}}-1}{\sqrt{\varepsilon_{\mathrm{r}}}+1}\right|^{2} \tag{3.26}$$

로 표현할 수 있으므로, ω_{p} 이하의 $\varepsilon_{\mathrm{r}}<0$일 때 $\sqrt{\varepsilon_{\mathrm{r}}}$은 허수가 되어 $\mathrm{R}=1$이 되므로 빛은 100% 반사하게 된다. 반대로 ω_{p} 이상의 $\varepsilon_{\mathrm{r}}>0$일 때 $\sqrt{\varepsilon_{\mathrm{r}}}$은 실수이기 때문에 $\mathrm{R}<1$이 되고 빛은 투과하게 된다.

4 도전성 고분자재료

고분자재료는 절연성이지만, 폴리 아세틸렌 필름에 브롬(Br)·요오드(I)·나트륨(Na)·칼륨(K)을 도핑하면 대수적으로 전도성이 상승한다. 이 도전성 고분자는 리튬 이온 전지의 전해질과 태양전지 등에 응용이 확산되고 있다. 또한 보통의 절연성 고분자에 금속이나 탄소 입자를 혼입한 전도성 플라스틱은 가소성 및 가공성 등이 우수하기 때문에 실용화되고 있다.

2000년 시라카와, Heeger, MacDiarmid는 도전성 폴리머의 발견과 개발실적에 의해 노벨 화학상을 수상했지.

5 접점재료 : 스위치(switch), 릴레이(relay)

접점의 개폐에 의해 전류의 도통과 차단을 위하여 전도도·열전도·융점·경도가 높고 가공성·내마모성·내산성이 뛰어난 저접촉 저항의 재료가 사용된다. 접점의 개방시에 생기는 아크 방전에 의한 소모 및 전이(변형)가 적고, 접촉면이 용착(용접 또는 고온 가열로 접착시킨)하지 않는 것도 중요하다. 도체의 접촉면에는 다른 부분에 비해 높은 저항(접촉 저항)이 나타날 수 있고, 집중 저항과 경계 저항을 생각할 수 있다. 그림 3.14와 같이 집중 저항(접촉 비평면형)은 도체의 표면이 고르지 않기 때문에 접촉 면적이 감소하고 전류의 경로가 좁혀들기 때문에 국소에서의 저항이 증가하는 현상이다. 따라서 부드러운 재료를 높은 압력으로 접촉시키면 좋겠지만 그렇게 되면 용착 가능성이 높아진다. 경계 저항은 도체 표면에 유지나 산화 절연막 및 가스 흡착층이 형성되어있는 경우에 발생하는 저항을 말한다. 피막이 1~3 nm의 얇은 경우에는 터널 효과로 두께가 1μm 이상에서는 전압이 충분히 피막의 절연파괴를 일으켜 통전하는 코히러스(Coherus) 현상이 생긴다. 작은 전류용 접점 재료로는 낮은 접점 압력으로 작은 접촉 저항을 가지는 귀금속계(내산화)의 Pt, Au, Ag나 Cu, Cu 합금이 이용되고 있다. 대전류 용 접점재료로는 전이소모나 용착이 문제가 되기 때문에 고융점, 고경도의 W, Cu의 소결 합금이나 Mo 등이 이용되고 있다.

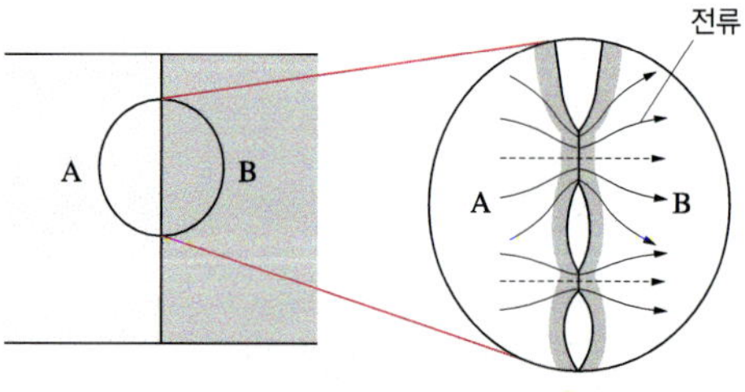

그림 3.14 접점의 걸리는 집중 저항

6 브러쉬(brush)재료

습동(slide, 미끄럼) 접촉자 재료라고도 불리는, 회전 기계(모터 및 발전기)의 회전을 전기적으로 접촉시켜 전류를 흐르게 하기 위한 것을 브러쉬라고 한다. 윤활성, 내마모성이 우수하고, 전압 강하가 작은 것이 요구되고, 소전류용으로는 Pt, Pd, Au, Ru, Rh 등의 귀금속이나 Pd-Au 합금이 이용되고 있다. 대전류용으로는 석탄이나 코크스, 유연을 원료로 비정질 탄소로 만든 탄소질 브러쉬, 천연 흑연이 원료인 흑연질 브러시, 탄소의 미분말을 고온(2,000~2,500℃)에서 처리해 흑연화한 전기 흑연질 브러쉬, 금속 분말(Cu > 50% 이상)에 천연 흑연을 배합하여 소결한 금속 흑연질 브러쉬가 대형 직류 모터 및 전기 자동차용으로 사용되고 있다.

흑연은 브러쉬 재료 이외에도 연필로 친숙하잖아. 이 흑연판에서 스카치 테이프로 1층 만큼 박리시킨 것이 그래핀(graphene, 2008년 Geim, Novoselov)이며, 이것을 말아놓은 것이 탄소 나노 튜브(carbon nano tube)이다. 그래핀은 완벽한 2차원 구조이기 때문에 두께 방향의 충돌 손실이 없어서 이동도는 15,000 ~ 200,000 $cm^2/(V \cdot s)$이 되고, 흑연의 10^{-4} $cm^2/(V \cdot s)$와 실리콘의 1,350 $cm^2/(V \cdot s)$에 비해 높은 값을 나타내고 있어, 투명한 높은 전도성 초박막으로 기대되고 있지. 탄소 나노 튜브는 그래핀 시트를 말아놓은 형태로 나선의 각도로 있는 카이럴 벡터(chiral vector)에 의해, 금속 도체 성질을 나타내는 것이나 반도체적인 성질을 나타내는 것이 만들어지지. 또한 튜브에 내포되는 물질의 영향을 강하게 받도록 하기 위해, 강자성재료 등을 내포하는 소자도 검토되고 있는 것이지.

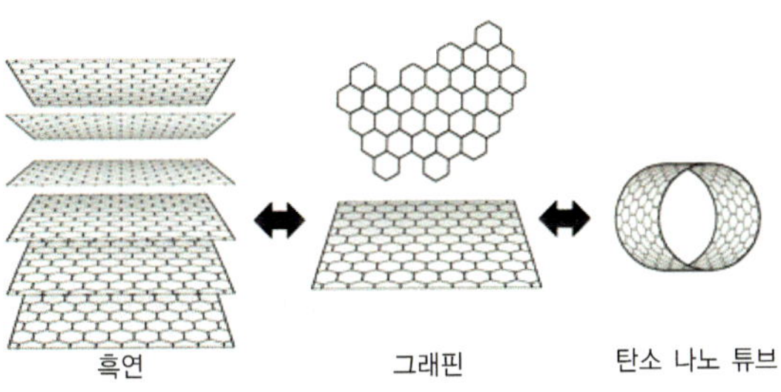

대표적인 탄소계 물질의 구조

7 퓨즈재료

퓨즈(fuse)는 일정 값 이상의 과전류가 흐를 때 회로를 차단하는 저융점 합금선이다. 저압용 퓨즈는 정격 200A 이하에서 145% 전류에 5분 정도 견디고, 200% 전류에서 1분 이내에 차단하는 것으로, Sn-Pb 합금 등이 사용되고 있다. 고압용 퓨즈는 200% 전류로 2분 이내에 차단하는 것으로, W 및 Cu-Ni 등의 고융점 재료가 사용되고 있다.

8 납땜재료

전선이나 금속부품을 보다 융점이 낮은 금속에 의해 연결하는 것을 납땜(Soldering)이라고 한다. 400℃ 이하의 융점의 것을 연하다고 하며, Sn-Pb 합금(Pb : 45 ~ 65%)의 납땜(solder)이 접합 강도는 약하지만 낮은 온도에서 녹기 때문에 많이 사용되고 왔다. 그러나 인체에 유해하기 때문에 무연 솔더로 세 개의 원소를 함께 결합한 Sn : 96.5% - Ag : 3% - Cu : 0.5% 등이 개발되어 사용이 확대되고 있다. 단단한 납은 고융점이지만 큰 접합 강도의 은 납땜(Ag : 40 ~ 75% - Cu : 15 ~ 29% - Zn : 3 ~ 13.6% - Cd : 5 ~ 20.5%, 융점 : 671 ~ 748℃)과 황동 납땜(Cu : 40 ~ 66% - Zn : 34 ~ 60%, 융점 : 836 ~ 919℃)이 있다. 알루미늄은 산화되기 쉽기 때문에 특별한 납땜을 사용한다. 고온 납땜으로는 Al에 Cu, Sn, Zn을 소량 첨가한 것으로, 융제에 할로겐화 알칼리를 이용하여 500 ~ 600℃에서 납땜한다. 저온 왁스는 Zn, Sn, Cd, Pb에 Cu, Al, Ag, Sb를 첨가하고, 300 ~ 400℃에서 납땜한다.

정리

배선 재료는 소형화의 요청에 따라 마이크로 미터(μm)에서 나노 미터(nm)로의 박막화를 지향하고 있다. 또한 투명 전극은 디스플레이 및 터치 패널 등 응용 범위가 확대되고 있다. 접점재료나 브러시재료, 퓨즈재료, 납땜재료는 용도에 맞게 융점 및 경도 등을 조정하고 있다.

3-6 도체/반도체/절연체의 계면 현상

Key point

금속도체의 내부에서 전자가 자유롭게 이동할 수 있지만, 거기에 접하는 재료가 도체 이외의 반도체와 절연체 및 진공의 경우는 물질 고유의 에너지 장벽을 넘지 않으면 이동할 수 없다. 금속에서 진공으로 방출될 때는 열이나 빛 등의 에너지가 필요하다. 또한 금속과 반도체간의 접합계면에서의 열전효과와 전압저항효과에 대해 학습한다.

1 전자방출(electron emission)

금속내부에 자유전자가 다수 존재하지만 자유라고 해도 금속내부의 이야기이며 외부에 나오기까지는 자유는 아니다. 왜냐하면 그 표면에 플러스 이온(예를 들어 Na^+ 핵)이 2차원의 격자를 형성하고 있기 때문에, 밖으로 나가려는 전자를 쿨롱력으로 되돌려 버리기 때문이다. 그러나 전자에 외부에서 에너지가 주어지면, 그 크기가 속박력보다 커지면 금속에서 방출되는데 이를 전자 방출이라고 한다. 외부 에너지의 부여 방법에 따라 다음의 분류가 있다.

(1) 열전자 방출

금속내의 전자를 방출시키는 에너지를 열이 주는 현상을 열전자 방출이라고 한다. 예를 들어 그림 3.15와 같이 Na는 금속 원자 번호는 11번이기 때문에 주로 양자수 n = 1의 s 궤도(1^2s 준위)에 2개의 전자와 n = 2의 s 궤도(2^2s 준위)에 2개의 전자와 p 궤도(2^6p 준위)에 6개의 전자에서 충만대가 된다. 그 위의 에너지 대역인 n = 3의 s 궤도(3^2s 준위)는 2개의 전자가 있어야 하지만, 1개밖에 전자가 없어 1개가 비어있기 때문에 전도대가 된다. 전자가 존재하는 최상의 에너지가 페르미(Fermi)준위 E_f이며, 외부 에너지로 일 함수 ϕ 이상의 에너지가 주어지면 진공준위 E_s를 넘어 금속 밖으로 튀어 나올 수 있다. 지금 금속표면을 yz면이라 하는 경우, 면에 수직인 x 방향으로의 전자의 운동량

$P_x = mv$가 다음의 조건을 가지게 되면

$$E_x = \frac{1}{2} m v_x^2 = \frac{P_{x0}{}^2}{2m} \geqq E_s\,(= \phi + E_f) \tag{3.27}$$

$P_{x0} = P_x(x = 0)$, E_S : 진공 준위, ϕ : 금속의 일함수, E_f : 페르미 준위

전자는 금속 표면에서 탈출할 수 있다.

$$J = \frac{4\pi e k_B T}{h^3} \exp\left(\frac{E_f}{k_B T}\right) \times \frac{1}{2} 2 m k_B T \exp\left(-\frac{E_s}{k_B T}\right) \tag{3.28}$$

여기에서

$$\frac{4\pi m e k_B{}^2}{h^3} = A \fallingdotseq 1.2 \times 10^6 A\,(m^2 \cdot K^2) \tag{3.29}$$

를 두쉬맨(Dushman) 상수라 놓으면 $\frac{E_f - E_s}{k_B T} = \frac{-\phi}{k_B T} = \frac{-4}{k_B T}$

$$J = AT^2 \exp\left(\frac{-e\phi}{k_B T}\right) \quad \text{(리차드슨(Richardson) 식)} \tag{3.30}$$

이 식을 변형하면

$$\frac{J}{T^2} = A \exp\left(\frac{-e\phi}{k_B T}\right) \quad \therefore \ell n\left(\frac{J}{T^2}\right) = \ell A - \frac{e\phi}{k_B} \frac{1}{T} \tag{3.31}$$

따라서 $\ln(J/T^2)$ 대 $1/T$의 그래프(그림 3.16)를 그리면 직선 관계가 얻어지며, 그 기울기는

$$\frac{\Delta \ell n(J/T^2)}{\Delta(1/T)} = \frac{e\phi}{k_B} \tag{3.32}$$

즉, 일함수 ϕ가 구해진다.

실제 금속 표면에서는 기체 분자의 흡착과 산화, 표면의 불균일에 의해 A는 변화한다. 열전자 방출원으로서의 재료로 고융점의 텅스텐(W) (ϕ =4.52eV)이나 탄탈(Ta) (ϕ =4.2eV) 및 LaB_6 (ϕ =2.7eV)가 전자현미경용의 전자총에 이용되고 있다.

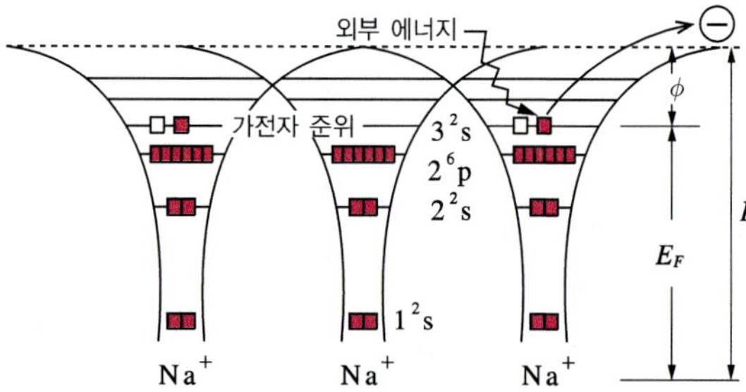

그림 3.15 금속 표면의 에너지 준위

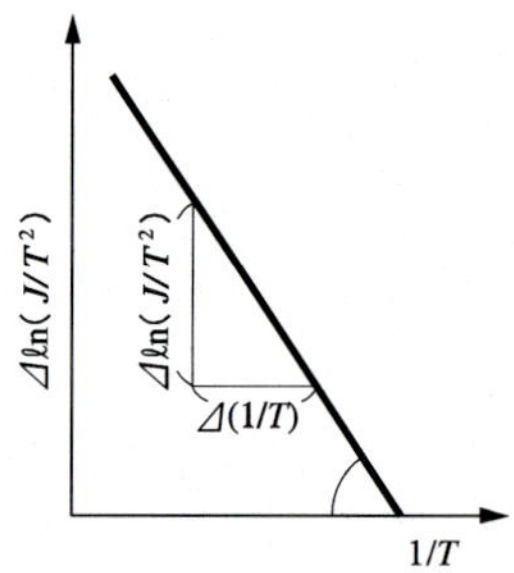

그림 3.16 리처드슨 선법

(2) 광전자 방출

금속의 표면에 파장 (ν)의 빛을 조사하면 광자의 에너지 E_P가

$$E_P = h(\nu) \geqq q\phi \tag{3.33}$$

이 되며 금속 표면에서 전자가 튀어 나올 수 있는데, 열전자 방출과 비슷한 개념이 가능하다.

$$J = AT^2 \exp\left(\frac{h\nu - \phi}{k_B T}\right) \tag{3.34}$$

광전자를 방출하는 재료로는 알칼리 금속과 그 합금이 한계 파장보다 짧은 파장에서 최대의 광전자 방출한다. Ag–Cs_2O–Cs는 가시광 영역에서 감도가 좋고, 파장 의존성도 적기 때문에 실용화되고 있다.

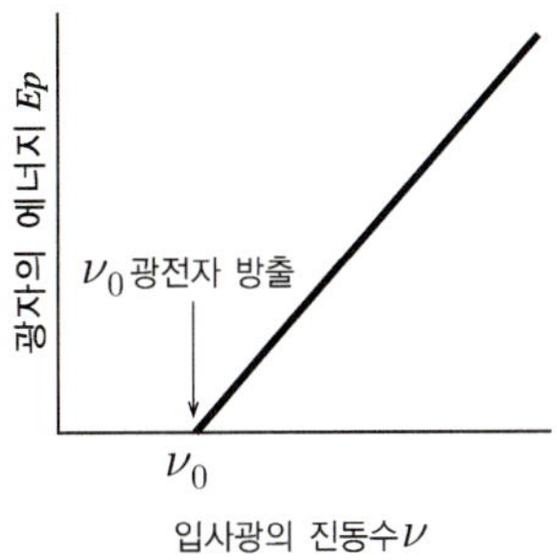

그림 3.17 광전자 방출 특성

진공 상태의 금속에 빛을 조사하면 전자가 방출되어 전류가 흐르는 현상은 에디슨(Edison)이 발견했지. 그러나 에디슨은 연구의 대상으로 삼지 않았고, 이 효과를 아인슈타인(Einstein)은 광양자 가설에 이용한 것이지.

(3) 전계 방출

전계를 높게하여 전자궤도 상의 전자를 이온화시키기 위해서는, 예를 들어 원자 반지름을 0.2 nm, 이온화 에너지를 4 eV로 하면, 정전기 전계값은 2×10^{10} V/m이다. 쇼트키(Schottky) 효과로 실효적인 일함수 ϕ_{eff}가 저하되는 전계를 $\sqrt{e^3E/4\pi\varepsilon_0} \fallingdotseq 2eV$ 라 하면 $E \fallingdotseq 3 \times 10^9$ V/m가 되어 전자 방출이 일어난다. 이것은 전자를 입자로 생각하면 위치 에너지 U_0 장벽을 넘을 수 없지만, 파동이라고 생각하면 터널 효과(그림 3.18)로 장벽을 통과하는 것이 가능하다. 전류는

$$J_F = BE^2 \exp\left(-\frac{C}{E}\right) \tag{3,35}$$

여기서

$$B = \frac{e^3}{8\pi h\phi[t(g)]^2},\ C = \frac{8\pi\sqrt{2m\phi^3}}{3he}v(g) \tag{3.36}$$

로 근사할 수 있는데 이를 파울러·노드하임(Fowler–Nordheim)의 식이라고 한다. 보정 항의 v(g)와 t(g)는 변수 $g = \sqrt{(e^3 \cdot E)/\phi}$ 에 완만하게 변화하는 함수이기 때문에 세로축에 $\ln(J/E^2)$, 가로축(1/V)를 잡아 그리면 직선이 되고, F–N plot이라고 불리우며 전자 방출의 판단에 이용되고 있다. 전자현미경의 전계 방출형에 전자소스는 직경이 10 nm 정도의 바늘이나 선상의 W, Ta가 사용되고 있다.

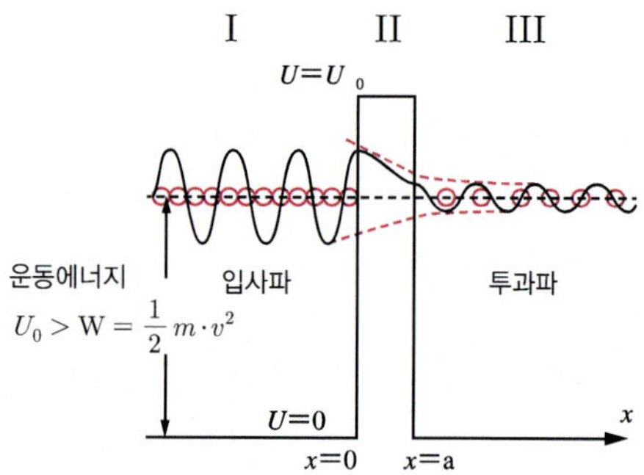

그림 3.18 터널 효과

(4) 2차 전자방출

고체(금속) 표면에 10 eV 이상의 운동에너지의 전자나 이온이 충돌하면 고체 표면에서 전자가 방출될 수 있으며, 이를 2차 전자방출이라고 한다. 표면으로부터 깊이 x의 위치에서 일차 입자가 잃어가는 에너지의 비율을 dW/dx라 하면, 거기서 2차적으로 방출된 전자는 들어오는 일차 입자 수와 dW/dx의 곱에 비례한다. 원자에서 방사된 전자가 고체 밖으로 튀어 나올 확률은 깊이에 대하여 기하급수적으로 감소하고 x ~ (x + dx)에서 방출된 전자가 실제로 고체 밖으로 방출하는 전류는

$$dI_s = KI_p\frac{dW}{dx}\exp(-\alpha x)dx \tag{3.37}$$

여기서 I_P : 일차 전류, I_S : 이차 전류, α : 이차 전류의 고체 내의 흡수 계수이다. 금속은 W_{Pm} : 300 ~ 800eV에서 δ_m : 1.0 ~ 1.5로 그다지 크지 않다. 그러나 금속 표면의 먼지와 기체 분자를 흡착하면 커진다. 반도체나 절연체에서는 $\delta_m = 20$ 정도도 있다.

광전 증폭 관은 빛이 광전에 입사하면 광전자가 방출되어 이를 전계에서 가속 전극(다이노도)에 충돌시킴으로써 이차 전자를 여러 개 방출하고 있지. 이 작업을 반복하면, 양극에서 광전자가 되면 그 수가 수천에서 수백만 배로 증폭되어 미약광을 검출할 수 있게 되는 것이지. 구경이 큰 광전자 증폭관을 1,000개 기후현 카미 오카 광산 지하에 설치, 중성미자가 순수한 물에 충돌했을 때의 미약한 발광을 관측하는 카미오 칸데가 유명하지. 또한 주사 전자현미경은 고속으로 가속된 전자빔을 시료 표면에 주사하고 방출되는 이차 전자에서 시료 표면의 요철 상태나 구성하고 있는 원소의 조성을 분석 평가하고 있는 것이지.

2 열전대(thermocouple)

2종류의 금속 또는 반도체를 환형으로 연결하여 하나의 접점을 차갑게 (냉접점), 다른 연결점을 따뜻하게 (온접점)하면, 회로에 열 기전력이 발생하여 전류가 흐른다. 이를 제벡 효과(Seebeck effect)라고 한다. 반대로 순환 회로에 외부에서 전류를 흘리면 한쪽의 접점에서 열이 발생하고, 다른 접점에서 열을 흡수하게 되는데, 이 효과를 펠티어 효과(Peltier effect)라고 한다(그림 3.19). 또한, 한 종류의 도체 내에서도 온도 구배가 있는 부분에 전류가 흐르면 열 흡수 및 발생이 일어나는데 이를 톰슨 효과(Thomson effect)라고 한다. 열전대는 제벡 효과를 나타내는 백금 - 백금라듐 합금 및 구리 - 콘스탄탄, 아루멜 - 크롬멜 합금 등(표 3.7)이 사용되고 있다.

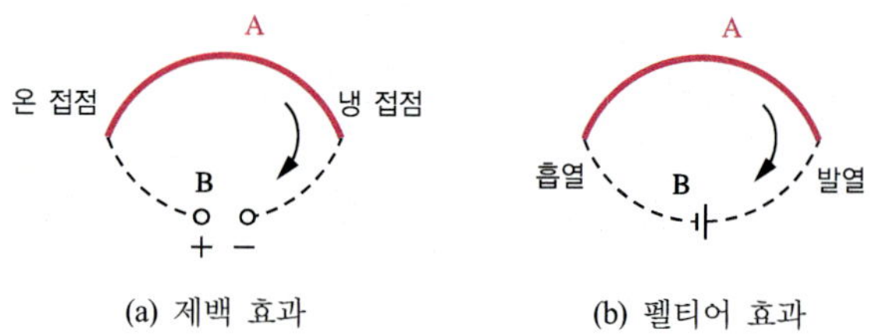

그림 3.18 열전 현상

표 3.7 대표적인 열전대 재료의 특성

(+)극	(−)극	종류 (기호)	열전 성능 상수 α[V/℃]	측정온도	특성
Pt30% + Rh	Pt	R	6.47	0℃ ~ 1,600℃	산화성 · 불활성 분위기
Ni-Cr	Ni	K	40.96	-40℃ ~ 1,200℃	산화성 · 불활성 분위기
Fe	Cu-Ni	J	52.69	-40℃ ~ 750℃	산화성 · 환원성, 불활성 분위기
Cu	Cu-Ni	T	42.79	-200℃ ~ 350℃	산화성 · 불활성 분위기

3 배리스터(varistor : variable resistor)

전압의 인가에 의해 전류가 비선형적으로 변화하는 현상을 전압 저항 효과라고 부르며, 그것을 응용한 소자가 배리스터이다(그림 3.20). 전류는

$$I = I_0\left(\frac{V}{V_b}\right)^n \tag{3.38}$$

로 근사화되며, 지수 $n > 1$, 배리스터 전압 V_b이고, $I_0 = 1\,mA$ 또는 $10\,mA$일 때의 전압을 일반적으로 사용한다. 배리스터는 V_b 이상의 전압에서 단락 상태가 되기 때문에 과전압 보호 및 피뢰기 등에 사용되고 있다. 탄화 규소(SiC) 배리스터는 입경 100 μm 정도의 탄화규소(SiC) 미립자에 장석 자기 결합제를 혼합하여 소결하고 있다. $n = 3 \sim 7$ 정도이지만, 퓨는 몇 V ~ 수십 kV까지 폭넓게 조절이 가능하다. 산화아연(ZnO) 배리스터는 ZnO 분말과 Bi와 Pb · Co · Ba 등을 첨가제로 혼합하여 성형 후 소결하고 있다. 소결체에 비스무트 유리를 도포하고 열처리 후 Al 전극을 설치하고 있다. 전압이 4 V ~ 30 kV, 전류가 수 mA ~ 수십 kA이고, 광범위에서 $n = 20 \sim 60$라는 높은 값을 유지하고 있다. 비선형 전압 저항 효과의 메커니즘은 명확하지 않지만, 상호접촉한 SiC 입자의 표면에 형성되는 이중 쇼트키 장벽의 효과와 ZnO 미결정 사이의 경계층에서 제너(Zener) 항복현상 등에 의한 것으로 해석되고 있다.

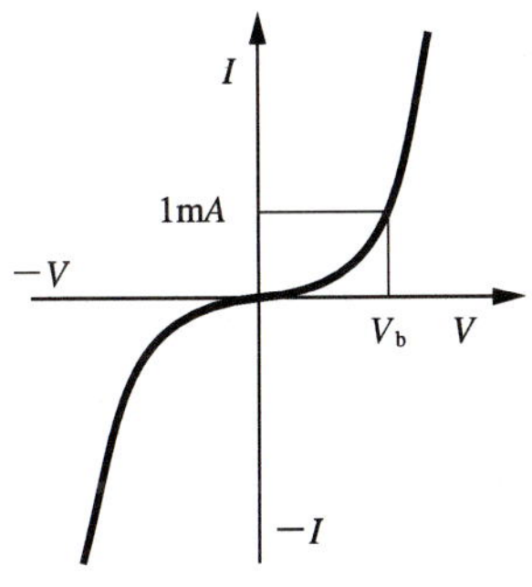

그림 3.20 배리스터의 특성

배리스터는 1968년 마츠오카 등에 의해 ZnO 배리스터가 개발되었고, SiC와 $SrTiO_3$ 등 와이드 갭(wide gap) 반도체 연구의 선구자가 되었지. ZnO는 GaN를 대체하여 청색 발광 다이오드(LED : light emitting diode)의 재료로서 기대되고 있으며, SiC는 고전압 대전류 전원 장치인 쇼트키 배리어 다이오드와 사이리스터의 재료로 사용되고 있어.

정리

금속의 전자 방출은 열이나 빛 에너지 및 전계와 운동에너지에 의해 일어난다. 또한 이종 금속이나 반도체 등의 접합에 의해 열 기전력에 의한 열전대 및 비선형 전압 전류 특성을 가지는 배리스터 등이 응용되고 있다.

3-7 초전도 재료

Key point

금속의 저항은 온도의 저하와 함께 감소하고 절대 영도 0 K(−273℃)에서 매우 작아질 것으로 예상된다. 금속의 종류에 따라, 예를 들어 수은은 4.2 K에서 갑자기 전기저항이 0이 되는 것을 1908년 온네스(Onnes)에 의해 발견되었다. 이를 초전도라고 부르며, 이 온도를 전이 온도 T_c라고 한다. 전이 온도가 가장 좋은 것은 니옵 9.2 K이고, 합금에서 Nb_3Sn의 17 K, 가장 낮은 것이 하프늄의 0.35 K이다. 또한 절연 저항의 온도 계수가 음수이기 때문에 초전도는 실현되지 않는 것으로 되어 있었지만, 1986년에 $La_{2-x}Sr_xCuO_4$ 산화물에서 초전도 현상이 발견되고 나서 급격히 임계 온도가 상승하여 160K를 넘는 고온 초전도 물질이 발견되고 있다.

1 초전도 상태(superconductivity)

금속내의 자유전자는 페르미 준위까지 파울리 배타 원리에 따라 채워진 상태가 가장 안정되고, 절대 영도에서 상전도를 나타내며 잔류 저항이 있다. 그러나 일부 물질에서 전이 온도 이하가 되면 급격히 저항값이 감소하여 저항값이 0이 되는 초전도 상태가 된다.

초전도 상태가 되면 파울리의 원리를 따르지 않게 되고 최소 에너지 레벨에서 여러 입자를 움직이지 않게 할 수 있다. BCS 이론(1957년 Bardeen, Cooper, Schrieffer)에 의하면, 결정격자를 구성하는 원자와 이온이 평형 위치에서 움직이는 집단적 진동을 격자 진동이라고 부르고, 이러한 진동은 결정 내를 초음파로 전파할 수 있고, 그 음파를 양자화한 것을 포논(phonon)이라고 한다. 이온성 결정내에서의 전도전자는 주위의 양이온을 끌어당기고 음이온을 배척하기 때문에 전도전자는 분극을 가지는 수직 광학형 포논계와 상호작용하여 자신의 주위에 전자 분극이 일어나게 한다. 이것은 그림 3.21과 같이 침대에 사람이 2명 자고 있는 상태에 비유될 수 있는데, 침대(크리스탈) 위에서 한쪽의 사람(전도 전자)이 움직이면 그 주위의 함몰이 변화하고 이에 따라 이동한다는 모델이다. 초전도가 일어나는 원인은 전자와 격자 진동 사이의 상호작용이며, 하나의 전자가 격자와 상호작용하여 격자를 변형하면 다른 전자가 이 격자의 변형을 느끼고 자신의 에너지를 가능한 낮은 것처럼 행동하기 때문에 격자 변형을 통해서 쿠퍼쌍(Cooper pair)이라는 전자쌍이 상호작용한다. 그 결과, 그 결합 에너지에 상당하는 만큼 에너지 갭이 생긴다.

그림 3.21 쿠퍼쌍의 개략도

초전도전류는 어떻게 측정할까요?

지금 도체 루프에 전류를 흘려, 전원을 끈 후 t초 후 $i(t)=i_0$이고, 영구 전류가 관측되는 $\rho<4\times10^{-25}\,\Omega\cdot\mathrm{m}$가 요구되지.

이 값은 구리 $\rho=1.7\times10^{-8}\,\Omega\cdot\mathrm{m}$의 $\mathrm{m}\,10^{-17}$배 작은 값인 것이지.

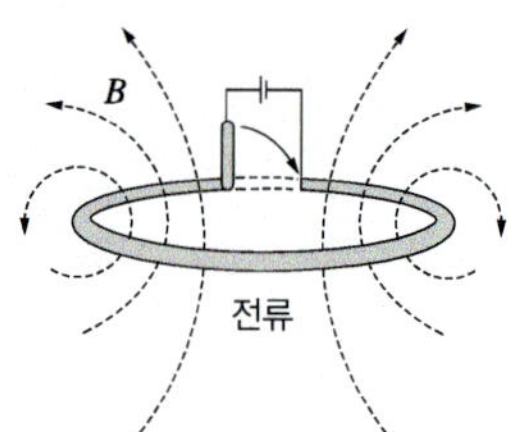

2 조셉슨(Josephson) 효과

이러한 에너지 갭의 존재를 직접적으로 나타내는 것은 터널 효과에 의한 실험이다. 절연체 박막 I를 상전도체 N과 초전도체 S에 끼운 소자로서, S측의 전자가 쿠퍼쌍을 만들고 있기 때문에, 그림 3.22(a)와 같이 전자계의 에너지는 δ만큼 저하된다. 이에 $eV = \delta$의 전압을 인가하면 N에서 S로 터널 전류가 흐르고, 전류 전압 특성은 그림 3.22(b)와 같이 된다. 두 초전도체를 절연체 I에 끼운 소자로, 다른 에너지 δ_1 및 δ_2를 가지는 초전도체 S_1과 S_2의 경우(그림 3.22(c))는 전압 $V = (\delta_1 + \delta_2)/e$를 추가하고, 동일한 에너지 δ를 갖는 초전도체 S끼리의 경우에는 전압 $V = 2\delta/e$를 추가함으로써 급격하게 증가한다(그림 3.22(d)).

그림 3.23(a)와 같은 두 개의 초전도체를 두께 2~4 nm 얇은 절연체 사이에 끼운 것을 조셉슨 소자라고 부르며, 전류 전압 특성(그림 3.23(b))의 $V = 0$에 대해 직류 최대 조셉슨 전류 I_0가 나타난다.

절연층의 두께가 얇다면, 쿠퍼쌍도 터널 효과로 I를 통과하기 때문에, 이것을 직류 조셉슨 효과라고 한다. 전류를 I_0 이상으로 하면 소실 전압이 발생($V \neq 0$)하기 때문에 준입자전류라는 상태로 전이한다. 조셉슨 전류 I_0은

$$I_0(T) = \frac{\pi\delta(T)}{2eR_n}\tanh\left\{\frac{\delta(T)}{2k_BT}\right\} \tag{3.39}$$

이다. 여기서, δ : 에너지 갭, R_n : 상저항이다.

조셉슨 효과는 자계에 민감하며, 그림 3.23(a)의 B 방향에서 자계를 가하면 최대 조셉슨 전류 I_0가 변화하고, 이를 I_m이라고 한다(그림 3.23(c)).

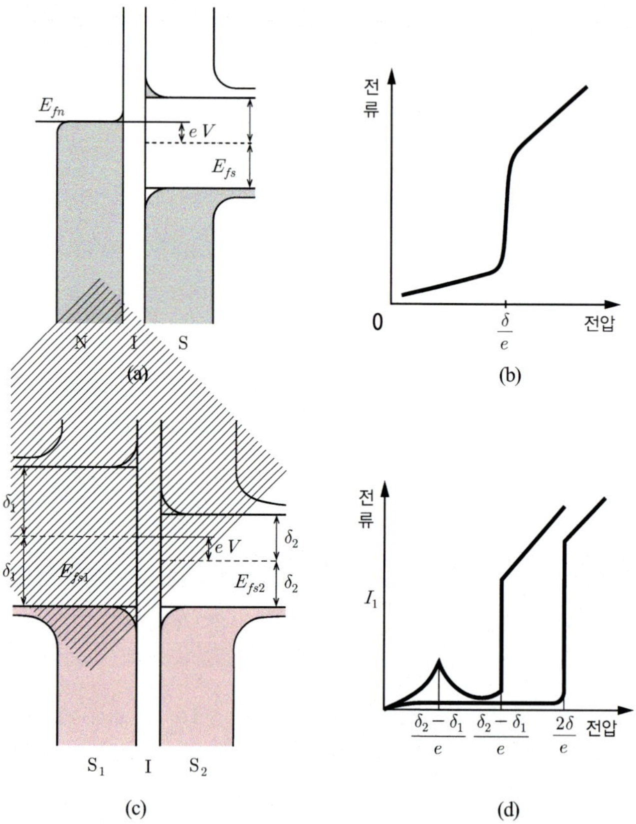

그림 3.22 터널 접합의 에너지 밴드와 특성

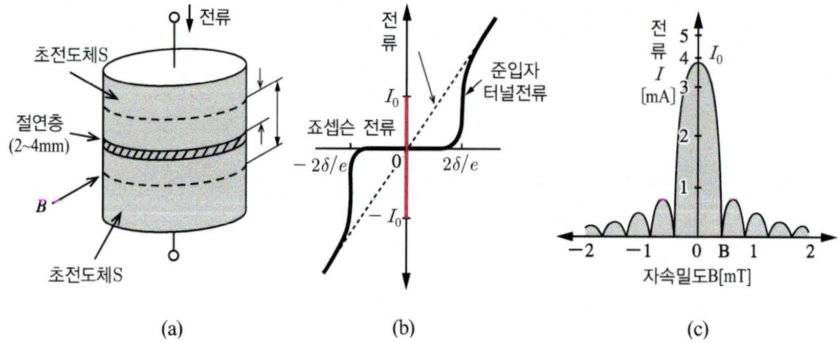

그림 3.23 조셉슨 소자와 자기특성

그림 3.24처럼 조셉슨 소자에 고주파를 가한 경우의 직류 전압 전류 특성은 계단식으로 변화한다. SIS 접합에 전압 $V > 2\delta/2$이 걸린 상태에서는 전자와 함께 쿠퍼쌍도 터널 효과로 I 층을 통과한다. 이때 2 eV만큼 여분의 에너지를 가지므로 이를 전자파의 형태로 방출하고, 이 전자파의 주파수는 $\nu = 2\,eV/h$이며, 이것을 교류 조셉슨 효과라고 부른다. 전압 V를 인가하면 V에 비례한 주파수 f의 교류가 발생한다.

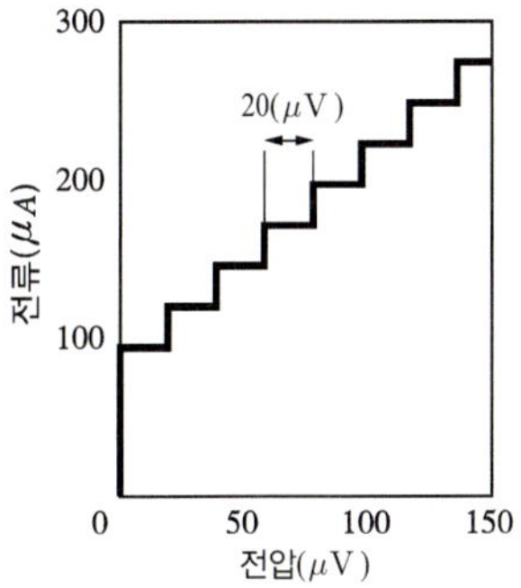

그림 3.24 교류 조셉슨 효과의 전류-전압 특성

예제 5

전압을 20μV인가 했을 때, 교류 조셉슨 효과의 주파수를 구하라.

해답 $f = \frac{2e}{h} V = \frac{2 \times 1.602 \times 10^{-14}}{6.626 \times 10^{-34}} \cdot 20\ \mu V = 9.67\ GHz$

3 마이스너(Meissner) 효과

전이온도는 자계를 인가함으로써 감소하고, 자계의 세기가 임계자계라는 값에 도달하면 초전도 상태가 파괴되고 저항이 발생한다. 또한 초전도체 내부에서는 자속밀도도 소실하기 때문에 $T > T_c$에서는 자속이 초전도 내부로 들어가는데, $T < T_c$의 초전도 상태에서 자속은 내부로 들어가지 못하고, 튕겨나온다. 만약 $\rho = 0$이면 $E = 0$이 아니면 안 된다. 그러나 $\mathrm{rot}\,E = -dB/dt$이므로 $E = 0$에서 $dB/dt = 0$이라는 것은 구해진다. 그러나 $B = 0$라고 반드시 말할 수 없다. 따라서 $B = 0$이기 위해서는 $B = \mu_0 H(1 + X_m)$에서 $X_m = -1$, 즉 완전 반자성인 것이 요구되며, 이를 마이스너 효과라고 한다. 초전도체 내부에서 자속의 침입이 배제되면 물체가 뜨게 되는 자기 부상 현상(그림 3.25)이 발생하고, 리니어 모터 자동차에 응용되고 있다. 초전도 현상을 나타내는 대부분의 금속은 마이스너 효과 때문에 자계가 배제되지만, 임계 자계 H_C를 지나면 초전도 상태가 소멸하는데, 이를 제1종 초전도체라고 한다.

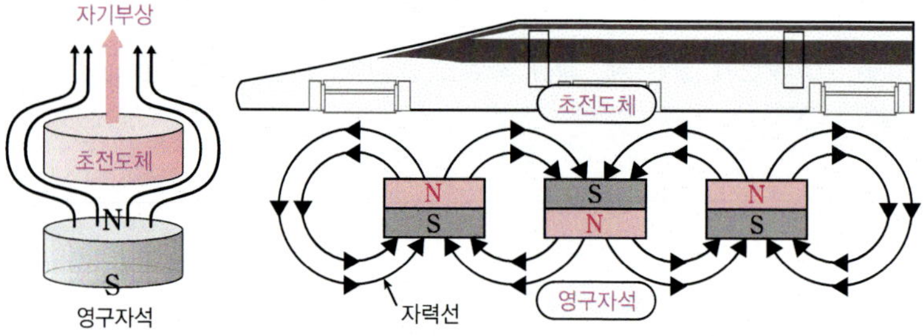

그림 3.25 자기 부상과 리니어 모터 자동차

초전도체는 완전반자성인가요?

2008년 호소 등에 의해 $LaFeAs(O_{1-x}F_x)$에서 $T_c = 26\ K$가 보고되었고, 강자성체의 친숙한 재료인 철을 함유한 화합물에서 초전도 현상이 발현되지, 대량 생산과 실용화에 기대가 모이고 있지만, 이론 연구에 문제가 제기되고 있어.

4 산화물 고온 초전도체

산화물은 저항율의 온도 계수가 음수인 절연물이기 때문에 초전도 현상은 발현하지 않는다고 간주되었지만 1986년 Bednortz와 Müller에 의해 $(LaBa)_2CuO_4$에 있어서 $T_c = 30\ K$의 초전도 현상이 발견되었고, $(La_{1-x}Sr_x)_2CuO_4$은 $T_c = 40\ K$에서, $YBa_2Cu_3O_7$은 $T_c = 95\ K$(1987년 Chu 등)에서, $Tl_2Ba_2Ca_2Cu_3O_{10}$은 $T_c = 125\ K$에서, 수년 만에 임계 온도의 고온화가 달성되어 액체 질소의 비등점 77 K를 초과하기 때문에 고온 초전도체라고 한다. 대표적인 결정 구조는 기본적으로 페로브스카이트 결정 구조를 위아래로 뻗은 형태(Jahn-Teller 효과)의 것이나, 다단으로 적층 한 것이다(그림 3.26). 전도 캐리어는 $Cu\text{-}O_2$ 평면에 국부적으로 존재하고 평면에 따라서 2차원적인 전도를 하고, 강한 이방성(도전률은 두 자릿수 차이)을 가진다.

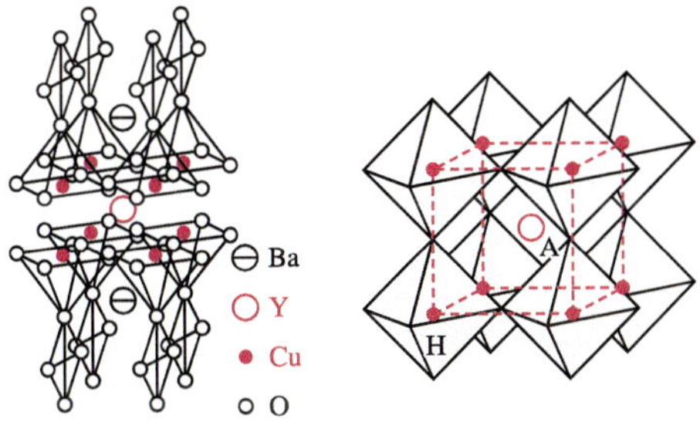

그림 3.26 $Y_1Ba_2Cu_3O_7$과 페로브스카이트 구조

5 초전도 양자 간섭소자(SQUID)

두 조셉슨 접합 J_1, J_2를 초전도체로 연결(그림 3.27)한 것에, S_a-S_b 사이에 전류를 흘리면 J_1, J_2에는 I/2가 흐른다. 외부 자계가 없을 때는 $I_m = 2I_0$가 된다. 그러나 자계를 인가하면 I_0는 충분히 작아져서 내부로 자속은 침입할 수 있지만 자속 양자화가 이루어지기 때문에, 내부 자속 B_{int}는 B_0단위로 불연속적으로 증가한다. 또한 외부 자속 $B_{ext} = nB_0$의 경우에는 $B_{int} = B_{ext}$가 되지만, 그 이외는 내외의 자속에 차이가 있어 순환 전류 I′가 흐르는 것에 의해 보상되고, I_m도 B_0 주기로 변화하게 된다. 이것은 접합 하나만의 특성과 유사하지만, 루프 구멍의 면적은 접합 면적보다 크기 때문에 고감도가 된다. 예를 들어, 구멍의 크기를 1 mm^2로 하면 $B_{ext} = 10^{-9}$ T에서 최소값을 나타낸다. I_m의 10^{-4} 변화를 감지하면 10^{-13} T를 측정할 수 있고, 지자기보다 8 자릿수 작기 때문에, 뇌자기를 고감도로 측정할 수 있다.

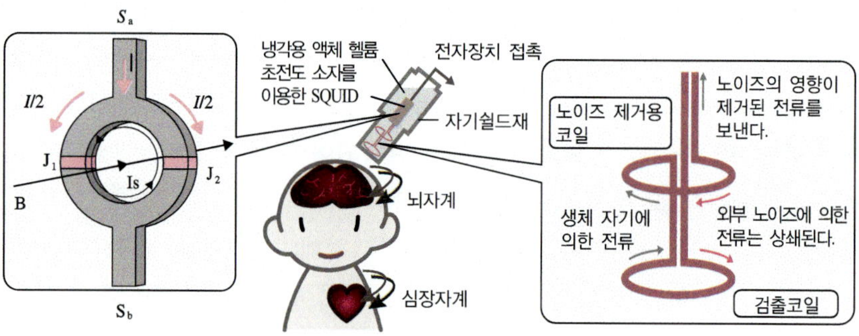

그림 3.27 SQUID 자속계와 뇌자계 · 심장자계계측

SQUID 자속계는 뇌에 자극이나 손상을 주지 않고 비접촉으로 고감도 측정이 가능하지. 냉각 액체 헬륨이나 액체 질소 용기가 크기 때문에 현재는 대형이지만, 임계 온도가 상온에 가까워지면 모자 정도의 크기로 소형화 할 수 있고, 편안한 상태에서 뇌자계의 변화를 명확하게 진단되는 것이지.

6 초전도 마그넷

초전도체는 저항이 0이므로 모듈 손실과 전력 소비도 0이고 강자계 발생용의 마그넷 코일에 적합하다. 예를 들어, 직경 0.35 mm의 Nb–Ti 선을 34,000회 감은 코일은 27 A의 전류에서 7.5 T의 자속밀도를 발생시킨다. 이것을 여기는 것에는 코일에 저장되는 에너지 10 kJ 상당의 전력인 수 MW와 냉각수가 필요하지만, 초전도에서는 자속밀도를 바꿔야 할 필요가 없다.

금속계 초전도 재료로 실용화되고 있는 것은 Nb_3Sn(T_c = 18 K)이고, 딱딱하지만 약하므로 CuSn 합금 매트릭스의 구멍에 Nb 막대기를 삽입한 복합체를 선당기기로 가공하고 그것을 반복해서 다심 구조로 만든 후 약 700℃에서 열확산시켜 Nb_3Sn 선재를 제작하고 있다. 액체 헬룸(끓는점 4.2 K)으로 냉각한 12T용 초전도 자석에 이용되고 있다.

주로 화합물로 이루어진 것을 제2종 초전도체라고 하는데, 초전도 상태와 상전도 상태가 공존할 수 있으며, 임계 자계는 H_{c1}과 H_{c2}의 2종류가 있다. 제1종 초전도체의 수백배 자계를 인가하여도 초전도 상태를 자기 선속 고정으로 유지할 수 있기 때문에 구리 산화물 고온 초전도체 및 Nb 합금 등이 자석 코일에 사용되고 있다.

초전도 마그넷은 핵 자기 공명(NMR : nuclear magnetic resonance) 장치의 경사 자계를 발생시키기 위해 사용되는 것이지. 체내의 수소 원자에 자계 구배를 주면, 핵자화를 자극하는 RF(radio frequency) 코일에 의한 핵자기 공명신호가 위치에서 다른 신호를 분석함으로서 진단의 이미지를 그려내고 있다는 것이지.

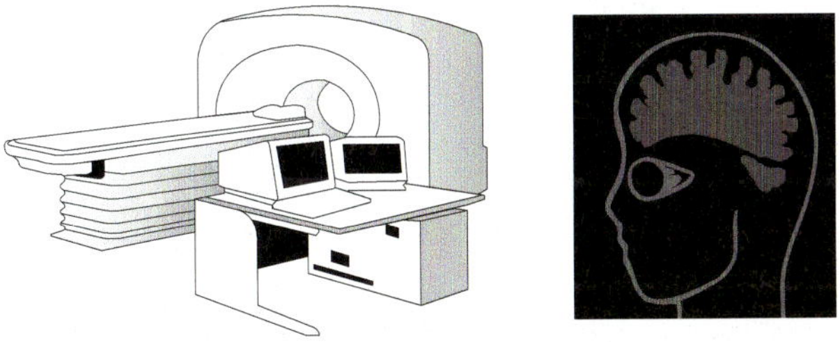

핵자기 공명장치와 T1 강조화상

취성

물체가 외력을 받았을 때 소성변형을 거의 보이지 않고 파괴되는 성질

7 초전도 전력케이블

초전도 전력케이블이 실용화되면 전세계의 태양광 발전소를 네트워크 하나로 연결하여 하루 종일 발전이 가능하다. 예를 들어 사하라 사막에서 2.7 MW · h/m^2 전력을 발전하는 것이 가능하고, 변환 효율 25%의 태양전지를 이용하면 전 세계에서 소비되는 1차 에너지의 약 10배를 발전할 수 있다. 세계의 사막과 바다 위를 연결할 수 있다면, 에너지 문제는 해결될 것으로 생각된다.

$YBa_2Cu_3O_7$을 펄스 레이저 증착법으로 증착하여, 800 m의 초전도 케이블이 개발되었고, 송전하는 실험이 2013년부터 시작되었지.

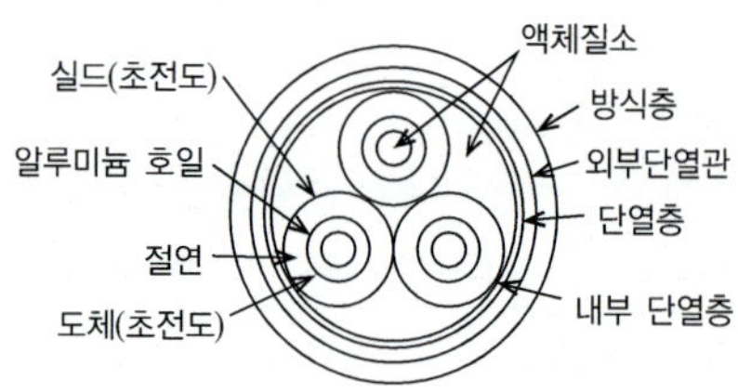

초전도 케이블시험 제작(예)

잇토륨계 66 kV 삼심 일괄형 초전도 전력 케이블(스미토모 중공업)

성능 검증을 위한 고 Ic 선 사용 66 kV 초전도 케이블(후지쿠라)

구리계 고온 초전도 전력 케이블

정리

초전도 재료는 BSC 이론에 의해 해석이 되는 금속계의 제1종 초전도체와 산화물 등의 제2종 초전도체로 크게 구별되어 있다. 전이 온도가 액체 질소의 비점 이상의 높은 온도인 초전도체의 발견과 조셉슨 소자 및 초전도 양자 간섭 소자 등의 장치 및 초전도 마그넷, 송전케이블 및 자기 부상에 의한 리니어 모터 자동차 등 응용 제품의 개발이 진행되고 있다.

1 20℃에서 저항이 17.2 nΩ·m의 동선에 20 V/m의 전계를 인가했을 때의 전자의 평균 속도 v_e와 이동도 μ_e 및 완화 시간 τ_e를 구하라. 단, 구리의 원자량 63.55, 밀도 8.94×10^3 kg/m^{3}이라고 한다. 上中下

2 직경 5 mm의 알루미늄 와이어에 10 A의 전류가 흐를 때 알루미늄 전선내부를 흐르는 전자의 평균 이동 속도 v_e와 이동도 μ_e 및 완화 시간 τ_e를 구하라. 단, 알루미늄의 원자량 26.98, 20℃에서의 저항율 28.2 nΩ·m, 밀도 2.70 $\times 10^3$ kg/m^{3}이다. 上中下

3 전자 밀도 5×10^{27}개/m^3 금속에 빛을 투과되는 파장과 진동수를 구하라. 단, 유전율은 $\varepsilon_r \fallingdotseq 1$이다. 上中下

4 광전자 방출 파장이 550 nm일 때의 광자 에너지를 구하라. 上中下

5 금속에서 전자 방출을 나타내는 맥스웰 볼츠만 분포를 도출하라. 上中下

6 p형 Bi_2Te_3의 열 기전력 계수 $\alpha = 236\ \mu$V/℃, 열전도도 $\eta = 2.0$ W(m·℃), 저항률 $\rho = 12\ \mu\Omega\cdot$m일 때, 열전 성능 상수를 구하라. 上中下

7 직경 2 mm의 초전도 전선을 1 cm 당 200회 감은 솔레노이드 코일의 중심으로 10 T의 자속밀도를 발생시키기 위해 필요한 초전도 임계 전류밀도의 한계 값을 구하라. 上中下

8 초전도 전자 밀도 $n_s = 5 \times 10^{28}$개/m^{3}이라 할 때, 론돈의 침투 깊이를 구하라. 上中下

4 장

반도체 재료

이 장에서는 반도체 장치 및 프로세스를 설명하면서 반도체 재료에 대해 학습한다. 4-1절에서는 반도체의 일반적인 성질에 대해 설명한다. 4-2절에서는 실리콘과 진성 반도체에 대해 설명한다. 4-3절에서는 불순물 반도체에 대해 설명한다. 진성 반도체에 계획적으로 첨가된 불순물에 의해, 진성 반도체의 성질이 변화하고 전자 소자로서 기능하는 기초에 대해 이해하기 바란다. 4-4절에서는 다이오드, 4-5에서는 트랜지스터, 4-6절에서 화합물 반도체에 대해 설명한다. 이 절에서는 바이폴라 트랜지스터, MOSFET, TFT, 태양전지, HEMT, LED, LD의 개요에 대해 배우게 되지만 구조가 가장 쉬운 다이오드가 기초가 되기 때문에 먼저 다이오드에 대해 확실하게 이해를 해야 한다. 4-7절에서는 반도체 공정의 개요, 4-8절에서는 CMOS 제조 공정, 4-9절에서는 3차원 트랜지스터에 대해 간략하게 설명한다. 이를 통해 소자 구조와 재료의 미세 가공에 대해 학습한다.

4-1 반도체는

Key point

반도체의 성질과 그 역사를 간략하게 설명한다.

1 반도체

물질의 전기를 통하는 성질을 나타내는 지표로는, 저항률이 있다. 금·은·구리 등 처럼 전기가 잘 통하는 물질을 도체, 고무·유리·세라믹 등과 같이 전기가 통하지 않는 물질을 절연체, 그리고 그 중간의 저항률을 가지는 물질를 반도체라고 부른다. 그러나 도체, 반도체, 절연체의 저항률의 명확한 구분은 없다. 또한 저항만으로 반도체를 정의할 수는 없다. 예를 들어, 반도체는 저온에서는 전기를 그다지 잘 통과시키지 않지만 온도가 상승함에 따라 저항이 줄어들어 전기가 통하기 쉬워진다. 일반적인 금속의 저항률은 온도가 높아지면 저항률이 높아지는 반면 반도체는 금속과는 반대의 성질을 나타낸다. 또한 불순물을 포함하지 않는 반도체는 저항이 높고, 별로 전기를 통과시키지 않다. 그러나 어떤 종류의 원소를 약간 첨가하면 저항이 작아져서 전기가 통하기 쉬워진다. 이러한 성질을 가진 반도체를 재료로 이용한 트랜지스터와 집적회로 등의 전자 소자도 관용적으로는 반도체라고 불린다. 반도체는 우리 주변의 전기 제품, 자동차, 게임기, 휴대폰이나 PC 등 모든 전기 제품에서 많이 사용되고 있다. 우리가 일상적으로 사용하는 많은 전기 제품은 반도체 없이는 작동하지 않는다고 해도 과언은 아니다.

반도체의 역사를 간단하게 돌이켜 보면, 1876년에 Charles Edgar Fritts가 셀레늄의 정류 작용을 발견하면서 시작되었다. 셀레늄은 현재에는 반도체 성질이 있음을 알고 있으며, 정류기와 카메라의 노출계로 사용되고 있다. 전구를 발명한 Thomas Alva Edison에 의해 탄소 필라멘트의 증발에 의한 전구 내면의 오염 방지를 목적으로 이극 진공관 특허가 취득된 것이 1884년, 전기적인 정류 특성을 목적으로 한 양극 진공관이 John Ambrose Fleming에 의해 발명된 것이 1905년이기 때문에, 진공관의 정류 작용보다 반도체의 정류 작용이 먼저 발견되었다. 그 후, 1906년에 Lee de Forest 의해 삼극 진공관의 특허가 취득되고, 1912년 Herbert van Etten와 Charles Logwood이 삼극 진공관에 증폭 작용이 있음을 발견했다. 이에 따라 진공관에 의해 신호의 정류와 증폭이 가능하게 되어, 1900년대 중반까지는 진공관이 주로 사용되게 되었다. 한편, 미국 AT & T 벨 연구소는 1939년에 레이더 검파기로 게르마늄 반도체 다이오드를 개발하였고, 1947년에 John Bardeen와 Walter Brattain이 점 접촉형 트랜지스터를, 1948년에 William Bradford Shockley가 접합형 트랜지스터를 발명했다. 1956년에는 이러한 발명에 따라 위의 3명이 노벨 물리학상을 수상하였다. 1957년에는 FET(field effect transistor : 전계 효과 트랜지스터)가 개발되고, 1958년에 Jack St. Clair Kilby가 집적회로를 개발하고(2000년 노벨 물리학상 수상), 1959년에 Robert Norton Noyce가 실리콘 planar IC를 개발했다. 킬비 특허(Kilby patents)는 반도체 기판 위에 저항이나 트랜지스터 등의 여러 회로 소자를 배치하고, 소자 사이를 배선으로 연결하여 전체적으로 전자회로를 구성한다는 내용이다. 노이스 특허(Noyce patents)는 현재의 집적회로의 기초가 되는 반도체 웨이퍼의 표면 부분에 트랜지스터 등의 전자 소자를 만들어 넣고 그들을 연결(접속)하여 회로를 구성한다는 내용이다. 이 두 특허는 집적회로의 기본 특허라고 일컬어지고 있다. 이러한 발명도 1900년대 중반 이후부터는 진공관에서 반도체로의 전환을 시작하여 현재의 집적회로의 시대가 만들어졌다. 이들은 전자현미경을 사용해야 볼 수 있는 미세한 크기의 이야기이다. 우리는 그런 미세한 영역에 대한 원리를 해명하고, 재료나 제조 공정을 제어하여 제품을 만들고 있다.

정리

(1) **반도체의 저항율과 온도 특성의 개요**

(2) **킬비 특허와 노이스 특허**

예제 1

반도체가 진공관을 대체한 이유에 대해 고찰하라.

해답 진공관에 의한 전자계산기 ENIAC과 현재 우리가 사용하고 있는 PC에 대해, 전력, 크기, 신뢰성 등을 비교하여 생각해 보면 좋을 것이다.

4-2 실리콘과 진성 반도체

Key point

반도체라고 하면 실리콘을 생각하지만, 다이오드 및 트랜지스터가 탄생하고 실용화된 당시에는 반도체 재료로 게르마늄이 사용되고 있었다. 게르마늄은 실리콘에 비해 지구상에서 극히 적은 원소이며, 또한 실리콘에 비해 열에 약하다는 문제가 있었다. 실리콘 트랜지스터는 내부 온도 150～180℃ 정도까지 작동한다. 게르마늄 트랜지스터는 70～100℃ 정도로 불안정하다. 이러한 이유로 게르마늄 트랜지스터는 빠르게 실리콘 트랜지스터로 대체되었다. 이 절에서는 실리콘 반도체의 특성에 대해 학습한다.

실리콘 원소의 전자 배열은 그림 4.1(a)과 같다. 실리콘 전자의 수는 14개이다. 실리콘 원자는 K 껍질에 L 껍질에 전자가 가득 채워져 있고, M 껍질에는 4개의 전자 중 3s 궤도에 2개의 전자로 채워지고 3p 궤도에 2개의 전자가 들어 있다. 즉, 전자 배치는 $1s^2\ 2s^2\ 2p^6\ 3s^2\ 3p^2$로 표시된다. 한편, 화학 반응 등으로 실리콘의 원자가 4 가인 것으로 알려져 있다. 원자가는 한 원자가 다른 원자와 결합하는 경우, 결합하는 원자의 최대 수이다. 예를 들어, Si 원자가 수소와 결합하는 경우, SiH_4와 같이 결합하여 실란이라는 기체가 된다. 그림 4.1(b)과 같이 SiH_4는 Si 원자 1개에 H 원자 4개가 결합한다. 이 경우 H 원자의 전자의 영향으로 Si 원자의 3s 궤도의 2개의 전자와 3p 궤도의 2개의 전자가 혼합하여 sp^3 혼성 궤도라는 새로운 궤도를 만들고 4개의 H 원자와 결합한다. 이것은 단순히 Si의 3p 궤도에 4개의 H 전자가 결합하는 것보다 Si의 3s 궤도와 3p 궤도의 혼성 상태에 4개의 H 전자가 결합한 것이 전자의 에너지가 낮아지기 때문이다. sp^3 혼성 궤도는 하나의 Si 원자 상태에서는 생기지 않고, 그 Si 원자의 근처에 결합할 수 있는 다른 원자가 있어서 전자의 궤도가 겹치는 경우에 전자 간의 상호작용에 의해 발생한다. SiH_4 분자에서 sp^3 혼성 궤도에 의한 원자의 결합상태를 도시하면, 그림 4.1(b)에 나타낸 바와 같이, Si가 중심에, 수소가 정점에 위치하는 정사면체 구조가 된다. 그 이유는 음 전하를 가지고 서로 반발하는 전자들이 가장 에너지가 작아지도록 배치되려면 전자끼리 가장 멀리 배치되는 정사면체 구조가 최적이기 때문이다.

다음으로 실리콘 원자들이 결합하여 결정을 구성하는 경우에 대해 생각해 보겠다. 실리콘 원자의 에너지 밴드를 생각해보면, 고립된 실리콘 원자의 경우의 원자 배열은 $1s^2\ 2s^2\ 2p^6\ 3s^2\ 3p^2$이지만, 다른 원자와 결합할 때는, 그림 4.2에 나타낸 바와 같이, SiH_4와 똑같은 일이 Si 원자에서 일어나 sp^3 혼성 궤도가 생기게 된다. 그리고 Si 원자끼리 정사면체의 중심과 정점에 위치하는 정사면체 구조를 기본으로 그것들이 차례차례로 결합한 결과, 다이아몬드 구조로 된다. 에너지 준위에서 생각해 보면, 실리콘 결정은 1 cm^3 당 약 5×10^{22}개의 원자로 구성되어 있지만, 파울리의 배타원리에 의해 전자는 같은 에너지 준위에 들어가지 못하기 때문에 에너지 준위는 결합 궤도와 반결합 궤도 모두 조금씩 에너지를 변화시켜 각각 약 5×10^{22}개로 쪼개어진다. 이것을 띠 모양의 에너지 밴드로 취급한다. 이 에너지 밴드 중 전자로 채워진 띠를 가전자대, 전자가 채워지지 않은 띠를 전도대, 밴드와 밴드 사이를 금지대(에너지 밴드 갭)이라고 한다. 금지대에는 에너지 준위가 없으므로 전자는 존재하지 않는다. 그러나 2장에서 설명한 바와 같이, 이 에너지 밴드 갭의 폭이 재료의 특성에 큰 영향을 미친다.

궤도	주 양자수 n	방위 양자수 l	궤도명	전자상태
K 껍질	1	0	1s	↑↓
L 껍질	2	0	2s	↑↓
		1	2p	↑↓ ↑↓ ↑↓
M 껍질	3	0	3s	↑↓
		1	3p	↑ ↑

(a) Si 고립 원자의 원자 궤도

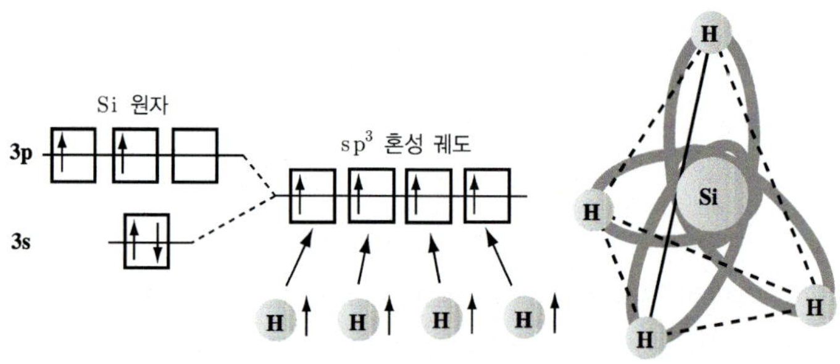

(b) sp^3 혼성 궤도와 SH_4 구조

그림 4.1 실란의 전자 배치와 sp^3 혼성 궤도

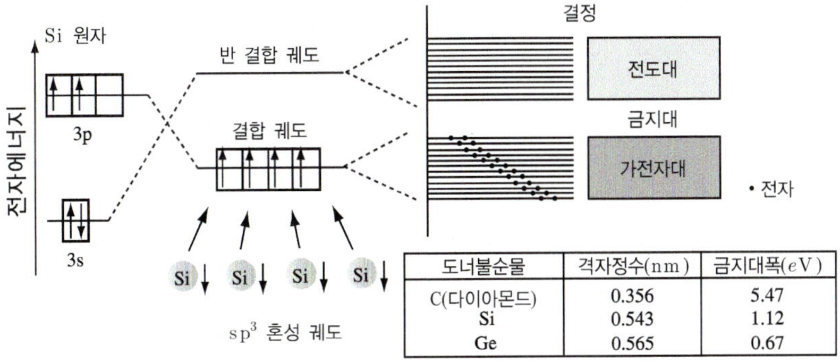

도너불순물	격자정수(nm)	금지대폭(eV)
C(다이아몬드)	0.356	5.47
Si	0.543	1.12
Ge	0.565	0.67

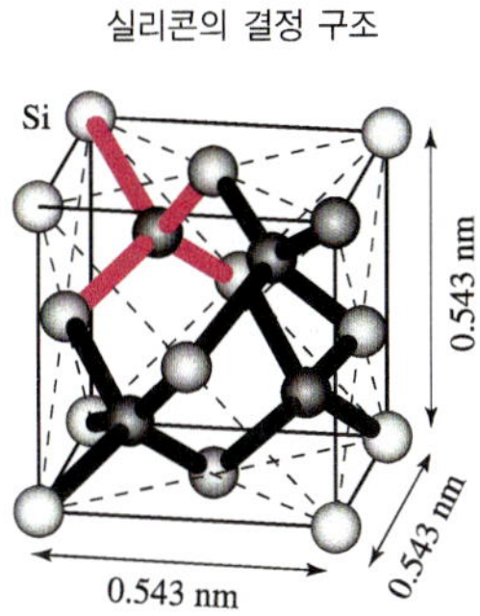

그림 4.2 실리콘 결정의 에너지 준위와 구조

Si의 금지대폭은 1.12 eV, 게르마늄의 경우는 0.67 eV이다. 이 정도 크기의 에너지 밴드갭을 갖는 물질은 반도체로서의 성질을 지닐 가능성이 있다. 한편, 같은 다이아몬드 구조를 지닌 C(진정한 다이아몬드의 경우)의 경우는, 5.47 eV에서 절연체가 된다. 또한 일반적으로 전도대 가장 에너지의 작은 부분을 E_c, 가전자대의 가장 에너지의 큰 부분을 E_v, 에너지 밴드 갭의 크기를 E_g로 나타낸다. 그림 4.3은 실리콘 결정 내의 전자의 행동과 가전자대와 전도대의 전자와 정공의 상태, 그리고 이들의 온도에 의한 변화를 나타낸 그림이다. 0 K에서는 가전자대에는 전자로 채워져 있다만, 전도대에는 전자가 존재하지 않는다. 즉, 전도대에 전자가 존재할 확률은 0, 가전자대에 전자가 존재할 확률은 1이다. 따라서 전자의 존재 확률이 0.5가 될 에너지 준위는 전도대와 가전자대의 중앙이 된다. 이 전자의 존재 확률 0.5의 에너지 레벨을 페르미 준위 E_f라고 한다. 그림 4.3(b)나 (c)와 같이 온도가 상승하면 공유결합을 하고 있는 전자의 일부가 열에너지를 얻어(여기 되어) 결합을 끊고 결정안으로 뛰어들어온다. 이런 전자를 자유전자라 부른다. 또한 결합에서 튀어나온 전자의 자리에는 전자가 빠져나온 구멍이 생긴다. 이 전자 구멍을 정공(홀)이라고 한다. 에너지밴드 다이어그램에서 생각하면, 온도가 상승하면 가전자대에서 전자가 여기되어 에너지가 높은 전도대로 이동(천이)하는 것이 된다. 전자가 튀어 나온 가전자대에는 전자가 빠진 자리에 정공이 생긴다. 각각의 원자는 전자와 양성자의 전하의 개수가 동일하여 전기적으로 중성이 되어 있다만, 전자가 전도대로 천이하여 생긴 정공은 전자가 부족한 상태이므로 양으로 대전된 상태와 동일하다. 즉, 정공은 전자의 전하와 크기가 같은 1.6×10^{-19} C의 양의 전하를 가지고 있다고 생각할 수 있다. 진성 반도체는 자유전자와 정공이 쌍으로 생성된다. 이를 전자-정공 쌍생성이라고 한다. 전도대로 천이된 자유전자는 반결합궤도로 천이하는 셈이지만, Si 원자 간의 결합을 끊는 것이 아니라, Si 원자들에서 자유롭게 이동한다.

온도가 높을수록 전도대로 여기되는 전자의 수는 증가하고 그 존재 확률은 증가한다. 반면 가전자대의 위치에 존재하는 전자의 수는 감소하고 그 존재 확률은 작아진다. 그러나 전자의 총량은 변하지 않기 때문에 전자의 존재 확률 0.5의 에너지 준위의 위치는 변화하지 않다. 즉, 온도가 변화해도 페르미 준위의 위치는 변하지 않게 된다. 실리콘뿐만 아니라 물질 정도의 차이는 있지만, 열 여기에 의해 전도대에 자유전자, 가전자대에 정공을 만든다. 이렇게 열 여기에 따라서 변화하는 전자의 에너지 분포는 Si 원자에 한정하지 않고, 예제 2에 나타내는 페르미・디랙 분포로 표시된다. 페르미・디랙 분포는 페르미 준위를 중심으로 온도에 의한 전자의 에너지 분포의 변화를 보여준다.

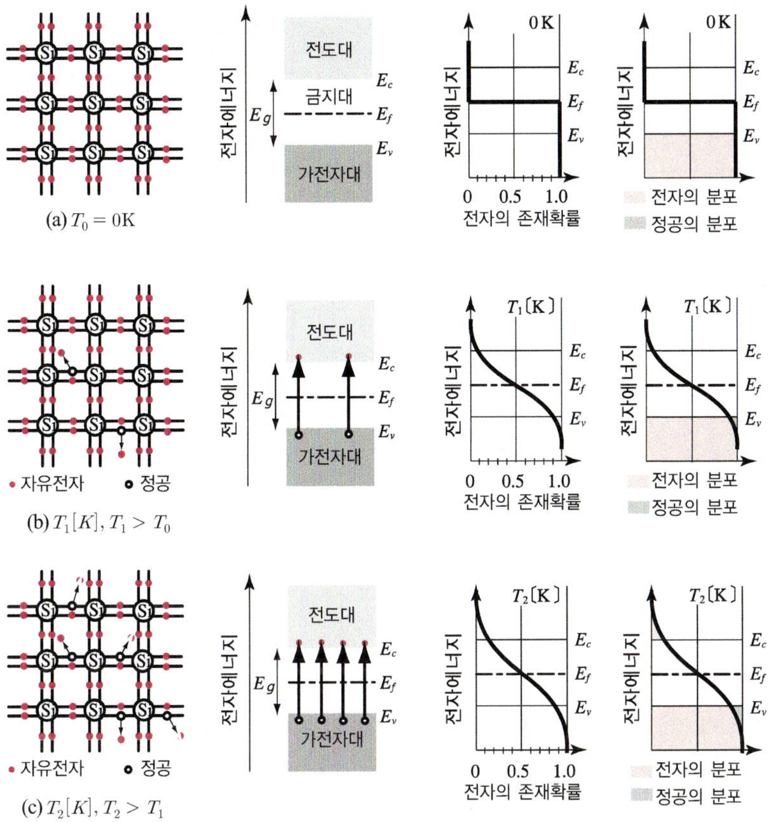

그림 4.3 온도에 대한 전자와 정공의 행동과 에너지밴드 다이어그램

에너지밴드와 페르미·디랙 분포에 대해 설명했지만, 실제 전자의 분포를 생각할 때는 그 곱을 생각해야 한다. 에너지밴드는 전자의 자리이다. 한편으론 페르미·디랙 분포는 페르미 준위를 중심으로 한 온도에 대한 전자의 에너지 분포이다. 따라서 가전자대와 전도대에 전자의 분포를 생각하면 그림 4.3의 맨 오른쪽 그림과 같이 밴드에 있는 전자의 좌석 수와 전자의 분포를 곱해야 한다. 색그물의 칠한 부분에 전자가 존재할 수 있고 금지대에는 자리가 없기 때문에 전자는 존재하지 않다. 또한 전도체에 전자가 전이하려면 금지대 이상의 에너지를 전자가 얻을 필요가 있다. 정공은 온도가 낮은 경우는 가전자대에 존재하지 않으나 온도가 높아져 전자가 여기되어 전도대로 천이하면 전자-정공 쌍 생성에 의해 가전자대에 나타난다. 즉, 정공의 분포는 그림 4.3 중 회색으로 칠해진 부분에 분포된다. 전도대의 전자 수와 가전자대의 정공 수

는 동일하다.

위와 같이 실리콘 원자만으로 구성된 반도체를 진성 반도체라고 한다. 또는 실리콘에만 한정되고 불순물을 첨가하지 않은 순수한 반도체를 진성 반도체라고 한다. 진성 반도체의 영문인 intrinsic semiconductor으로부터 i형 반도체라고 불리기도 한다.

정리

(1) **SP^3 혼성 궤도**
(2) **전도대, 가전자대, 금지대, 페르미 준위**
(3) **자유전자와 정공**
(4) **다이아몬드 구조**
(5) **열 자극 페르미 · 디랙 분포**
(6) **진성 반도체, i형 반도체**

예제 2

(1) Si의 결정 구조(단위 격자)를 그림 4.2로 한 경우, 1 cm^3 중의 Si 원자의 수를 계산하라.

(2) 그림 4.3의 전자 에너지 분포는 페르미 · 디랙 분포를 따르고 있다. 페르미 · 디랙 분포는 어떻게 분포하는지 공부하라.

해답

(1) 먼저 그림 4.2의 다이아몬드 구조의 단위 격자에서 변이 5.43×10^{-9} m 입방체 안에 Si 원자가 몇 개 들어 있는지를 생각한다. 입방체의 꼭대기 점에 있는 Si 원자는 1/8개, 측면에 위치하는 원자는 1/2개가 큐브에 포함되어 있기 때문에, 단위 격자 전체에서는 8개의 Si 원자가 포함되어 있다. 그래서 1 cm^3 중에 포함되는 Si 원자의 수는 단위를 고려하면, $1/(5.43 \times 10^{-8})^3 \times 8 = 5 \times 10^{22}$개의 원자로 구성된다.

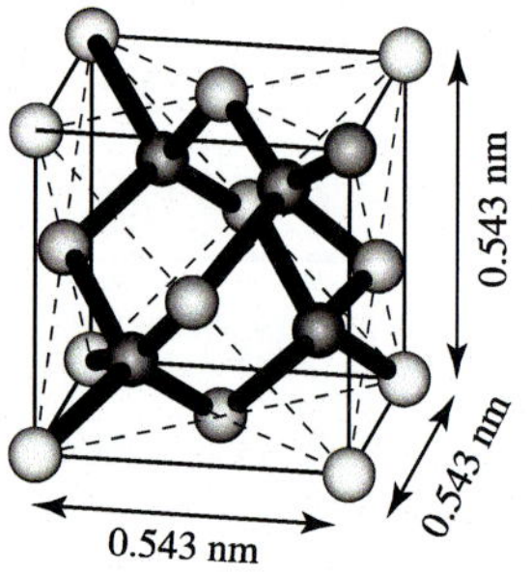

$$\frac{8}{(5.43)^3 \times 10^{-24}} = \frac{0.05}{10^{-24}} = 5 \times 10^{-2} \times 10^{24} = 5 \times 10^{22}$$

(2) 물질은 열 여기에 의해 전도대에 자유전자, 가전자대에 정공을 만든다. 이렇게 열 여기에 의해 만들어지는 전자의 에너지 분포는 Si 원자에 한정하지 않고 다음의 관계식으로 표시된다. 이를 페르미 · 디랙 분포라고 한다. 페르미 · 디랙 분포 f(E)는 다음 식으로 표시된다.

$$f(E)=\frac{1}{1+\exp\left(\frac{E-E_f}{k_B T}\right)}$$

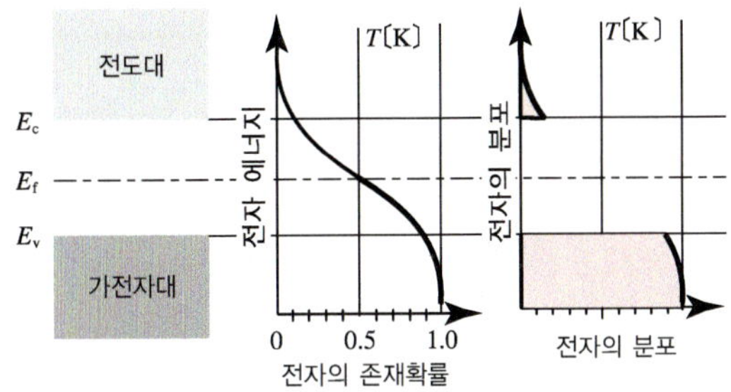

페르미 · 디랙 분포

E_f는 페르미 준위에 있는 전자의 에너지준위, k_B는 볼츠만상수, T는 절대온도이다. 페르미 · 디랙 분포에 따라 임의의 전자의 에너지 E 상태에서의 전자의 존재 확률을 파악할 수 있다. 존재 확률 0.5의 페르미 준위를 기점으로 점대칭이 되는 지수 함수 파형이 된다. Si의 경우에도 전자 분포는 온도에 페르미 · 디랙 분포에 따르지만 금지대 전자는 존재할 수 없기 때문에 전자의 분포는 위 그림과 같이 된다.

4-3 불순물 반도체

Key point

불순물 반도체라고 하면 불필요한 원소가 혼합된 반도체라는 인상을 주지만 진성 반도체에 유용한 불순물을 첨가한 불순물 반도체야말로 다이오드나 트랜지스터, 그리고 집적회로에 있어서 중요한 반도체이다. 이 절은 반도체를 이해하는데 가장 중요한 곳이므로 확실히 이해하도록 노력하여야 한다.

1 반도체

진성 반도체의 저항률은 약 $2.3 \times 10^3 \Omega \cdot m$로, 도체($10^{-6} \Omega \cdot m$ 정도 이하)보다 절연체($10^6 \Omega m$ 정도 이상)에 가까운 저항률을 가지고 있어, 진성 반도체 그 자체로서는 전자 회로에 그다지 적합하거나 유용하지 않다. 불순물 반도체(외인성 반도체)는 진성 반도체에 불순물(도펀트)를 미량 첨가한 것으로, 그림 4.4와 같이 첨가하는 원소의 종류에 따라 n형 반도체(그림 (a))와 p형 반도체(그림 (b))로 나누어진다.

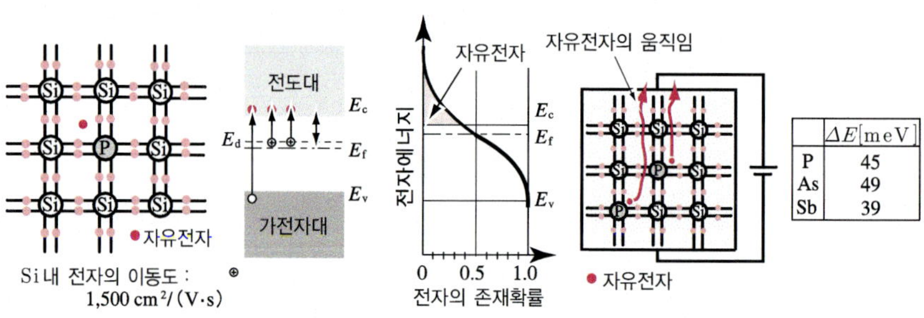

(a) 5가의 원소 (p, As, Sb : 도너 불순물)을 도핑

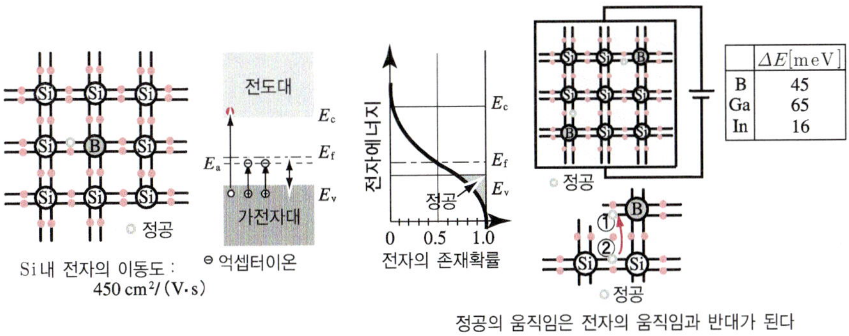

(b) 3가의 원소 (B, In, Ga : 억셉터 불순물)을 도핑

그림 4.4 불순물 반도체

그림 4.4(a)에 나타낸 바와 같이, n형 반도체를 만들려면 원가전자가 4개의 Si에 대해 원자가 5개의 P, As, Sb를 첨가한다. 가전자 5개 중 4개가 Si 원자와의 결합에 사용되고, 전자 1개가 남아 있게 되는데, 이 전자는 열에너지에 의해 실온 정도에서 자유전자로 결정 내를 마음대로 움직일 수 있다. 이 자유전자에 의해 저항률은 진성 반도체보다 작게 된다. 전기 전도를 담당하는 전하를 캐리어(carrier)라고 하는데, n형 반도체에서 캐리어는 전자이다.

한편, p형 반도체를 만들기 위해서는 그림 4.4(b)와 같이 원자가 3개의 B, In, Ga를 첨가한다. 가전자 3개가 Si와 결합하면 전자 1개가 부족하다. 이 전자의 구멍이 정공이다. 정공도 캐리어로 전기 전도에 기여하고, 저항율은 진성 반도체보다 작으나 정공의 행동은 자유전자와는 다르다. 그림(b) 오른쪽 하단의 그림 ①의 위치에 정공이 있다고 하자. 정공의 주위는 공유 결합을 담당하고 있는 전자가 존재하지만, ②의 전자가 열에너지 등으로 ①로 이동한다. 그 결과, ①의 정공은 전자에 의해 채워지고 ②로 정공이 이동한다. 이 같은 움직임을 반복하여 정공은 음의 전극으로 이동한다. p형 반도체의 캐리어는 정공이다. 자유전자는 양의 전극쪽으로 결정 안을 이동할 수 있지만 정공은 전자의 이동에 의한 도미노처럼 이동하기 때문에 속도는 전자보다 느리다. Si 반도체 내에서의 전자의 이동속도(이동도)는 약 1,500 $cm^2/(V \cdot s)$, 정공의 이동도는 약 450 $cm^2/(V \cdot s)$이다. 이러한 이동도는 반도체 소자의 동작 속도에 큰 영향을 미친다. 이동도가 높을수록 빠르게 실행하는 반도체 소자를 만들 수 있다. 이동도에 대해서는 연습 문제를 참조하라.

투입되는 불순물의 양은 단결정 중의 Si의 원자밀도 5×10^{22} cm^{-3}에 1×10^{15} cm^{-3} 정도이다. 반도체는 극히 작은 불순물로도 그 성질이 달라진다. 불순물은 그 양이 적기 때문에 도너 준위와 어셉터 준위는 점선으로 나타낸다.

n형 반도체와 p형 반도체의 에너지 밴드를 살펴보자. n형 반도체의 경우, 열에너지에 따라 결합에 기여하지 않는 전자 1개가 쉽게 자유전자가 된다. 이것은 에너지 밴드갭이 작은 반도체와 등가이므로 에너지밴드 다이어그램에서는 진성 반도체의 전도대의 바로 아래에 가전자대와 같은 에너지 준위가 생긴 것과 같다. 이 준위를 도너 준위라 하고 E_d로 나타낸다. 도너 준위 E_d와 전도대 E_c 사이의 에너지의 차이 ΔE는 그림 4.4(a)에서 표에서 나타낸 것처럼 첨가하는 불순물의 종류에 따라 달라진다. 전자의 존재 확률은 도너 준위의 영향으로 진성 반도체에 비해 E_c쪽으로 이동하고 페르미 준위도 E_d 근방으로 이동한다.

p형 반도체는 불순물이 전자를 받아들이기 때문에 진성 반도체의 가전자대 바로 위에 전도대 같은 준위가 생겨난 것과 마찬가지로 볼 수 있다. 이 준위를 억셉터 준위라고 하고 E_a로 나타낸다. 억셉터 준위는 열에 의해 여기된 전자를 받는다. 억셉터 준위 E_a와 가전자대의 E_v 사이의 에너지 차이 ΔE도 그림 4.4(b)에서의 표와 같이 첨가하는 불순물의 종류에 따라 다르다. 에너지밴드 그림에서 생각하면, 전자의 존재 확률은 진성 반도체에 비해 E_v쪽으로 이동하고, 페르미 준위도 E_a 근방으로 이동한다.

그림 4.5(a)와 (b)에 온도와 n형 반도체의 전자 밀도의 관계를 보여준다. 그림 4.5(a)에서와 같이 저온 영역에서는 온도가 높아지면 도너 준위에서 전도대로 전자가 여기되어 자유전자의 수가 증가한다. 이 온도 영역을 불순물 영역이라고 한다. 온도가 높아져 중온 영역이 되면 불순물의 양이 제한되어 있기 때문에 도너로부터 여기되는 자유전자의 수는 포화된다. 이 온도 영역을 포화영역이라고 한다. 더욱 온도가 높아져 고온 영역이 되면, n형 반도체의 모재인 진성 반도체에서 전자와 정공이 쌍 생성 되어 전도대로 여기된 전자의 수가 증가한다. 이 온도 영역을 진성 영역이라고 부르고, 반도체의 행동은 진성 반도체에 가깝다.

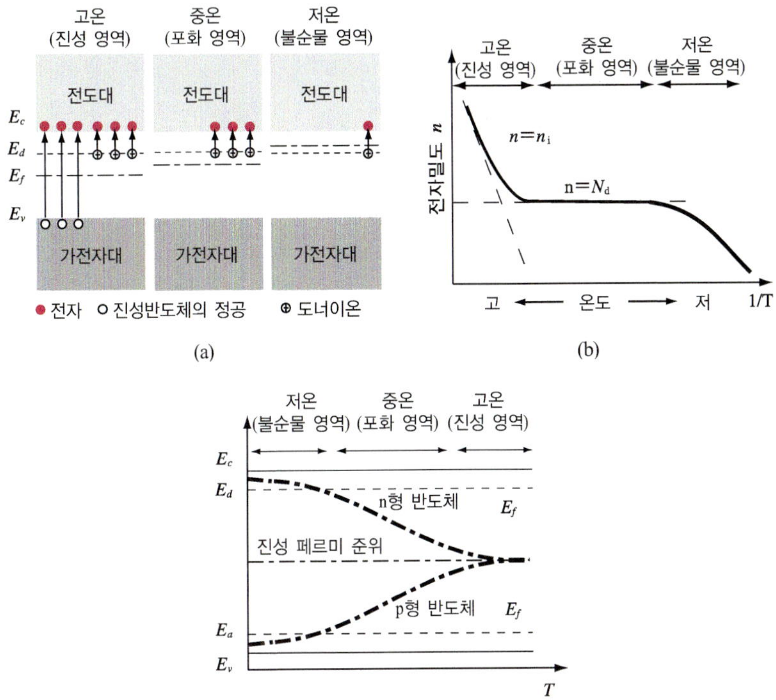

(c) 페르미 준위의 온도 의존성

그림 4.5 불순물 반도체의 온도 특성

그림 4.5(c)에 페르미 준위의 온도 변화를 나타낸다. 저온 영역에서는 전자로 채워져 있는 도너 준위에서 전자가 여기되기 때문에 페르미 준위는 도너 준위보다 높은 에너지에 위치한다. 중온 영역보다 온도가 높아지면 도너에서 여기되는 자유전자가 증가하여, 점차 진성 반도체의 특성이 지배적으로 되기 때문에, 페르미 준위는 진성 반도체에 근접하다.

전도대로 여기된 전자는 전기 캐리어로서 역할을 하므로 온도가 높을수록 반도체의 저항은 작아진다. 이것이 반도체의 특징 중 하나인 온도가 높아지면 저항이 작아지는 현상이다.

실리콘 반도체는 실온에서 페르미 준위가 진성 반도체보다 E_c 쪽으로 위치하며, 또한 불순물 준위 ΔE가 수십 meV이기 때문에, 첨가된 불순물의 대부분은 이온화하여, 포화 영역의 상태에서 사용된다.

앞에서, n형 반도체에 대해 설명했지만, p형 반도체의 경우에는 정공에 대해 동일한 상황이 일어난다.

정리

(1) 불순물 반도체(외인성 반도체)

(2) n형 반도체, P, As, Sb, 도너

(3) p형 반도체, B, In, Ga, 억셉터

(4) 캐리어 이동도

(5) 캐리어 밀도의 온도 특성, 페르미 준위의 온도 특성

예제 3

실온 부근(300 K)의 전자 밀도 n은 $N_D \exp\{-\Delta E/(k_B \cdot T)\}$로 주어진다. 도너-불순물 P의 밀도 N_D를 10^{15} [1/cm^3]이라 할 때의 전자 밀도를 구하라.

해답 볼츠만상수 k_B는 1.38×10^{-23} J/K이기 때문에 300 K 온도의 에너지 k_BT는 26 meV이다. 따라서 전자 밀도는 1.78×10^{14} [1/cm^3]가 되어, 약 17.8%의 P 원자를 이온화시켜 전자가 전도대로 여기되게 한다.

$$n = N_D e^{-\Delta E/(k_B \cdot T)}$$

$$k_B \cdot T = 26\text{meV}$$

$$\text{P의 } \Delta E = 45\text{meV}$$

$$\frac{\Delta E}{(k_B \cdot T)} = \frac{45 \times 10^{-3}}{26 \times 10^{-3}} = 1.73$$

$$e^{-1.73} \fallingdotseq 0.178(17.8\%)$$

$$N_D = 10^{15}$$

$$N_D = e^{-01.73} = 10^{15} \cdot 0.178 = 1.78 \times 10^{14}$$

4-4 다이오드

Key point

pn 접합(다이오드)의 정성적인 이해를 목표로 한다. pn 접합을 깊이 이해하려면 pn 접합 부근의 전계 강도, 전위 분포, 확산 전류의 계산이 필요하지만, 전자나 정공의 동작으로부터 pn 접합의 동작을 정성적으로 이해하는 것이 중요하다. pn 접합은 바이폴라 트랜지스터나 MOS 트랜지스터의 기초이며, 이들 소자의 동작을 이해하는데 연결된다.

1 pn 접합

pn 접합(다이오드)의 회로는 그림 4.6(a)에서 표시된 것과 같이, 다이오드의 기호 삼각형 부분은 애노드라고 부르고 p형 반도체로 되어 있고, 직선 부분은 캐소드라고 하며 n형 반도체로 되어 있다. 이 p형 반도체와 n형 반도체를 접합한 것이 pn 접합이다. 다이오드는 애노드(양극)에 양 전압을, 캐소드(음극)에 음 전압을 인가(순방향 바이어스)하면 전류가 흐르고, 역방향으로 전압을 인가(역방향 바이어스)하면 전류가 흐르지 않는 특성을 가진 전자 소자이다. 그 원리를 아래에 설명한다. 그림 4.6(b)와 같이 pn 접합을 형성하기 전에는 n형 반도체에는 전자가, p형 반도체에는 정공이 진성 반도체에 비해 많이 존재하고 있다. pn 접합을 형성하면, 그림 4.6(c)와 같이, 전자가 많은 n형 반도체로부터 전자가 적은 p형 반도체의 접합면을 통해서 전자가 확산된다. 그와 반대 방향으로, 정공이 많은 p형 반도체에서 정공이 적은 n형 반도체로 접합면을 통해서 정공도 확산된다. 그림 4.6(d)와 같이, 전자와 정공이 확산된 후에는 이온화된 불순물이 남아 있지만, 불순물 이온은 결정격자에 고정되어 있기 때문에 이동할 수는 없다. n형 반도체 영역에는 양으로 대전한 도너 이온이, p형 반도체 영역에는 음으로 대전된 억셉터 이온이 남아 있다. 즉, 전자 및 정공이 확산한 결과, n형 반도체 영역은 양으로, p형 반도체 영역은 음으로 대전된다.

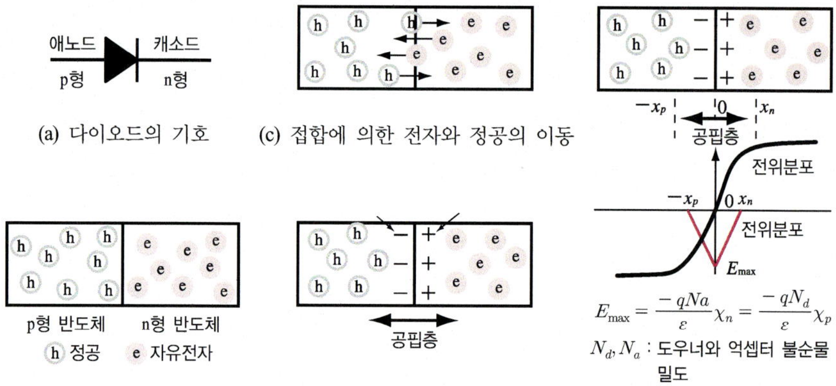

(a) 다이오드의 기호

(b) 접합 전에 전자와 정공

(c) 접합에 의한 전자와 정공의 이동

(d) 공핍층의 형성

(e) 전위와 전계의 분포

그림 4.6 pn 접합

p형 반도체 영역으로 확산된 전자는 정공과 결합하고, n형 반도체 영역으로 확산된 정공은 전자와 결합하여 자유롭게 움직일 수 없게 된다. 그림 4.6(e)에 나타낸 바와 같이, n형 반도체 영역과 p형 반도체 영역이 대전하면 전위차를 발생시키고, pn 접합면 근처에서 전계 E가 발생한다. 이 전위차를 확산 전위(내장 전위)이라고 한다. pn 접합면 근방에 전계 E가 발생하면 p형 반도체 영역의 정공은 n형 반도체 영역으로 확산할 수 없으며, n형 반도체 영역의 전자는 p형 반도체 영역으로 확산할 수 없다. 즉, pn 접합면 부근은 자유전자도 정공도 존재할 수 없는 영역이 된다. 이 영역을 공핍층이라고 한다.

2 다이오드의 특성

pn 접합(다이오드)을 에너지밴드로서 생각해본다. 접합 전의 n형 반도체와 p형 반도체 각각의 에너지밴드 그림을 그림 4.7(a)에 나타낸다. n형 반도체는 전도대에 전자가 많이 존재하고, p형 반도체는 가전자대에 정공이 많이 존재한다. 이 반도체를 접합하면 각각의 농도의 차이 때문에 그림 4.7(b)와 같이 캐리어의 확산이 일어나고, 전위차가 발생한다. 어느 정도로 캐리어의 이동이 일어날까?

접합 전은 p형 반도체와 n형 반도체에서 페르미 준위의 위치는 서로 다르다. 접합 후에는 전자와 정공의 확산에 의해, n형 반도체는 양으로, p형 반도체는 음으로 대전된다. 에너지 준위는 전자의 에너지를 상징하기 때문에, p형 반도체가 음으로 대전하면, p형 반도체의 모든 전자의 에너지는 커지고 페르미 준위도 높아진다. 마찬가지로, n형 반도체가 양으로 대전하면 n형 반도체 내의 모든 전자의 에너지는 작아지고, 페르미 준위도 낮아진다. 이 페르미 준위의 변화는 n형 반도체의 페르미 준위와 p형 반도체의 페르미 준위가 일치할 때까지 계속된다. 왜냐하면 하나의 재료 안에서 페르미 준위가 다르다는 것

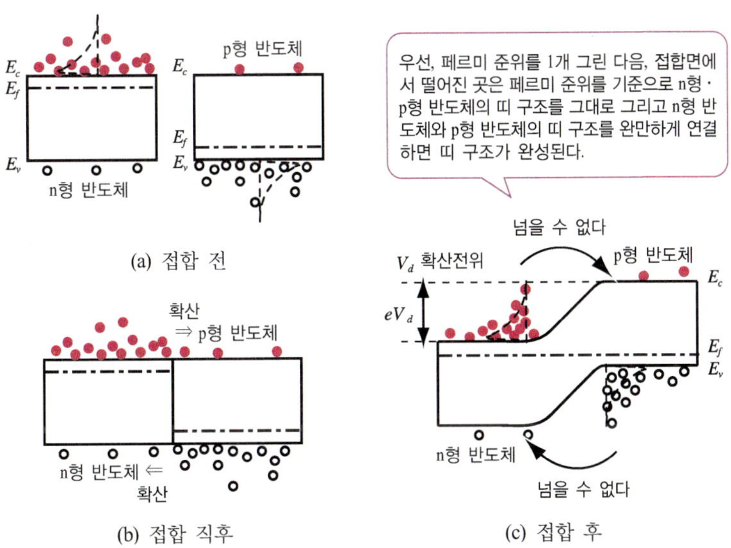

그림 4.7 pn 접합의 에너지밴드 다이어그램

은 전자의 평균 에너지가 같은 재료의 내부에서 다르다는 것이 되어, 전자가 계속 확산한다(전류가 계속 흐른다)는 불합리한 결과가 생기기 때문이다. 즉, 페르미 준위가 일치할 때까지 전자의 이동이 일어난다는 것이다. 그리고, p형 반도체와 n형 반도체의 페르미 준위를 일치시키기 위해 에너지 밴드는 그림 4.7(c)와 같이 구부러진다. p형 반도체의 정공에 관해서도, 전자와 같은 확산을 한다. 주의를 요하는 것은, 전자와 정공이 이동하는 것은 접합면 근처이며, 접합면에서 떨어진 장소에서 가전자대, 전도대, 페르미 준위의 상대적인 에너지 차이는 접합 전과 변하지 않는다는 것이다. 그림 4.7(c) 에너지밴드 그림을 열평형 상태의 에너지 밴드 그림을 열평형 상태의 에너지밴드 그림이라고 한다.

pn 접합에 외부에서 순방향 바이어스 전압을 가한 경우에 대해 생각한다. n형 반도체에 양의 바이어스를, p형 반도체에 음의 바이어스를 인가하면 그림 4.8(a)와 같이 n형 반도체의 전자는 에너지가 커지고, p형 반도체의 전자는 에너지가 작아진다. 그 결과, 페르미 준위는 불일치하게 되고, 접합 부분의 에너지 준위의 차이(전위 장벽)는 작아진다. 전위 장벽이 작아지면 n형 반도체의 전자는 p형 반도체로 확산할 수 있게 되고, p형 반도체의 정공은 n형 반도체로 확산할 수 있다. 이 확산된 전자와 정공은 각각 전극의 전위에 끌려 이동하므로 전류가 흐르게 된다. 전자와 정공은 E_c나 E_v에 가까울수록 많고, 그로부터 멀어질수록 지수함수적으로 적어진다. 즉, 전위 장벽이 작아지면 전위 장벽을 넘을 수 있는 캐리어는 지수함수적으로 증가한다. 다이오드에 순방향 바이어스를 인가하면, 이 두 캐리어의 확산에 따라 그림 4.8(c)와 같이 지수함수적으로 큰 전류가 흐르게 된다.

pn 접합에 외부에서 역 바이어스 전압을 가한 경우에 대해 생각한다. n형 반도체에 양의 전압을, p형 반도체에 음의 전압을 인가하면, 그림 4.8(b)와 같이 n형 반도체의 전자는 에너지가 작아지고, p형 반도체의 전자는 에너지가 커진다. 그 결과, 접합 부분의 에너지 준위의 차이가 커져 전압인가 전보다 n형 반도체의 전자가 p형 반도체로 확산할 수 없으며, p형 반도체의 정공도 n형 반도체로 확산할 수 없게 된다. 이렇게 그림 4.8(c)와 같이 다이오드에 역방향 바이어스를 인가하면, 거의 전류가 흐르지 않게 된다.

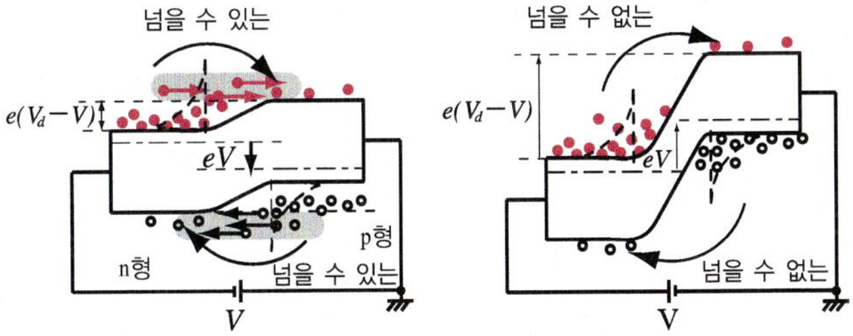

(a) 순방향 바이어스 (b) 역방향 바이어스

확산 장벽을 넘을 수 있는 전자와 정공의 수는 지수함수적으로 증가

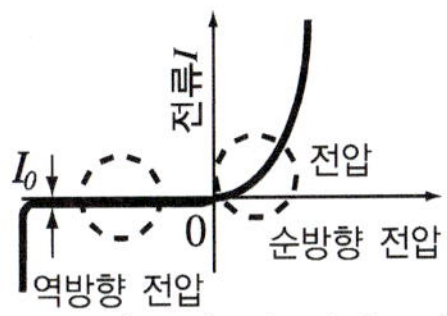

$$I = I_0\{\exp(qV/k_B/T) - 1\}$$

I_0 : 역방향 포화전류
q : 전자의 전하
k_B : 볼쯔만 상수
T : 온도[K]

(c) 다이오드의 특성

그림 4.8 바이어스 전압의 인가

정리

(1) pn 접합 에너지 밴드도, 공핍층, 확산 전위

(2) 다이오드의 특성, 순방향 바이어스, 역방향 바이어스

예제 4

pn 접합의 역방향 포화 전류 I_0가 10 μA/m^2라 할 때, 앞으로 0.7V의 순방향 전압을 인가했을 때의 전류를 구하라. 단, pn 접합 면적을 0.1 mm × 0.1 mm, 온도는 300 K로 한다. 단위의 취급에 주의한다.

해답 $I = I_0[\exp\{eV/(k_B \cdot T)\} - 1]$에 의해 단위 면적당 전류는 5.6×10^6 A/m^2이므로 전류는 56 mA이다.

4-5 트랜지스터

Key point

트랜지스터는 전기 신호의 증폭이나 회로를 온 오프하는 기능을 가진 전자소자이며, 전자 회로에서 필수적인 부품 중 하나이다. 트랜지스터는 그 자체로도 전자 소자로서 중요한 역할을 담당하고 있지만, 집적회로에서도 온 오프 기능을 갖는 중요한 요소가 되고 있다. 트랜지스터에는 많은 종류가 있지만, npn형 바이폴라 트랜지스터와 n 채널 MOSFET을 중심으로 정성적으로 설명한다. 이 절에서는 먼저 바이폴라 트랜지스터에 대해 설명을 하는데, 앞에서 설명한 pn 접합을 이해하고 있으면 비교적 이해가 쉬울 것이다. 또한 MOSFET의 경우 전자기학에서 학습하는 평행판 커패시터를 이해하고 있으면 비교적 쉽게 학습할 수 있다.

1 npn형 바이폴라 트랜지스터

npn형 바이폴라 트랜지스터는, 그림 4.9와 같이, n형, p형, n형 반도체를 교대로 접합한 구조를 가지고 있다. 회로 기호는 그림 4.9(a)와 같이 표시된다. 3개의 단자는, E가 이미터, B는 베이스, C는 컬렉터라고 한다. 전자회로적으로는 베이스 접지, 이미터 접지, 컬렉터 접지 등의 사용 방법이 있지만, 기본적으로 베이스와 이미터 사이의 pn 접합이 순방향 바이어스가 되도록, 컬렉터의 n형 반도체가 역방향 바이어스가 되도록 직류 전압(바이어스 전압)을 인가하여 사용한다. 그림 4.9(a)는 베이스 접지의 경우의 바이어스를 보이고 있지만, 실제로 전자 회로로 사용하는 경우는 적당히 저항을 연결해야 한다. 그림 4.9(b)에 npn 바이폴라 트랜지스터의 열평형시 에너지밴드 그림을 나타낸다. 실제 트랜지스터는 베이스 영역이 매우 얇은 구조로 되어 있다. 또한 불순물 농도는, 이미터를 높은 불순물 농도로 하고, 컬렉터를 가장 낮은 불순물 농도로 설계되어 있다. 에너지밴드 그림은 다이오드와 같은 원리에 의해 세 가지 반도체의 페르미 레벨이 일치하도록 변경한다. 그림 4.9(b)에 나타낸 바와 같이, 이미터 영역의 n형 반도체에는 전도대에 전자가 많이 존재하지만, 이 확산 전위에 의해 베이스의 p형 반도체 영역으로는 확산할 수 없다. 이 상황은 컬렉터 전자에 대해서도 마찬가지이다. 베이스 영역의 p형 반도체에는 가전자대에 정공이 많이 존재하지만, 확산 전위에 의해 이미터 영역으로도 컬렉터 영역으로도 확산할 수 없다. 이 확산 전위를 전위 장벽이라고 한다. 바이어스 전압을 인가하면, 에너지 레벨은 그림 4.9(c)와 같이 변화한다. 이미터와 베이스 사이의 pn 접합에서는 전위 장벽이 낮아져, 이미터 영역에서 베이스 영역으로 전자가 확산할 수 있게 된다. 컬렉터와 베이스 사이의 pn 접합은 역방향 바이어스가 되어있음으로 컬렉터 영역에서 베이스 영역으로 전자는 확산될 수 없다. 그러나 이미터에서 베이스로 확산해 온 전자가 컬렉터와 베이스 사이의 접합면에 도달하면 컬렉터에 연결된 양의 전극에 끌려 갈 수 있다. 이를 드리프트라고 한다.

전류를 감안할 때, 전류의 방향과 전자의 이동 방향은 반대이기 때문에, 컬렉터 단자에서 이미터 단자로 전류가 흐르는 것이다. 또한, p형 반도체의 베이스 영역의 정공은 바이어스 전압을 인가함으로써 이미터 영역으로 확산된다. 이 정공의 확산도 이미터 전류가 된다. 즉, npn형 트랜지스터는 전자와 정공의 두 가지가 이미터 전류에 기여한다. 이것이 바이폴라 트랜지스터(bipolar (양극성) transistor (transfer + resistor의 합성어))라고 부르는 이유이다. 이상과

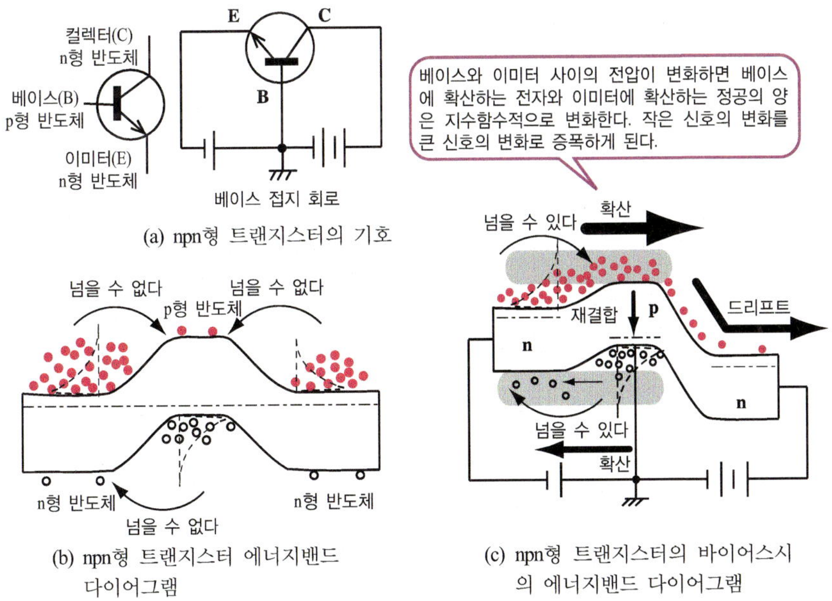

(a) npn형 트랜지스터의 기호

(b) npn형 트랜지스터 에너지밴드 다이어그램

(c) npn형 트랜지스터의 바이어스시의 에너지밴드 다이어그램

그림 4.9 npn형 트랜지스터의 에너지밴드 다이어그램

같이 트랜지스터는 자유전자와 정공, 모두를 캐리어로 사용하고 있지만, 베이스 영역에서 정공과 전자의 결합이 많아지면 컬렉터 영역에 전자가 모일 수 없게 된다. 따라서 정공과 전자의 결합 기회를 줄이기 때문에 베이스 영역이 얇은 트랜지스터 쪽이 증폭도가 큰 트랜지스터를 만들 수 있다.

트랜지스터에 의한 신호 증폭을 전압이라는 관점에서 생각해 보자. 트랜지스터로 신호를 증폭하려면, 베이스와 이미터 간의 바이어스 전압에다 교류 신호를 중첩시켜 인가한다. 그러면 교류 신호 전압에 대응하여 베이스와 이미터 사이의 전위 장벽이 변화한다. 그 결과, 이미터 영역에서 컬렉터 영역으로 확산, 드리프트하는 전자의 수가 지수함수적으로 증가하거나 감소하여, 컬렉터에서 이미터로 흐르는 전류도 변화한다. 컬렉터 단자에 저항을 연결하여 전류의 변화를 전압으로 취하면 증폭된 신호 전압을 얻을 수 있다. 전류의 관점에서 생각해 보면, 베이스와 이미터 사이의 전류에 비해 컬렉터와 이미터 사이의 전류는 큰 전류이다. 이 비율을 전류 증폭률이라고 하며 바이폴라 트랜지스터로 증폭회로를 설계하는 경우, 중요한 성능 지표가 된다.

바이폴라 트랜지스터는 pnp형 트랜지스터도 존재하는데 그 동작은 전자의 움직임을 정공의 움직임으로 바꾸면 쉽게 이해할 수 있다.

2 MOS구조와 MOSFET

마이크로 컴퓨터 등의 집적회로는 MOSFET(metal-oxide-semiconductor field effect transistor)로 만들어져 있다. MOSFET은 p 채널 MOSFET과 n 채널 MOSFET의 2종류가 존재한다. 여기에서는 n 채널 MOSFET에 대해 설명하는데, 그 전에 MOSFET의 기초인 MOS 구조에 대해 설명한다.

MOS 구조의 요점은 전자기학에서 학습하는 평행판 커패시터이다. 그림 4.10에 MOS 구조를 보여준다. 폴리실리콘으로 만들어진 게이트 전극과 p형 반도체로 만들어진 기판에 의해 실리콘 산화막(게이트 산화막) SiO_2가 샌드위치된 구조로 되어 있다. 이 실리콘 산화막이 커패시터의 역할을 한다. 과거에는 게이트 전극은 금속(Al)인 경우가 많았기 때문에, MOS 구조의 M은 금속(metal)을 나타내고, O는 산화막(oxide), 그리고 S는 반도체(semiconductor)를 나타낸다.

그림 4.10(a)에 이상적인 MOS 구조의 에너지밴드 그림을 보여준다. 이상적인 MOS 구조는 게이트 전극의 페르미 준위와 반도체의 페르미 준위가 같은 에너지 준위에 있다고 취급한다. 현실적인 MOS 구조에서 이러한 페르미 준위는 일치하지 않는다. 그림 4.10(b)는 게이트 전극에 음의 전압을 인가한 경우를 보여준다. 이 경우, 게이트 산화막을 커패시터로 해서, p형 기판에는 양의 전하가 정전 유도된다. p형 반도체는 양의 전하를 가진 정공이 다수 존재하므로 정공이 게이트 산화막의 바로 아래에 모인다. 이때의 에너지밴드는 게이트 전극에 인가된 전압에 의한 전계의 영향으로 그림과 같이 곡선이 된다. 이러한 상태를 축적 모드라고 한다. 다음으로 그림 4.10(c)와 같이 게이트 전극에 양의 전압을 인가한다. 이 경우, p형 기판에 음의 전하가 정전 유도되게 되지만, p형 반도체는 전자의 수가 적기 때문에 유도 전자는 거의 없다. 에너지밴드는 그림과 같이 구부러져 반도체와 산화막의 계면 부분에 pn 접합의 공핍층과 같은 상태가 발생한다. 이 상태를 공핍 모드라고 한다. 게이트에 인가되는 양의 전압을 높이면 밴드는 또한 좀 더 휘어져서 게이트 산화막 바로 아래에 전자가 모이기 시작한다. 이 상태를 약 반전 모드라고 하고 전자가 모이는 영역을 반전층이라고 한다. 이 전자는 열 여기에 의해 p형 기판 내부에서 발생하는 전자-홀 쌍을 기원으로 한다. 그림 4.10(d)와 같이 더욱 게이트

전압을 높이면, 반도체와 산화막 계면의 표면 에너지가 $q\phi_s$로 되는데, 이 $q\phi_s$가 반도체 내부의 진성 반도체의 페르미 준위 E_i와 p형 반도체의 페르미 준위 E_f의 차이의 에너지 $q\phi_f$의 2배가 되면, p형 반도체의 정공의 수와 같은 수의 전자가 반전층에 쌓인다. 이를 강 반전 모드라고 한다. MOS 구조는 이러한 원리에 의해 산화막과 반도체의 계면에 전자와 정공을 수집할 수 있다. 이것이 MOSFET의 동작 원리에 도움이 된다. 이렇게 전계에 의하여 상태를 제어하기 때문에 FET(field effect transistor)라고 한다.

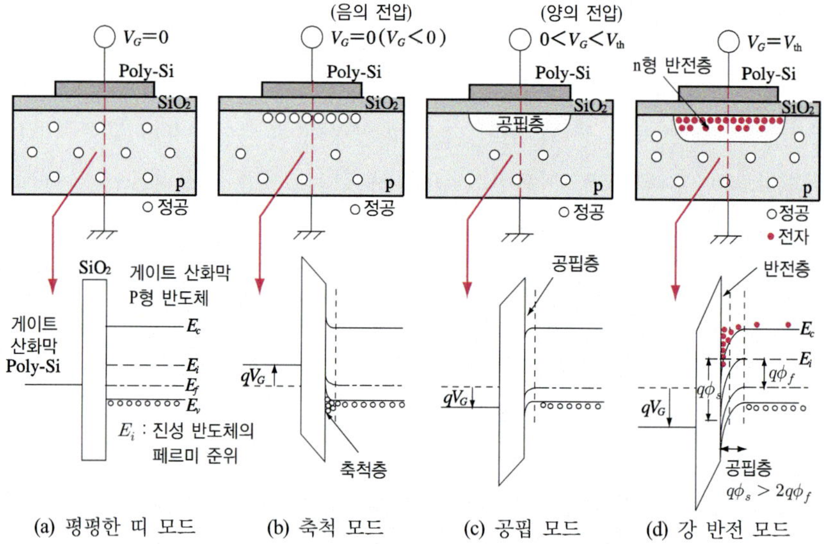

그림 4.10 이상적인 MOS 구조의 에너지밴드 다이어그램과 동작

MOSFET의 구조를 그림 4.11(a)에 나타내었다. 그림 4.11의 MOSFET은 n 채널 MOSFET(n-MOS)이라고 한다. 먼저 나타낸 MOS 구조를 중심으로 드레인과 소스가 형성된 구조이다. MOSFET은 게이트 전압을 조절함으로써 드레인 소스 간의 전류를 변화시킬 수 있는 소자이다. 종종 스위치처럼 온 오프 동작에 사용된다. n 채널 MOSFET은 그림 4.11(b)에 나타낸 바와 같이, 강 반전 모드에서 동작된다. 게이트에 양의 전압이 인가되어 반전층이 발생하면, n형 반도체의 드레인과 n형 반도체의 소스 사이가 반전 층에 유기된 전자로 연결된다. 이 영역을 n 채널이라고 한다. 드레인과 소스 사이가 전자로 연결되면, 드레인과 소스 사이에 전류가 흐른다. 즉 ON 상태이다. 드레인과 소스 영역은

전류를 방출하거나 받는 영역이므로, 불순물 농도를 높게 하고 저항력을 줄인다. n-MOS에서는 게이트 전압을 p형 기판 전압과 같은 0 V로 하면 OFF 상태가 된다.

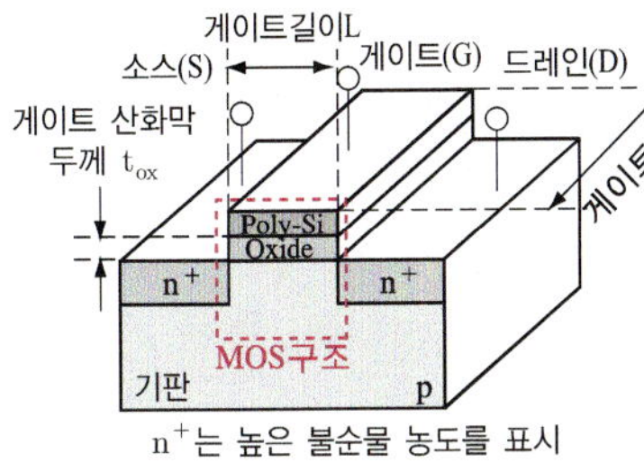

(a) 구조도

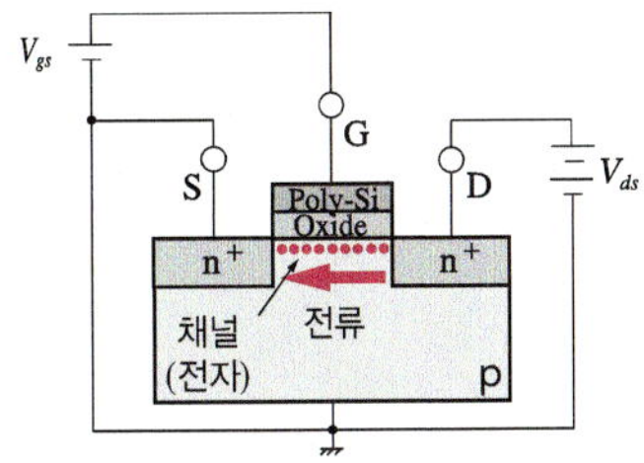

(b) 동작 시(ON)의 전압 인가

그림 4.11 n채널 MOSFET의 구조

MOSFET에는 그 밖에, p 채널 MOSFET(p-MOS)도 있다. p 채널 MOSFET은 기판이 n형이고, 드레인과 소스는 p형 반도체를 사용한다. 그리고 기판 전압이 0 V의 경우, 게이트에 음의 전압을 인가하면, 정공이 산화막과 반도체의 계면에 모여 정공에 의한 p 채널이 형성되어 드레인과 소스 사이가 ON 상태가 된다. 자세한 내용은 연습 문제를 참조하라.

캐리어를 방출하는 영역이 소스, 받는 영역이 드레인으로 정의된다. 즉, n 채널 MOSFET는 전원에 연결되는 영역이 드레인에, p 채널 MOSFET는 0 V에 연결되는 영역이 드레인이 된다.

여기에 설명된 MOSFET은 증가형(Enhancement-type) MOSFET이다. 이 밖에, 공핍형(Depletion-type) FET와 접합형 전계효과 트랜지스터(Junction-type) FET가 있다. 현재의 집적회로는 동일 기판 상에 n 채널 MOSFET와 p 채널 MOSFET, 모두를 형성한 CMOS(complementary MOS)가 사용되고 있다.

3 CMOS 구조

CMOS는 p 채널 MOSFET과 n 채널 MOSFET을 같은 웨이퍼 기판 내에 형성시킨 반도체이다. 마이크로 컴퓨터를 비롯해 논리회로의 집적회로는 대부분 CMOS 구조를 하고 있다. 가장 기본적인 논리회로인 인버터 회로(NOT 회로)를 예를 들어, CMOS의 구조와 동작을 설명한다. 인버터 회로는 그림 4.12(a)에 나타낸 바와 같이, n 채널 MOSFET와 p 채널 MOSFET이 직렬로 연결된 구조이다. 입력 단자 In이 1(전원 전압 V_{DD} [V])일 때, 출력 단자 Out은 0(0 V), 입력 단자 In이 0일 때 출력 단자 Out은 1을 출력한다. 즉, 입력을 반전하여 출력하는 회로이다.

그림 4.12(b)는 CMOS 인버터의 기본적인 구조의 단면도이다. p형 기판 내에 n 채널 MOSFET을 형성한다. p 채널 MOSFET은, p형 기판 내에 n형 확산층(n well)이라는 p 채널 MOSFET의 기판이 되는 공간을 형성하고, 그 안에 만든다. 이 두 MOSFET을 그림과 같이 연결하여 인버터 구조로 한다. n 채널 MOSFET의 기판 전위 및 p 채널 MOSFET의 기판(n well) 전위는 각각의 MOSFET의 소스와 같은 전위가 되도록 연결한다. 지금까지 p 채널 MOSFET에서는 기판 전위를 0 V로 하여 게이트 전압을 음으로 하는 것으로 ON이 된다고 설명하여 왔다. 그러나 기판(n well)의 전위를 전원 전압으로 하는 경우에는, 게이트 전압이 전원 전압보다 낮은 전압(예를 들면 0 V)에서 p 채널 MOSFET은 ON이 되고, 전원 전압이 되면 OFF가 된다. 또한 이렇게 소스 전압을 인가하는 것으로, n well과 p형 기판 사이의 pn 접합이 역 바이어스 되고, n 채널 MOSFET와 p 채널 MOSFET의 전기적 분리를 할 수 있다.

그림 4.12(a)에 나타낸 인버터 회로의 동작을 간단하게 설명한다. 입력 In이 1의 경우, n 채널 MOS는 ON 상태, p 채널 MOS는 OFF 상태이기 때문에, 출력 Out은 0이 된다. 입력 In이 0이면, n 채널 MOS는 OFF 상태, p 채널 MOS는 ON 상태이기 때문에, 출력 Out은 1이다. 즉, 입력의 반전이 출력된 것이다.

p 채널 MOSFET와 n 채널 MOSFET을 같은 웨이퍼 기판 위에 제작하는 기술이 있으면, 논리회로의 기본인 NAND 회로나 NOR 회로도 비슷한 과정으로 만들 수 있다. 그림 4.12(c)에 NAND 회로의 예를 보여준다. 이 회로는 입력 A와 B가 함께 1일 때만 출력이 0이 되어, 그 이외는 1이기 때문에, NAND 회

로의 동작을 한다. NOR 회로 또는 NAND 회로만으로, 임의의 논리 함수를 구성할 수 있으므로, CMOSFET을 만드는 기술이 있으면, 복잡한 논리회로를 제작할 수 있게 된다. NOR 회로에 대해서는 예제를 참조하라.

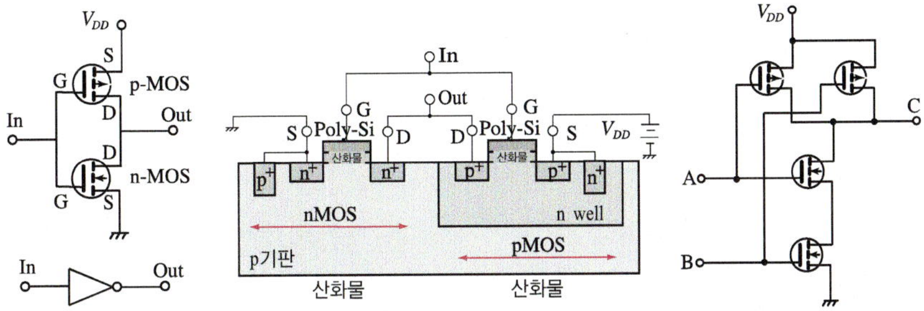

(a) 인버터 회로 (b) CMOS의 단면 구조 (c) NAND 회로

그림 4.12 CMOS의 구조와 논리회로

4 박막 트랜지스터와 유기 트랜지스터

박막 트랜지스터(TFT : thin film transistor)는 MOSFET의 일종이지만, 유리 등의 절연성 기판 상에 비정질 실리콘(a-Si)이나 다결정 실리콘(p-Si TFT) 등으로 구성된 10μm 정도 두께의 박막형 트랜지스터를 말한다. TFT는 액정 패널 등에 사용되고 있다. 통상의 MOSFET은 강 반전 모드로 동작시켜, 채널에 흐르는 전류를 제어하지만, TFT에서는 축적 모드로 동작시킨다. 또한, 그림 4.12에 나타낸 MOS 구조처럼, 소스 및 드레인 영역과 기판 사이에 pn 접합을 형성할 필요가 없기 때문에 원리적인 구조도 간단하다.

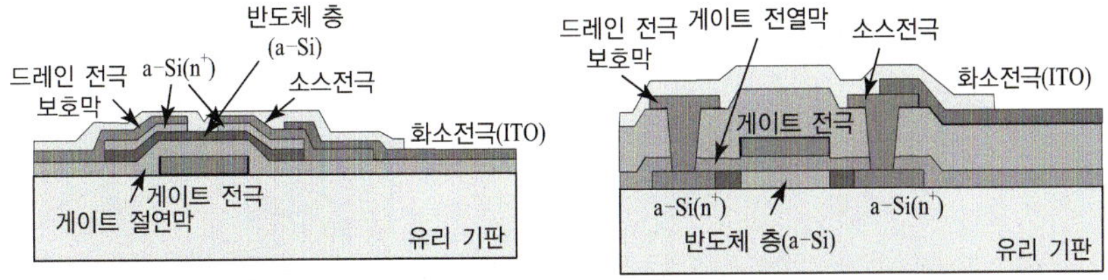

(a) a-Si TFT(역 스태거 형) (b) a-Si TFT(스태거 형)

그림 4.13 TFT의 구조

TFT를 구조측면에서 구분하면 역 스태거 형(bottom 게이트)과 스태거 형(top 게이트)으로 분류할 수 있다. 현재 a-Si TFT에서는 역 스태거 형, p-Si TFT는 스태거 형이 많이 사용되고 있다. 그림 4.13(a)는 a-Si TFT(역 스태거 형)과 4.13(b)에 p-Si TFT(스태거 형)의 단면 구조를 나타낸다. a-Si TFT는 게이트 전극을 최하층에, 그 위층에 게이트 절연막 및 반도체 층이 있으며, 상층에 소스 전극, 드레인 전극을 형성시킨다. 게이트 전극과 소스 전극 및 드레인 전극을 직선으로 연결하면 역 삼각형이 되고, 이 구조를 역 스태거 구조라고 부르고 있다. 스태거 형은 게이트 전극이 상부에 위치하지만, 작동 원리와 기본 성능에서 역 스태거 형과 큰 차이는 없다. 게이트 전극에는 Ta, Mo, Al 또는 그 합금이 주로 사용되고 있다. 게이트 절연막은 일반적으로 SiNx막이 사용된다. 반도체 층은 a-Si와 a-Si(n^+)로 구성되며, a-Si(n^+)는 a-Si 중 P를 첨가하여 저항 값을 낮게 하고, 전극의 컨택트 저항(접촉 저항)을 낮춘다. 게이트 전극에 양의 바이어스가 인가되면, a-Si 층이 축적 모드 n^+ 상태가 되고, TFT가 ON 상태가 된다. 게이트 전극에 음의 바이어스가 인가되면, a-Si 층이 p형이 되고, TFT가 OFF 상태가 된다.

또한 활성층에 유기 반도체 재료를 이용한 TFT는 유기 박막 트랜지스터(organic TFT) 또는 유기 전계효과형 트랜지스터(organic FET)라고 한다. 플라스틱 기판 위에 유기물을 증착 또는 도포하여 만들어지므로, 기존의 실리콘 계열 트랜지스터에 비해 가볍고 부드러워서, 구부림이 가능한 전자 장치를 실현할 수 있다. 또한 유기 반도체 재료는 용액으로, 잉크 형태로 만들 수 있기 때문에 프린팅 프로세스를 이용한 저온 공정으로, 대면적 TFT 소자를 만들 수 있다. 그러나 유기 트랜지스터의 이동도는 실리콘에 비해 2~3 자릿수 작다는 문제가 있다.

대표적인 유기 반도체 재료로서, 저분자에 대해서는 루프렌, 테트라센, 펜타센, 페리렌지이미도, 테트라시아노키노 지메탄 등이 거론되고 고분자에 대해서는 폴리치오펜, 폴리 3-헥실티오펜, 폴리플루오렌, 폴리디아세틸렌, 폴리 2, 5-찌에니렌비닐렌, 폴리파라페닐렌비닐렌 등을 들 수 있다.

5 태양전지

태양전지는 태양의 빛 에너지를 직접 전기 에너지로 바꾼다. 이 에너지 변환은 반도체의 pn 접합 부분에서 이루어진다. 그림 4.14와 같이 pn 접합의 공핍 영역에 빛이 닿으면 빛 에너지에 의해 접합부 부근에 전자-정공 쌍이 생성되어, 공핍 영역의 내부 전계에 의해 전자는 n형 반도체 영역으로, 정공은 p형 반도체 영역으로 이동한다. n형 반도체와 p형 반도체를 연결하는 외부 회로가 그림 4.14(a)와 같이 개방된 경우, n형 반도체에는 전자가, p형 반도체에 정공이 축적되어 각각의 전하 전위에 의해 에너지밴드가 변화한다. 이 전위차가 개방 전압으로 관찰된다. Si 계 반도체의 경우, 개방 전압의 최대값은 확산 전위에 거의 동일한 1V 정도가 된다. 개방 전압은 하나의 태양전지가 발생시킬 수 있는 최대 전압 기준이다. 그림 4.14(b)와 같이, n형 반도체와 p형 반도체를 연결하는 외부 회로를 단락한 경우에는 확산 전위에 의한 전위차에 의해 p형 반도체에서 n형 반도체로 향하는 전류를 확인할 수 있다. 단락 전류는 빛에 의해 여기된 전자와 정공의 수에 비례하게 된다. 실제 태양전지에는 적당한 부하가 연결되기 때문에 이것의 중간에서 작동한다.

태양전지 변환 효율의 이론적 한계치는 실리콘 단결정 태양전지에서 약 30~35%, 비정질 태양전지에서 25% 정도이다.

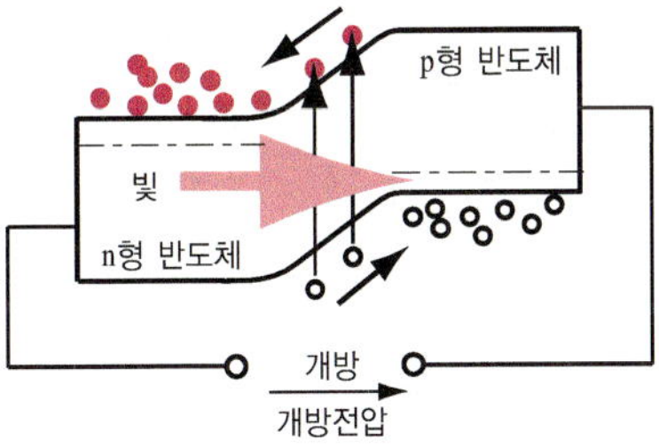

(a) 개방 상태

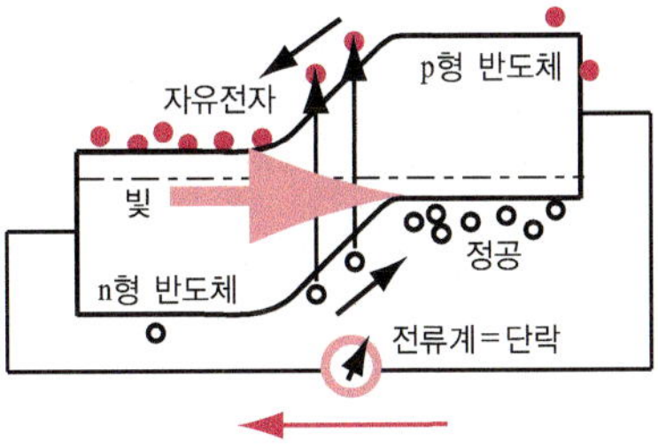

(b) 단락 상태

그림 4.14 태양전지에 의한 발전

정리

(1) 바이폴라 트랜지스터, npn 트랜지스터, pnp 트랜지스터

(2) MOS 구조, n 채널 MOSFET p 채널 MOSFET

(3) 축적 영역, 반전 영역, 강 반전 영역

(4) CMOS 박막 트랜지스터, 유기 트랜지스터, 태양전지

예제 5

(1) 그림 4.12(b)의 p 채널 MOS에서 게이트 전압 0 V에서 ON, 게이트 전압 V_{DD} [V]에서 OFF되는 이유를 고찰하라.

(2) NOR 회로를 n 채널 MOS 및 p 채널 MOS를 사용하여 그리고, 동작을 쉽게 설명하라.

해답

(1) p 채널 MOS의 기판 전위(n well의 전압)가 전원 전압 V_{DD}이므로, 게이트 전압은 V_{DD}보다 낮은 전압을 인가함으로써 약 반전 영역, 강 반전 영역을 형성한다. CMOS에서 p 채널 MOS는 게이트 전압 0 V에서 강 반전 영역을 형성하도록 설계된다.

(2) NOR 회로를 오른쪽 그림에 표시한다. 오른쪽 회로에서 A와 B가 모두 0일 때, 2개의 p 채널 MOS가 켜지고 출력 C는 1이다. 그 외 입력에서 출력은 0이 된다. 즉, NOR 회로이다.

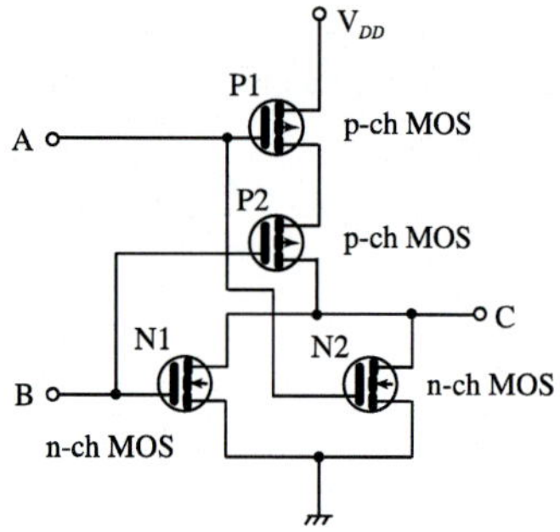

A	B	P1	P2	N1	N2	C
0	0	ON	ON	OFF	OFF	1
0	1	ON	OFF	OFF	ON	0
1	0	OFF	ON	ON	OFF	0
1	1	OFF	OFF	ON	ON	0

4-6 화합물 반도체

Key point

화합물 반도체는 2종류 이상의 원소로 이루어지는 화합물의 반도체이다. 휴대전화 등의 무선 통신 시스템용 초고속으로 동작하는 트랜지스터, CD, DVD 블루레이 등의 광원, 조명용 백색 LED, 광섬유 통신 레이저 및 수광 소자, 높은 온도에서 작동하는 모터 구동회로 등 우리 주변에서 많이 사용되고 있다. 화합물 반도체는 여러 원소를 조합하여 또한 구조를 개선함으로써 실리콘이 가지고 있지 않은 물성을 가지게 된다. 화합물 반도체의 매력에 대해 이 장에서 확인해 보자.

1 화합물 반도체란

Si 원소는 매우 안정되어 있으며, 현재 반도체 재료는 대부분 단결정 실리콘이 사용되고 있다. 반면 여러 원소를 조합한 것을 재료로 사용하여 만들어지는 반도체를 화합물 반도체라고 한다. 대표적인 것으로 그림 4.15와 같이 주기율표의 Ⅳ 족을 중심으로, 주기율표의 Ⅲ 족과 Ⅴ 족의 원소를 조합한 GaAs, GaP, InP, GaAlAs, GaInNAs 등, Ⅱ 족 및 Ⅵ 족 원소를 조합한 CdTe, ZnSe, CdS 등, Ⅳ 족끼리의 원소를 조합한 SiC, SiGe 등이 있으며, 각각 다른 특성을 가지고 있다. 화합물 반도체는 실리콘에 비해 재료 자체가 비싸고, 결정에 결함이 많아, 웨이퍼에 흠이나 균열이 발생하기 쉽고, 실리콘 산화막과 같은 뛰어난 절연막을 만들기 어렵기 때문에, 집적회로용으로는 실리콘을 대체할 수 없으나 실리콘 반도체를 전문으로 하지 않는 분야에서는 사용되고 있다. 예를 들면, 고주파 디바이스용, 광 디바이스 용, 고전압·고내열·고주파 전력 장치용 등이다. 이 절에서는 화합물 반도체 중 고속 소자인 HEMT와 발광·수광 소자용 화합물 반도체 및 전력 손실이 작은 SiC에 대해 설명한다.

Ⅱ족	Ⅲ족	Ⅳ족	Ⅴ족	Ⅵ족
	B	C	N	
	Al	Si	P	S
Zn	Ga	Ge	As	Se
Cd	In	Sn	Sb	Te

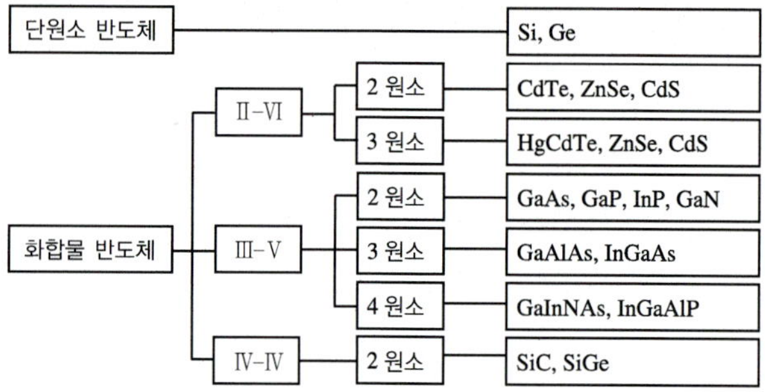

그림 4.15 화합물 반도체의 원소 조합

2 HEMT(고전자이동도 트랜지스터)

HEMT(High Electron Mobility Transister)는 화합물 반도체 재료를 이용한 FET의 일종이다. 밴드 갭의 크기가 다른 반도체 재료를 접합(이종 접합)하여 그 계면에 2차원 전자가스층이라 불리는 전자의 층을 만들어낸다. 이 2차원 전자가스층에서는 전자의 산란 요인이 적기 때문에 전자는 고속으로 이동할 수 있어 고속 동작의 FET를 만들 수 있다. 그림 4.16(a)는 GaAs와 n-AlGaAs에 의한 HEMT 구조를 나타내고 있다. GaAs의 반 절연성 기판 상에 전자 주행층인 고순도의 GaAs 층과 전자 공급층인 n-AlGaAs 층이 겹겹이 쌓인 구조로 되어 있다. n-AlGaAs의 밴드 갭은 약 1.6 ~ 1.8 eV, GaAs의 밴드 갭은 약 1.4 eV이다. 밴드 갭이 다른 2종류의 반도체의 계면에서 그림 4.16(b)에 나타낸 바와 같이, 전도대와 가전자대의 불연속이 발생한다. 그 결과, n-AlGaAs 층의 도너로부터 발생한 전자는 GaAs 측의 계면 근방 10 nm 정도 두께의 영역에 분포한다. 이 전자층을 2차원 전자가스라고 하며, 그 밀도는 $10^{12}\ \text{cm}^{-2}$ 정도이다. 2차원 전자가스 내에서 전자는 약 8,500 $\text{cm}^2/(\text{V}\cdot\text{s})$의 높은 이동도를 나타낸다.

그림 4.16(b)에 나타낸 바와 같이, HEMT의 게이트 전극은 전자 공급층인 n-AlGaAs 층과 쇼트키 접합(금속과 반도체의 접합)을 형성한다. 이때, n-AlGaAs 층 쇼트키 접합면 및 이종 계면에 공핍층이 형성된다. n-AlGaAs 층의 두께를 두 개의 공핍층이 접하는 정도로 하면 게이트 전극에 전압을 인

가하는 것에 의해 두 공핍층의 두께가 변화하고 2차원 전자가스의 농도를 제어할 수 있다. HEMT는 일반적인 FET와 달리, 게이트 산화막이 필요하지 않다. HEMT를 구성하는 재료로서, 앞서 얘기한 AlGaAs/GaAs 이외에 AlGaAs/InGaAs와 InGaP/GaAs, 그리고 InAlAs/InGaAs 등이 있다.

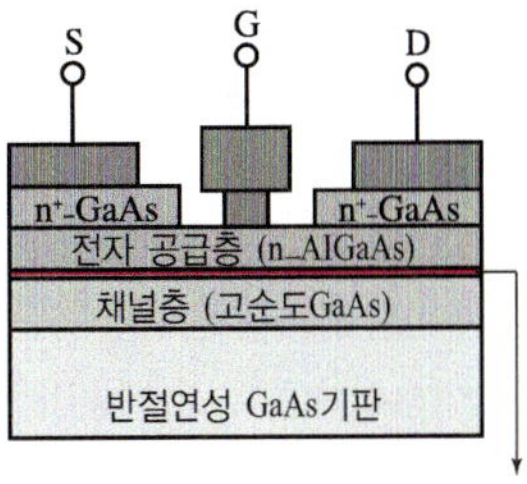

(a) HEMT 구조

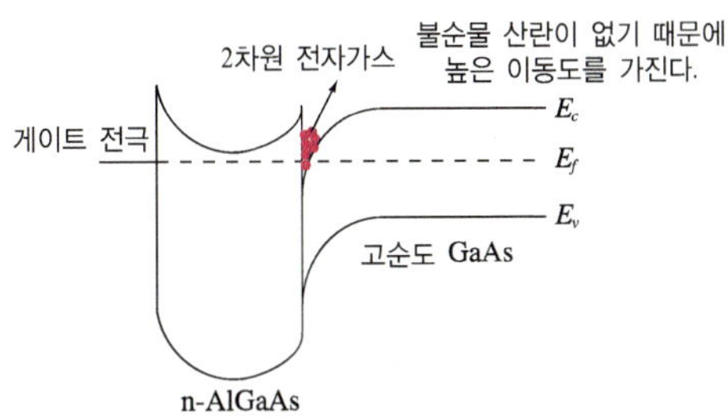

(b) HEMT의 밴드 구조

그림 4.16 HEMT(고 전자 이동도 트랜지스터)

3 발광 · 수광 소자용 화합물 반도체

화합물 반도체는 발광 효율이 높고 발광 다이오드(light emitting diode : LED)와 반도체 레이저 다이오드(laser diode : LD)로 사용되며, 또한 고속 동작을 위한 광통신용 수광 소자 등에도 사용된다. 표 4.1에 나타낸 바와 같이, 재질의 조합으로 발광하는 빛의 파장이 달라진다. LED나 LD를 구성하는 반도체는 기본적으로 직접 천이 반도체라는 재료로 구성되어 있다. Si과 Ge 반도체는 간접 천이 반도체라 불리는 재료로, 발광 효율이 매우 낮기 때문에 광 디바이스로는 사용하지 않는다. 발광 소자에 의한 전기 에너지를 빛 에너지로 변환하는 방법과 수광 소자에 의한 빛 에너지를 전기 에너지로 변환하는 구조를 그림 4.17이 보여준다. 그림 4.17(a)와 같이 반도체 중 자유전자와 정공이 존재하고 자유전자와 정공이 결합하면 에너지 밴드 갭 E_g [eV]에 상당하는 에너지를 열이나 빛으로 방출한다. 이때 방사되는 빛의 파장 λ는 $1240/E_g$ [nm]로 표시된다. 즉, 방사되는 빛의 파장은 에너지 밴드 갭 Eg의 크기에 따라 결정 되어진다. 이 빛의 방출 현상을 이용하여 LED나 LD는 발광한다. 그림 4.17(b)는 LED의 발광 원리를 설명한다. LED의 pn 접합에 순방향 바이어스를 인가하면, 전위 장벽이 낮아지고, n형 반도체에서는 전자가, p형 반도체로 정공이 공핍 영역으로 확산된다. 확산해 온 전자와 정공이 결합(재결합)하면 밴드 갭에 해당하는 빛이 방출된다. 이것이 LED의 발광 현상이다. 수광소자는 태양전지와 같은 원리이다. 그림 4.17(c)에 나타낸 바와 같이, 수광 소자에 빛이 닿으면 전자-정공 쌍이 생긴다. 이 전자와 정공들은 캐리어가 되어 외부 회로에 전류로서 흐른다. 이때 흐르는 전류를 광 전류라고 부른다. 그림 4.18(a)는 청색 LED의 구조를 보여준다. 청색 LED의 재료로는 GaN 계, SiC 계, ZeSe 계가 있다. 여기에서는 GaN 계 청색 LED에 대해 설명한다. 그림 4.18에 나타낸 청색 LED는 단일 양자 우물(single quantum well : SQW)이라 불리는 사파이어 기판 상에 유기 금속 기상 성장 법(metal organic vapor phase epitaxy : MOVPE)에 의해, GaN 완충층 n-GaN, n-AlGaN, n-InGaN, InGaN, p-AlGaN, p-GaN을 성장시킨다. InGaN 층은 활성층이 되고, 이 활성층에 의해 발광 스펙트럼이 결정되어 발광한다.

표 4.1 발광색과 화합물의 조합

자외선	AlGaN / GaN on Sapphire
보라색 파랑	InGaN / GaN on Sapphire
녹색	Gap on Gap
황	AIInGaP on GaAs
레드	GaAIAs on GaAs
적외선	GaAIAs on GaAs
근적외선	InGaAs on InP(수광용), InGaAsP on InP(발광용)

- **직접천이 반도체** : Direct energy-gap semiconductor
- **간접천이 반도체** : Indirect energy-gap semiconductor

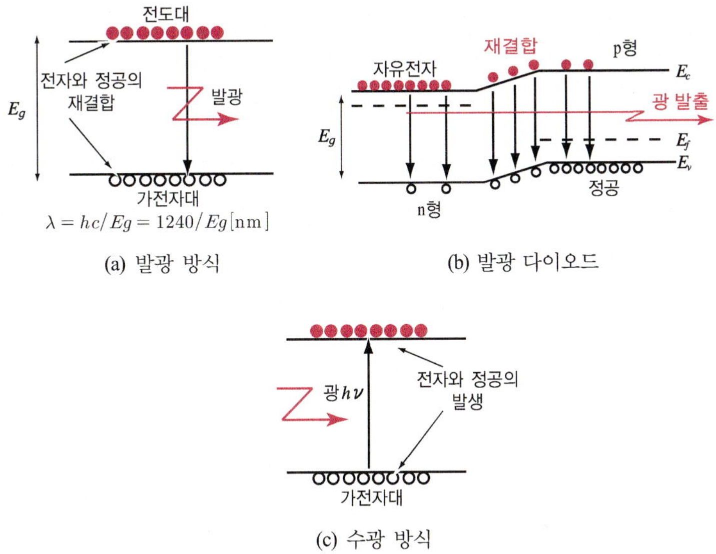

그림 4.17 높은 발광과 수광 방식

또한, InGaN의 In과 Ga의 조성을 바꾸는 것으로, InN(650 nm)에서 GaN (360 nm)까지 파장을 바꿀 수 있다. 그림 4.18(b)는 활성층 부분의 에너지밴드 다이어그램을 보여준다. 밴드가 우물의 형태로 되어 있기 때문에 양자 우물 구조라고 한다. 이 양자 우물에 전자가 갇혀 전자 정공 재결합이 일어나 발광한다.

반도체 레이저(LD)는 반도체에 전류를 흘려 레이저 발진을 시키는 소자이지만, 발광 구조는 LED와 동일하다. 반도체 레이저의 기본 구조는 그림 4.19(a)와 같이 되어 있다. 활성층(발광층)을 n형과 p형 층(클래드 층이라고 한다)사이에 끼운 구조이다. 이것을 더블 헤테로 구조라고 한다. 순방향 바이어스를 인가하면 n형 클래드 층에서 전자가, p형 클래드 층에서 홀이 활성층으로 확산, 활성층 내에서 재결합하여 발광한다. 여기까지는 LED와 동일하다. 클래드 층의 굴절률을 활성층의 굴절률보다 낮추면, 빛은 활성층에 갇혀 있다. 또한 그림 4.19(b)와 같이 활성층의 한쪽면이 반사경, 또는 다른 반사 표면이 하프 미러의 역할을 하도록 가공하면, 광은 활성층 내를 왕복한다.

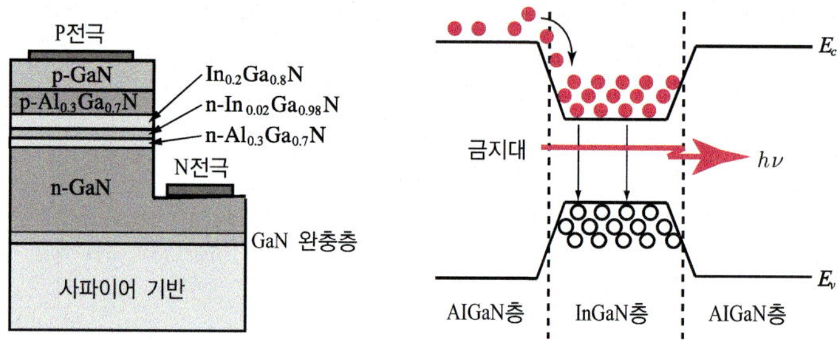

(a) InGaN SQW 구조 청색 LED의 구조 (b) 단일 양자 우물

그림 4.18 GaN SQW 구조 청색 LED

왕복하면서, 유도 방출(위상이 모여 강한 빛이 발생하는 현상)이 발생하여, 레이저 발진이 일어난다. 빛은 하프 미러를 통해 방출된다. 이 빛의 유도 방출이 LED와의 차이이다. 그림 4.19의 구조는 가장 간단한 구조의 LD 파브리 페로우 공진기라는 것이다. 반사 표면으로 크리스탈 벽개면이 이용되고 있다. 이 방식은, 실제로 어느 정도 여러 파장의 빛이 들어 있으므로, 그것을 개선한 DFB형 반도체 레이저(distributed feedback laser)와 FBG(fiber Bragg grating) 파장 안정화 반도체 레이저가 있다.

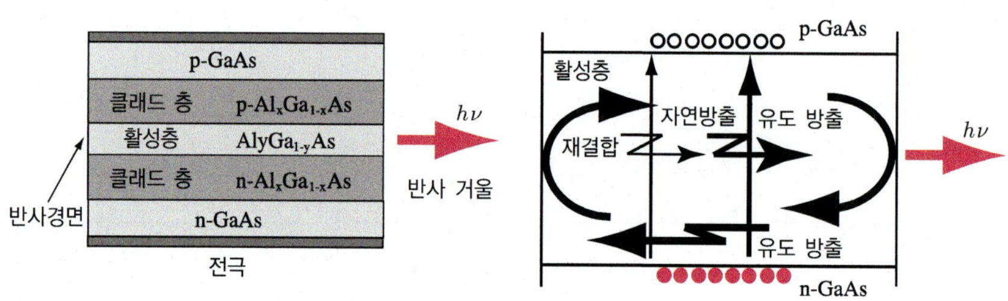

(a) 이중 헤테로 형 레이저 다이오드 (b) 레이저 발진

그림 4.19 반도체 레이저 다이오드

4 SiC 및 GaN 전력 반도체

자동차, 가전, 산업기기, 전력 설비 등의 분야에서는 인버터나 컨버터의 전력 손실의 최소화가 큰 과제가 되고 있다. ON 저항이 작을수록 통전때 트랜지스터에서의 전력 손실은 작게 할 수 있고, 또한 OFF 시의 내압이 높을수록, 소자 크기를 줄일 수 있다. 이런 요구사항들을 해결해주는 소자로 SiC와 GaN 등의 와이드 밴드 갭 반도체가 주목 받고 있다. GaN은 청색 LED에 필요한 재료이지만, 전력 반도체로서도 중요한 재료이다.

표 4.2에 나타낸 바와 같이, SiC 및 GaN은 Si에 비해 에너지 밴드 갭이 약 3배 넓고, 절연파괴 전압이 약 10배 크다는 특징이 있다. 에너지 밴드 간격이 넓으면 열에 의해 여기되는 캐리어가 줄어들기 때문에 고온 동작이 가능하다. 또한 절연파괴 전계 강도가 높아 내압부를 박형화 할 수 있기 때문에 ON 저항을 낮출 수 있다. 따라서 모듈의 소형화와 저비용화, 전력 손실의 감소를 실현할 수 있을 것으로 기대되고 있다.

표 4.2 Si, SiC, GaN의 비교

	Si	4H-SiC	GaN
밴드 갭[eV]	1.12	3.26	3.42
전자 이동도[cm^2/(V · s)]	1500	1000	1200
절연파괴 전압[MV/cm]	0.3	2.8	3
열전도율[W/(cm · K)]	1.5	4.9	1.3
포화 드리프트 속도[cm/s]	1.0×10^7	2.2×10^7	2.4×10^7

정리

(1) 화합물 반도체

(2) HEMT 구조와 작동 원리

(2) 발광 및 수광의 원리, 양자 우물 반도체 레이저의 발광 원리

예제 6

(1) **직접 천이와 간접 천이에 대해 조사하고, 다음 반도체를 천이형태에 따라 분류하라.**

GaAs, 4H–SiC, GaP, InAs, InP, PbS

(2) LASER(light amplification by stimulated emission of radiation)**에서 반전 분포 상태와 빛의 유도 방출에 의한 광 증폭에 대해 알아보라.**

해답

(1) 직접 천이 : GaAs, InAs, InP

간접 천이 : 4H–SiC, GaP, PbS

(2) 반전 분포 상태는 에너지 준위가 낮은 상태의 전자보다, 여기에 의해 에너지 준위가 높은 상태의 전자가 많아지는 상태이다. 음의 온도 상태라고도 한다. 반전 분포 상태의 반도체에 외부에서 빛이 입사한 경우, 이러한 흥분 상태에 있는 전자는 입사한 빛과 에너지, 위상이 같은 빛을 방출하고 기저 상태로 돌아간다. 이것을 유도 방출이라고 한다. 유도 방출에 의해 단색성(모든 광자의 에너지가 동일하다), 일관성(위상이 일정하다)과 지향성(진행 방향이 일정하다)을 가진 빛을 얻을 수 있다.

4-7 반도체 제조 공정의 개요

Key point

앞절에서 반도체 소자의 그 구조와 동작을 설명했다. 그 소자 등의 구조를 학습하면서 많은 재료들이 사용되고 있음을 알게 되었을 것이다. 이 절에서는 복잡하고 미세화된 집적회로를 제작하는 과정을 학습한다. 집적회로에 사용되는 재료는 박막이므로 이 박막을 가공하여 미세한 구조를 생성해야 한다. 이 절에서는 이 미세 가공 공정 기술에 대해 학습한다.

1 실리콘 웨이퍼

집적회로는 일반적으로 실리콘 웨이퍼 상에 형성된다. 미세화 및 디바이스 구조의 복잡화가 진행되는 집적회로의 제조 과정이지만, 가장 기초가 되는 것이 실리콘 웨이퍼(silicon wafer)이다. 실리콘 웨이퍼의 제작 과정에 대해 그림 4.20을 참고하여 설명한다. 실리콘 원소는 지구 표층부의 27.7%를 차지해 46.6%의 산소에 이어 지각에 존재하는 흔한 원소이다. 그러나 집적회로에 사용하는 재료는 고순도로 생성해야 한다. 많은 실리콘 원소는 산화 규소(규석) 형태로 존재한다. 이 규석을 약 1,900℃의 전기로에서 정련, 환원하면 $SiO_2 + C \rightarrow Si + CO_2$의 반응에 의해 순도 99% 이상의 금속 실리콘(metal silicon)을 얻을 수 있다. 또한 금속 실리콘과 염소를 반응시켜 사염화 규소 $SiCl_4$(기체)를 만들어, 이를 증류 후 고온에서 수소 환원시키면 반도체용으로 사용 가능한 순도 11N(11개의 나인 99.999999999%)의 고순도 다결정 실리콘이 만들어진다.

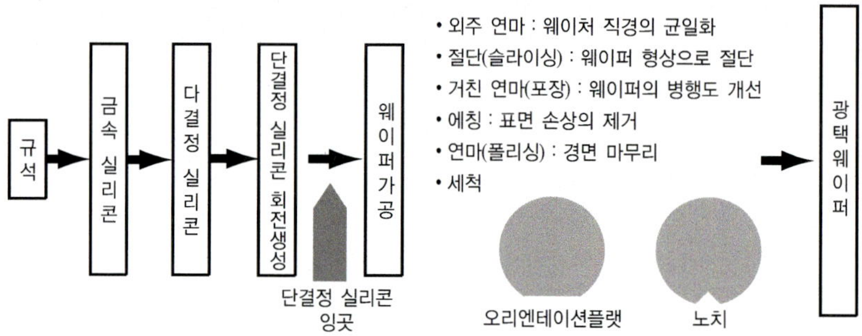

그림 4.20 실리콘 웨이퍼의 제조 방법

집적회로에 사용되는 초 고순도의 실리콘 웨이퍼는 초 고순도 다결정 실리콘에서 CZ(쵸크라스키)법과 FZ(플로팅 존)법에 의해, 길이 수 미터의 단결정 실리콘 잉곳이 만들어진다. CZ법의 공정을 그림 4.21(a)에 나타내었다. 아르곤 가스가 들어있는 석영 도가니에 초 고순도 다결정 실리콘을 충전하고, 히터로 가열해서 용융시킨다. 그 실리콘 융액 표면에 결정 성장의 씨앗이 되는 작은 단결정을 넣고 석영 도가니와 결정을 회전시키면서 결정 막대기를 끌어올려 실리콘 잉곳을 제조한다. 용융된 실리콘이 굳어질 때 종결정의 면방위를 끌어올리기 때문에, 종결정 면방위가 계속된 실리콘 잉곳을 얻을 수 있다. FZ 법은 그림 4.21(b)에 나타낸 바와 같이, 단결정 위에 융액이 있는 구조로 되어 있다. 다결정 실리콘의 하단을 고주파 코일에 의한 가열로 용융하여 주결정에 접촉시켜 단결정을 형성한 후 조금씩 고주파 코일을 위쪽으로 이동시켜 단결정을 얻는 방법이다. 석영 도가니를 이용하지 않으므로 도가니에서

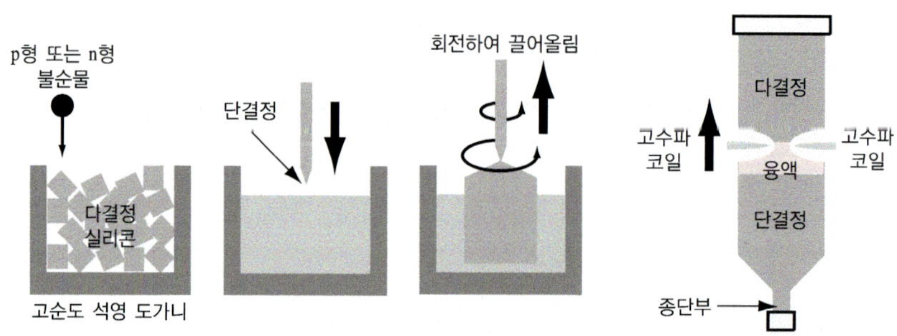

(a) CZ법 (b) FZ법

그림 4.21 CZ법 및 FZ법

나오는 불순물이 실리콘 잉곳에 포함되지 않기 때문에 고순도의 결정을 만들 수 있으나, 반면 대구경 잉곳을 만드는 것은 어렵다.

실리콘 잉곳은 외주 연마, 잉곳 절단, 웨이퍼의 절단(beveling), 양면 랩핑, 에칭, 양면 연마(또는 단면 연마) 순으로 표면이 경면이 된 웨이퍼로 가공된다. 집적회로는 회로를 웨이퍼에 만들어 넣는 패턴을, 스테퍼(노광 장치)라는 장치를 통해 사진 기술을 사용하여 웨이퍼 상에 복사한다. 고집적회로 패턴을 웨이퍼에 정확하게 전송하려면 직경 300 mm의 웨이퍼 전면을 수 μm 이하의 평탄도로 할 필요가 있다. 이 평탄도는 300 km 떨어진 지점에서의 높낮이 차이가 몇 m 이하가 되는 수준이다. 최종 실리콘 웨이퍼는 두께 1 mm 이하의 경면으로 마무리된 원반 모양의 판이 되지만 실리콘 웨이퍼의 결정 축 방향을 알 수 있도록, 외주 연마 후 특정 위치에 오리엔테이션 플랫이나 노치를 새긴다.

2 집적회로의 제조공정의 개략

반도체 제조 공정은 수백 개의 공정으로 구성되며, 재진입 흐름공정(re-entrant flow-shop)이라는 제조 방법으로 구성된다. 반도체 제조 공정을 크게 분류하면 ① 산화·확산, ② CVD·스퍼터, ③ 포토리소그래피, ④ 에칭, ⑤ 이온 투입의 다섯 가지 과정으로 나누어진다. 재진입 흐름공정에서는 이러한 공정을 여러번 거쳐서 하나의 소자를 만들고 있다. 이 절에서는 이러한 개요에 대해 설명한다.

(1) 산화·확산 공정

산화·확산 공정이란 실리콘 웨이퍼를 ① 산소를 포함하여 고온 처리하는 것에 의해, 실리콘 표면에 실리콘 산화물을 형성하거나(열 산화), ② 이온 투입에 의해 실리콘 중에 있는 불순물 원자를 활성화하거나(활성화 어닐링), ③ 실리콘 표면에 부착시킨 불순물 원자를 열확산에 의해 실리콘 웨이퍼 내부로 확산 시키거나(드라이브 인), ④ 실리콘 웨이퍼 위에 단결정 실리콘을 성장시키는(에피택셜 성장) 공정을 말한다. 이 공정에는 그림 4.22에 나타내는 장치가 사용된다. 그림의 장치는 산화로 또는 확산로라고 불리우며, 그 모양에 따라 종형로 또는 횡형로로 분류된다. 또한 각종 열처리 온도의 기준을 그림(c)에 나타내었다.

열 산화 공정이 가장 많이 사용되는 영역은 실리콘 산화막의 형성이다. 실리콘 산화막은 전기적 및 기계적・열적・화학적 특성이 우수한 절연체에서, 절연막, 소자의 보호막, MOSFET의 게이트 산화막 등에 사용되고 있다. 그림 4.23은 p-MOS와 n-MOS를 전기적으로 분리한 LOCOS라는 구조에 필요한 산화막의 형성을 보여준다(4-8절에서 설명한다). 모재료인 Si의 표면에서 산화종과의 반응이 진행되어 SiO_2를 형성하고 있다.

산화 방법은 건식 산화와 습식 산화로 분류 할 수 있다. 건식 산화는 산소 가스만으로 산화를 실시한다. 특징으로 치밀한 박막이 가능하다. 습식 산화는 순수한 물에 가스(캐리어 가스)를 도입하여, 운반된 수분으로 산화한다. 이러한 방법으로 산화는 800~1100℃의 고온에서 이루어진다. 이 온도는 그림 4.22(c)에 나타낸 바와 같이, 웨이퍼 제조 공정의 다른 열처리 온도의 최고 온도 범위이다.

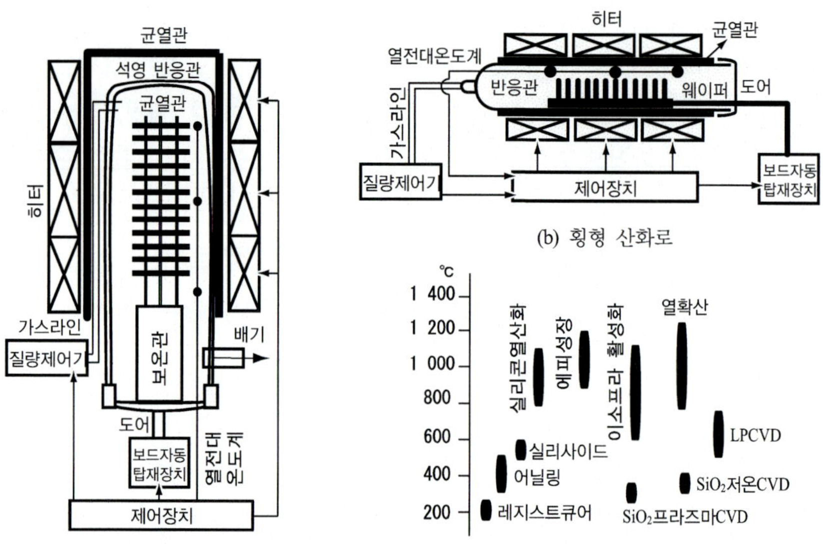

(a) 종형 산화로

(b) 횡형 산화로

(c) 각종 열처리 온도

그림 4.22 열 산화로와 각종 열처리 온도

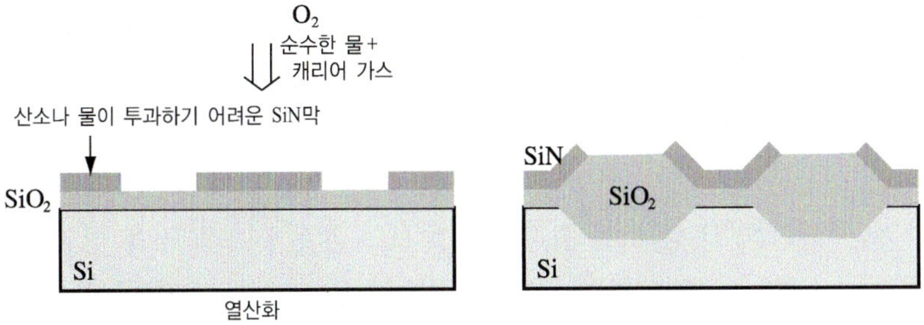

그림 4.23 SiO_2의 성장

불순물을 실리콘 웨이퍼에 도입하는 방법은 다음에 기술하는 이온 주입법이 널리 사용되고 있다. 불순물 이온이 실리콘 웨이퍼에 박히게 되면 결정격자점의 Si가 이동하여 결정성에 손상을 준다. 또한 박힌 이온은 Si의 격자점에서 벗어난 위치에 배치된다. 활성화 어닐링은 열처리에 의해 그 손상을 회복시키고 또한 주입한 불순물을 결정격자점에 배치하여 수용체 또는 도너로 작용하게 하기 위한 공정이다.

확산 공정(드라이브 인)은 n형이나 p형의 반도체를 실리콘 웨이퍼 표면부에 만들어 넣기 위하여 실리콘 웨이퍼의 표면에 불순물을 증착하고, 확산로에서 가열하여 실리콘 웨이퍼 내부로 열 확산시킨다. 불순물 퇴적의 공급원으로는 가스 소스가 가장 많이 이용되고 있다. B 도핑에는 BF_3 가스(삼 불화 붕소), BCl_3 가스(삼 염화 붕소), B_2H_6 가스(지보란) 등이 사용된다. P의 도핑은 PH_3 가스(포스핀), PF_5 가스(오 불화 인), $POCl_3$(염화 포스 포릴) 등이 사용된다. As 도핑에는 AsH_3 가스(아르 신), AsF_3 가스(삼 불화 비소) 등이 사용된다. 이러한 가스의 대부분은 독성이 있으므로 취급에 각별한 주의가 필요하다. 이것을 N_2 가스로 희석하여 O_2 가스와 별도로 진공 챔버에 도입한다. 웨이퍼를 600℃ 정도로 가열하면 표면에 산화물 박막으로 이들이 퇴적된다. 이 기체를 약 950℃의 O_2 가스 중에서 가열하면 표면의 Si가 산화함과 동시에 퇴적막 중의 불순물 원자가 Si 표면층 내부로 확산된다.

에피택셜 성장은 기판이 되는 결정 위에 결정을 성장시켜, 기판의 결정면과 같은 결정면을 지닌 결정을 성장시키는 방법이다. 기판 결정 위에 기판 결정과 같은 격자 상수를 가지는 결정을 성장시키는 경우를 호모 에피택셜 성장이라고 한다. 격자 상수가 일치하기 때문에 결함이 적은 고품질의 결정을 얻을 수 있다. 일반적으로 0.5~수 μm 균일성의 좋은 박막을 제작할 수 있다.

에피택셜 성장에는 열분해법 및 수소 환원법이 있다. 열분해법으로는 ① 950~1,050℃의 온도에서 SiH_4 가스를 흘려 SiH_4를 열분해하여 Si막을 성장시키는 방법과 ② 1,050~1,150℃의 온도에서 SiH_2Cl_2 가스를 흘려 열분해에 의해 Si 막을 성장시키는 방법이 있다. 수소 환원법에서는 ① 1,150~1,200℃의 온도 하에서 $SiCl_4$와 H_2 가스를 흘려 $SiCl_4$를 H_2로 환원하여 Si 막을 성장시키는 방법과 ② 1,100~1,150℃의 온도에서 $SiHCl_3$와 H_2 가스를 흘려 $SiHCl_3$를 H_2로 환원하여 Si 막을 성장시키는 방법이 있다. 에피택셜 성장의 온도를 낮추어 가면, 결정 구조는 단결정(1,000℃)에서 다결정(800~600℃), 비정질(550℃)로 변화한다.

(2) 스퍼터 · CVD 공정

스퍼터 · CVD 공정은 스퍼터링(sputtering)이나 화학 증착(CVD : chemical vapor deposition)을 이용하여 실리콘 웨이퍼 상에 절연막이나 전도성 필름 등을 형성하는 공정이다.

그림 4.24는 스퍼터링 증착 기술의 기본적인 원리를 보여준다. 스퍼터링은 진공 챔버 내에 일반적으로 Ar 등의 불활성 가스를 도입하고, 기판과 타겟(증착시키는 물질 Cr과 Ti 등) 사이에 직류 고전압을 인가하여 플라즈마를 발생시킨다. 플라즈마 내에서 이온화된 Ar^+를, 고체의 타겟 물질의 표면에 충돌시켜 대상을 구성하는 원자를 밀어내며 그 원자를 실리콘 웨이퍼 표면에 축적시킨다. 플라즈마 전원의 종류에 따라 직류 전원(DC)을 이용하는 방법이나 고주파 전원(RF)을 이용하는 방법이 있다. 또한 성막 속도를 개선하기 위해 타겟 주변에 자계를 발생시켜 Ar^+가 타겟 표면에 충돌하여 내는 이차 전자를 자계의 로렌츠 힘으로 잡는, 사이클로트론 운동으로 Ar 불활성 가스의 이온화율을 개선한 마그네트론 스퍼터링 법이 있다. 또한, Ar 가스와 함께 미량의 O_2나 N_2 가스를 도입하여 산화물과 질화물의 화합물 박막을 형성하는 반응성 스퍼터링을 할 수도 있다. 스퍼터링에 의해 성막할 수 있는 재료의 예를 그림 4.24에 표시되어 있다.

스퍼터링은 PVD(physical vapor deposition, 물리적 기상 증착)의 일종이다. PVD는 외에, 열에너지를 이용하는 진공 증착, 분자선 에피택시(molecular beam epitaxy : MBE), 그리고 증발 입자를 이온화하는 이온 주입법(ion plating)

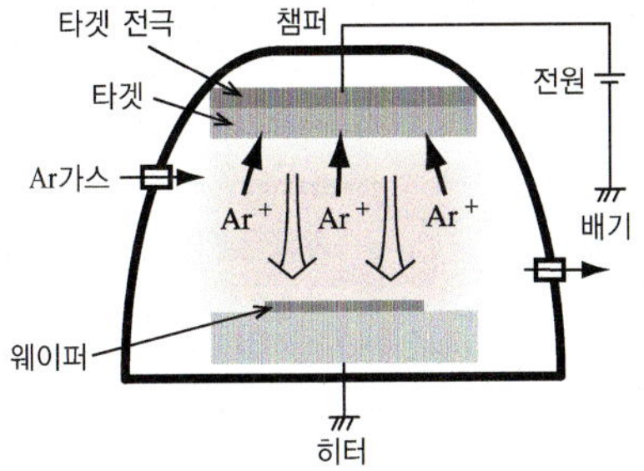

스퍼터링에 의한 성막 재료의 예

금속	Ag ,Al, Au, Cu, In, Ni, Pt, Ti
합금	Al-Cu, Al-Si, Al-Si-Cu, Ti-W
산화물	SiO, TiO, Ta_2O_5, Al_2O_3
그외	ITO, IGZO, TiN, PZT, SiC

ITO : Indium Tin Oxide
IGZO : Indium Gallium Zinc Oxide
PZT : $PbTiO_3$와 $PbZrO_3$의 고용체

그림 4.24 스퍼터링

등이 있다.

CVD(chemical vapor deposition : 화학 기상 증착)는 기체 원료를 기판 상에 공급한 후, 열, 플라즈마, 빛 등의 에너지를 투입하면 화학 반응에 의해 분해되면서 박막을 형성한다. 그림 4.25(a)에 나타낸 열 CVD는 공급된 원료 가스가 수백℃에서 1,000℃에서 가열된 기판 위에서 열분해 되어 금속과 산화물, 질화물 막을 증착시키는 성막법이다. 예를 들면, SiH_4를 열분해하면 다결정 Si가 된다. 이때 산소 분위기에서 분해시키면 SiO_2가 된다. 그림 4.25(b)의 감압 CVD는 수십 Pa의 감압 하에서 증착하는 LP-CVD(low pressure-CVD)는 퇴적하는 분자의 평균자유행정을 길게 만들어 분자의 확산을 용이하게 하고 균질성이 높은 증착막 두께를 가질 수 있게 해준다. 그림 4.25(c)에 나타낸 플라즈마 CVD는 챔버 평행판 전극에 고주파를 인가하여 원료 가스와 수소와 질소의 캐리어 가스를 방전에 의해 플라즈마 화하여 분해시켜, 전극 위에 놓인 웨이퍼에 증착시킨다. 플라즈마 발생 방법은 고주파(평행판 형) 외에 고주파(유도 결합 형) 직류 마이크로 웨이브 등이 있다. 플라즈마를 이용하면 300℃의 저온에서도 증착이 가능하고, 기판과의 반응도 방지할 수 있기 때문에 플라스틱 등의 비 내열성 기판에도 증착이 가능하다. 또한 대면적화도 용이해져 박막 두께를 균일하게 형성 할 수 있는 등 많은 장점을 가지고 있다. 성막시의 압력은 1~수백 Pa이고 플라즈마가 발생하기 쉬운 압력으로 조정된다. 이 밖에도 자외선 램프에 의한 빛의 에너지를 사용하여, 원료를 분해하여 성막하는 광 CVD와 원료로 유기 금속 화합물을 사용한 MOCVD(metal organic chemical vapor deposition) 등이 있다.

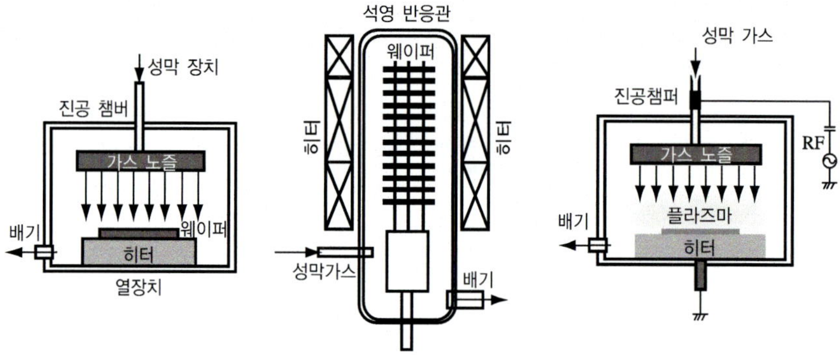

(a) 열 CVD장치 (b) 감압 CVD장치 (c) 플라즈마 CVD장치

그림 4.25 CVD장치

(3) 포토 리소그래피(Photo lithography)

포토 리소그래피는 사진 현상 기술을 응용하여 미세 패턴을 제작하는 기술이다. 이 기술에 의해 개별 소자의 평면 구조가 형성되고, 또한 배선 패턴에 의해 소자끼리 연결되어 집적회로로 동작하게 된다. 이 기술은 반도체의 미세화를 위한 기술이다. 그림 4.26을 참조하면서 설명한다.

포토 리소그래피는 그림 4.26(a)와 같이 먼저 웨이퍼의 표면에 포토 레지스트(감광성 수지)를 도포한다. 포토 레지스트는 빛에 반응하여 응고되고, 에칭에 견디는 성능을 가진 액상의 물질이다. 스핀 코터(coater) 장치 위에 실리콘 웨이퍼를 올리고, 고속 회전시켜 그 중심에 포토 레지스트를 떨어 뜨리면 실리콘 웨이퍼에 수백 nm에서 수 μm의 두께로 균일하게 도포된다. 그 후, 건조시켜(레지스트 큐어(cure)) 웨이퍼에 붙게 만든다. 포토 레지스트제는 빛에 대한 특성에 따라 포지티브 형과 네가티브 형의 2종으로 나누어진다. 네거티브 형은 빛이 닿은 부분이 경화, 노출 부분이 현상에 의해 남아 있다. 포지티브 형은 네거티브 형과는 반대로 빛이 닿은 부분은 경화되지 않고 노출 부분이 현상에 의해 제거된다. 포토 리소그래피는 개발초기에는 네거티브 형이 주류였지만, 현재 감도 및 현상액에 유기 용제를 사용하는 등 환경보호측면에서 포지티브 형이 주류를 이루고 있다.

레티클은 집적회로의 패턴 원판 같은 것이다. 그림 4.26(b)와 같이 유리나 합성 석영상에 차광막으로 크롬 패턴을 형성시키고 이 패턴은 실제 직접 회로 패턴의 4~10배의 크기로 만들어진다. 집적회로를 만들기 위해 수십 장의 레

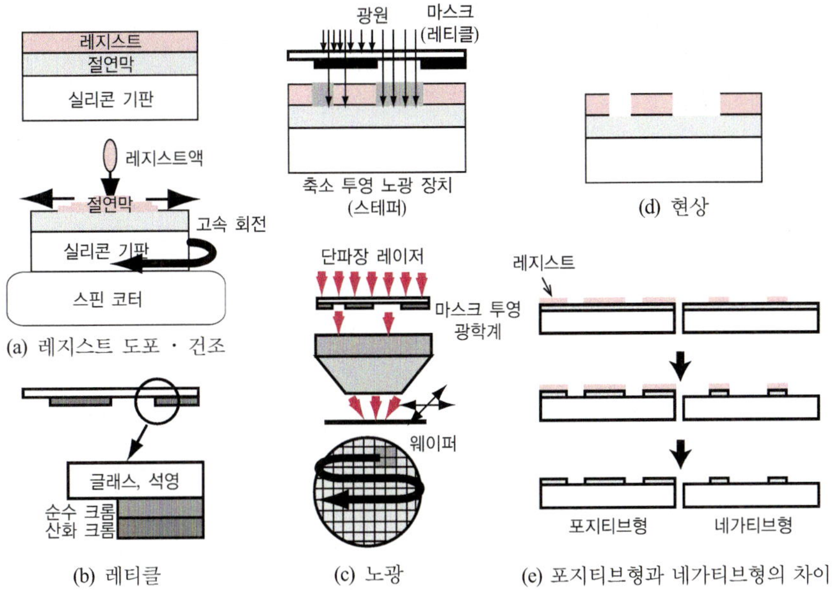

그림 4.26 포토 리소그래피

티클이 필요하다. 따라서 집적회로의 제작에는 높은 레티클 상호간의 무게 배합 정밀도가 요구되므로 패턴은 전자빔 노광 장치를 사용하여 정밀하게 제작된다. 1장의 레티클에는 2 × 2 또는 3 × 3개분의 패턴이 그려져 있으며, 1회 노출로 여러 소자를 복사한다.

EUV(Extreme ultra-violet)
리소그래피는 차세대기술로서, throughput 손실없이 최소 선폭을 300m까지 줄일 수 있지.

그림 4.26(c)와 같이, 포토 레지스트가 붙은 웨이퍼의 표면에 스테퍼(stepper ; 축소 투영 노광 장치)로 마스크(레티클 ; reticle)에 설계한 회로 패턴을 빛의 조사에 의해 실리콘 웨이퍼 상에 도포한 포토 레지스트에 복사한다. 복사 시의 비율은 4 : 1, 5 : 1, 10 : 1 등이 있으며, 노광 광원은 가시 광선의 g선(파장 436 nm), 자외선의 i선(파장 365 nm), 엑시머 레이저의 KrF(파장 248 nm), ArF(파장 193 nm), EUV(극 자외선 13.5 nm) 등을 사용한다. 파장이 짧은 광원일수

록 미세한 소자를 만들 수 있다. 스테퍼는 한 번에 여러 개의 칩의 패턴을 동시에 전송한다. 1회 복사가 끝나면 웨이퍼가 실려있는 XY 스테이지가 이동하여 웨이퍼상의 다음 장소 이동해서 복사한다. 이것을 반복하여 웨이퍼 1장 분량의 복사를 진행한다. 복사 후 그림 4.26(d)와 같이, 현상액으로 패턴을 현상한 후 린스 액으로 현상을 중지시키고 세척한다. 앞서 기술한 바와 같이, 네거티브 형과 포지티브 형은 그림 4.26(e)와 같이 현상 후에 패턴형태가 다르다.

(4) 식각 공정(Etching, 에칭)

식각(에칭) 공정은 레지스트를 마스크로 하여 산화막이나 금속막 등을 물리적 또는 화학적으로 제거하는 공정이다. 식각은 반응성 가스를 사용하는 건식 식각(Dry Etching)과 액체를 사용하는 습식 식각(wet Etching)이 있다.

건식 식각은 그림 4.27과 같이, 건식 식각 장치의 전극 사이에 발생시킨 플라즈마에 의해 챔버에 도입된 가스 분자가 여기되어 식각 작용할 수 있는 활성 라디칼과 이온이 된다. 활성 라디칼을 식각하고 싶은 박막 재료에 넣으면 화학 반응에 의해 식각 생성물이 생성되고, 이것이 표면에서 탈피하여 식각이 된다. 그림 4.27과 같이 식각 대상 재료에 따라 사용되는 식각가스의 종류가 달라진다.

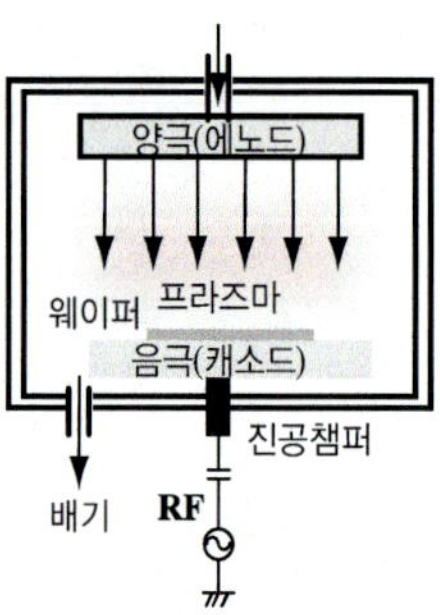

건식 식각 장치

각종 식각 재료와 가스 조합

식각 대상 재료	식각 가스
SiO_2	CF_4, CHF_3, C_4F_8
Si_3N_4	CF_4+O_2, SF_6
poly-Si, WSi	Cl_2+HBr, SF_6
Al, Al+Si(1～2%), Al+Cu(1～2%)	Cl_2+BCl_3, Cl_2+CCl
W	SF_6
유기물 박막	O_2

그림 4.27 건식 식각

습식 식각은 화학 용액에 웨이퍼를 침적시켜 화학 반응에 의해 식각한다. 습식 식각은 다음의 3단계에 의해 식각이 이루어진다. 제1단계는 용액체에서 반응 분자가 확산되고 표면에 부착하는 과정, 제2단계는 반응 과정, 제3단계는 반응 생성물이 표면에서 이탈, 용액 중에 확산하는 과정이다. 표 4.3은 습식 식각의 대상 재료 및 식각액을 나타낸다.

또한 식각은 등방성 식각과 이방성 식각의 두종류가 있다. 그림 4.28과 같이 등방성 식각은 대상물의 모든 방향으로, 균일한 속도로 식각이 진행하기 때문에 마스크 바로 밑이 파여서, 언더컷을 발생한다. 이방성 식각은 식각 속도의 결정 이방성을 이용한 방법으로 특정 방향만을 식각하고 싶을 때 사용한다.

표 4.3 습식 식각의 대상 재료와 식각액의 조합

식각 대상재료	식각액
SiO_2	불화 암모늄 : 불산 = 7 : 1
	물 : 불산 = 10 : 1
Si (Hydrazine hydrate) 히드라진 하이드레이트	질산 : 불산 = 100 : 1
	KOH : 물 = 4 : 6
	무수 히드라진 : 이소프로판올 : 톨루엔 X = 100 : 1 50℃
Si_3N_4	인산 160~180℃
Al	인산 : 빙초산 : 질산 : 물 = 75 : 15 : 5 : 5

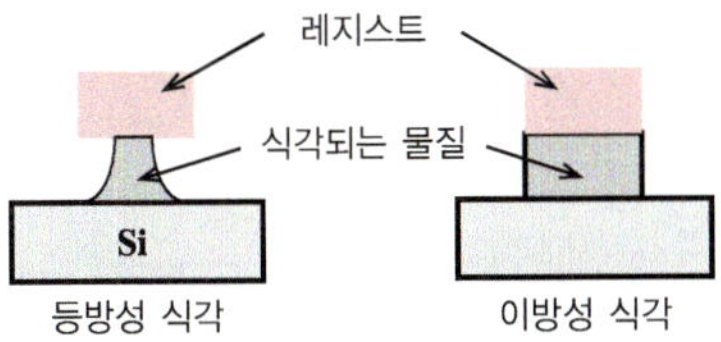

그림 4.28 등방성 · 이방성 식각

(5) 이온 주입 공정

소자를 만들기 위해서 필요한 곳에 필요한 양의 불순물을 확산시키는 공정으로, p형과 n형 반도체를 만들 때 사용되는 공정이다. 웨이퍼에 불순물을 주입하는 것이 이온 주입(이온 임플랜테이션 ; ion implantation)이다. 이온 주입 장치는 그림 4.29와 같이 주입하는 원소를 이온화하여 이온 빔으로 이끌어내는 이온 제너레이터부, 필요로 하는 이온만을 선별하는 질량 분석 부, 빔을 수송, 가속, 정형, 주사하는 기능을 포함하는 빔라인부, 시료 기판을 넣고 주입 처리할 시료실(엔드 스테이션)로 구성되어 있다. 이온 제너레이터에서 이온 주입하고자 하는 원소를 이온화하여 25 ~ 35 kV의 전압으로 이끌어낸다. 그러나 이온화하여 추출된 원소는 사용하고자 하는 이온 이외의 불순물 이온이 포함되어 있다. 사용하고자 하는 원소의 이온과 불순물 이온을 선별하는 것이 질량 분석 부이다. 원호 형상의 질량 분석부 내부는 큰 자계가 인가되어 있어 사용하고자 하는 이온보다 무거운 이온은 휘어지기 어렵기 때문에 화살표 궤도보다 바깥 궤도를 돌게 된다. 사용하고자 하는 이온보다 가벼운 이온은 휘어지기 쉬우므로 화살표의 궤도보다 안쪽의 궤도를 돌게 된다. 자계의 강도를 조절하면 사용하고자 하는 이온이 화살표의 궤도를 통과하도록 할 수 있다. 그 후, 이온은 빔 라인 부에 들어가 10 ~ 500 kV 정도의 전압으로 가속되어, 웨이퍼에 이온을 주입하는데 필요한 에너지가 주어진다. 그리고 이온 빔을 주사하여 웨이퍼 전면에 이온이 조사되게 한다. 웨이퍼에 주입된 이온은 웨이퍼 내부에 그림 4.29와 같이, 웨이퍼 표면에서 조금 떨어진 위치에 도달하게 된다. 이러한 이온은 결정격자의 위치에 배치되어 있지 않고, p형 또는 n형 불순물로 작동하지 않는다. 게다가 주입된 이온 원자는 결정을 구성하고 있는 Si 원자를 이동시켜, 결정성이 손상된다. 이러한 불편을 해결하기 위해 앞서 설명한 확산 공정에서 이용한 열 산화로 등을 이용하여 활성화 어닐링 처리를 실시한다.

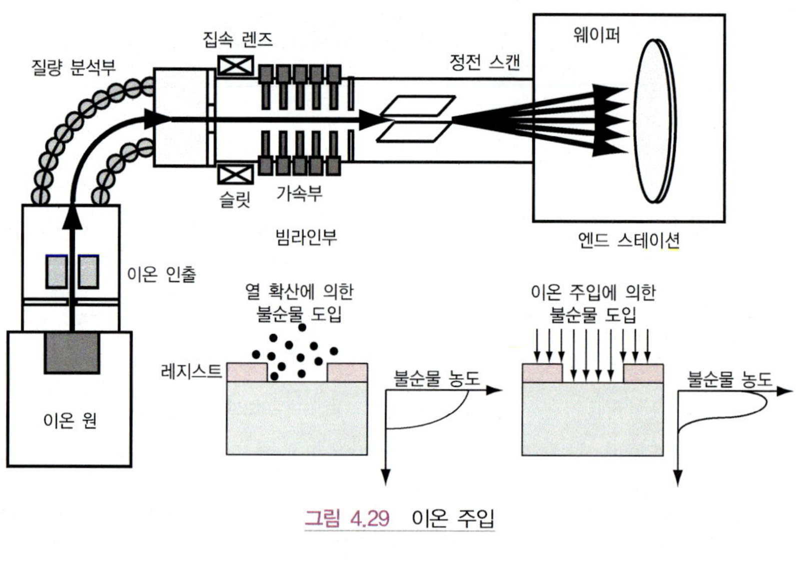

그림 4.29 이온 주입

정리

(1) 재진입 흐름공정
(2) 실리콘 웨이퍼, FZ법, CZ법
(3) 산화, 확산, CVD, 스퍼터링, 포토 리소그래피, 이온 주입, 식각
(4) 스테퍼(stepper)
(5) 등방성 식각과 이방성 식각

예제 7

(1) 열 산화 공정은 반도체 공정의 초기 단계에서 수행해야 한다. 그 이유에 대해 고찰하라.
(2) 실리콘 웨이퍼는 대구경화를 계속하고 있다. 그 이유에 대해 고찰하라.

해답

(1) 열 산화 공정은 일반적으로 800~1,100℃에서 이루어진다. 이 온도는 집적회로의 제작 공정 중의 열처리에서 최고 온도의 범위에 속한다. 그것보다 저온에서 이루어지는 공정을 거친 후에 열 산화 공정이 수행되면 저온 처리가 무의미하게 되어 버린다. 따라서 열 산화 공정은 집적회로의 제조 공정의 초기 단계에서 수행되어야 한다.

(2) 실리콘 웨이퍼의 구경은 1970년대는 100 mm, 1980년대는 150 mm, 1990년대는 200 mm, 2000년대는 300 mm로 대구경화 되어 왔다. 실리콘 웨이퍼 구경을 크게 하면 웨이퍼 1 장에서 더 많은 반도체 칩을 만들 수 있다. 반도체 칩의 생산성이 향상되면, 단위당 원가를 절감할 수 있다. 예를 들어, 구경 200 mm 웨이퍼와 구경 300 mm 웨이퍼는 같은 면적의 반도체 칩을 2.25 배 제작하는 것이 가능하다. 이를 통해 제조 비용을 크게 감소시킬 수 있다.

4-8 CMOS 제조 공정

Key point

앞 절에서 반도체 공정에 대해 학습하였다. 이 절에서는 복잡하고 미세화된 CMOS 집적회로의 제작 프로세스 흐름에 대해 학습한다. 개별 반도체 공정에 대해 이해한 후, CMOS 집적회로의 제작 과정에 대해 파악하라.

집적회로의 제조 공정은 전 공정과 후 공정이라는 두 공정으로 크게 나눌 수 있다. 전 공정은 실리콘 웨이퍼에 소자를 만들어 넣는 공정이고, 후 공정은 반도체 패키지 공정이다. 이 절에서는 CMOS 집적회로의 전 공정에 대해 설명한다. 전 공정은 제작하는 CMOS 집적회로의 규모에 따라 다르지만 200 ~ 600 공정도 있다. 구조적으로 그림 4.30과 같이 3차원 구조이지만, 이후의 설명에서는 2차원 단면도를 이용하여 설명한다. 3차원 구조임을 의식해가면서 이해하도록 하라. 또한 각 우물(well)의 전위를 고정하는 부분이나 많은 공정이 생략되어 있으며, 최첨단 공정과 다른 것도 많겠지만 전체적인 공정의 흐름을 이해하기 바란다.

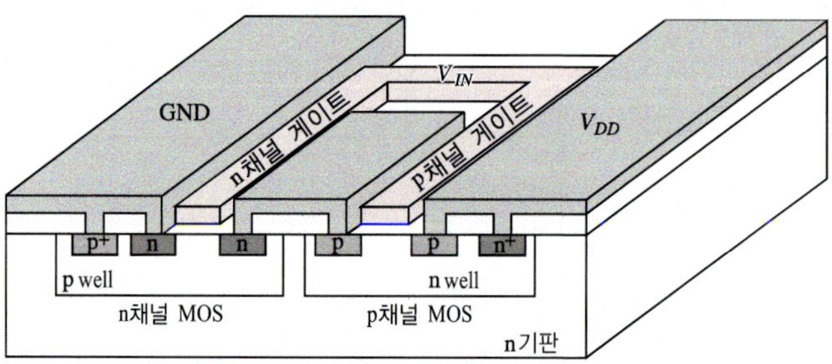

그림 4.30 CMOS 구조

공정 (1)～(11) : 우물(well)의 형성

n 채널 MOS 및 p 채널 MOS를 하나의 실리콘 웨이퍼에 만들기 위해, 웰(well)이라는 소자의 영역을 실리콘 웨이퍼에 각각 형성한다. 그림 4.12(b)에 나타낸 바와 같이 실리콘 기판 자체를 소자 영역으로 하는 방법도 있지만, MOSFET 온(on) 전압으로 조정할 수 있도록 n 채널 MOS 및 p 채널 MOS well을 개별적으로 제작한다. n well 영역은 p 채널 MOS가, p well 영역은 n 채널 MOS가 만들어진다. 그림 4.31(1)～(8)의 공정은 우물(well)을 만들기 위한 준비이다. n 채널 MOS 및 p 채널 MOS 사이에 두꺼운 실리콘 산화막을 제작하여 n 채널 MOS 및 p 채널 MOS의 전기적 분리를 행한다. 이 산화막을 필드 산화막이라고 한다. 이러한 구조의 소자 분리 층을 만드는 방법을 LOCOS 법(local oxidation of silicon)이라고 한다. 그림 4.31(9)～(11)의 공정은 실제로 우물(well)을 제작하는 공정으로, p 우물(well)을 형성하기 위해 실리콘 웨이퍼에 B 원소를, n 우물(well)을 형성하기 위해 실리콘 웨이퍼에 P 원소를 이온 주입 장치에 의해 주입한다. 그림 4.31(11)의 공정에서 웨이퍼를 활성화 어닐링함으로써 이온이 주입된 영역의 손상 수리 및 이온의 활성화, 그리고 우물(well) 영역의 심화를 한다.

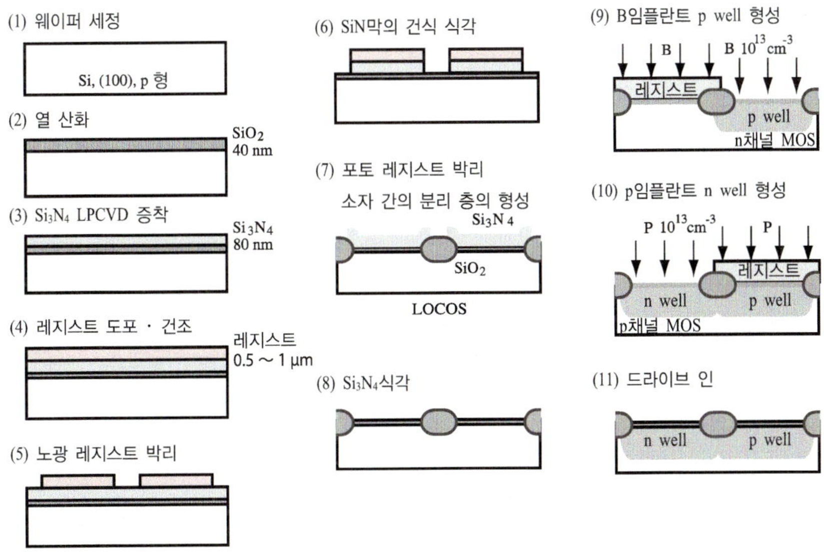

그림 4.31 CMOS 프로세스1

공정 (12) ~ (20) : MOS 구조의 형성

그림 4.32(12)와 (13)의 공정에서 n 채널 MOS 및 p 채널 MOS 각각 온(on)이 되는 전압(문턱 전압 V_{th})을 조정하기 위해 well 채널 부분의 불순물 농도를 조정한다.

그림 4.32(15) ~ (17)의 공정에서 게이트 산화막과 게이트 전극을 형성한다. 게이트 산화막 형성 공정은 MOS 트랜지스터의 성능을 결정하는 중요한 역할을 한다. 그 두께는 수 nm에서 수십 nm이다. 산소에서 800℃ 정도로 열산화시켜 형성한다. MOS의 게이트 전극에는 다결정 실리콘(폴리실리콘)이 사용된다. 그리고 폴리실리콘의 배선 저항을 줄이기 위해, P 또는 As를 주입한다.

그림 4.32(19)와 (20)의 공정에서 드레인과 소스를 형성한다. 드레인과 소스는, 게이트 전극 너머로 불순물을 이온 주입 장치로 주입한다. 그러면 게이트 산화막 바로 아래에 채널이 형성되는 동시에 게이트 산화막의 양쪽에 드레인과 소스 영역이 형성된다. 이를 자기 정렬(self-align)이라고 한다.

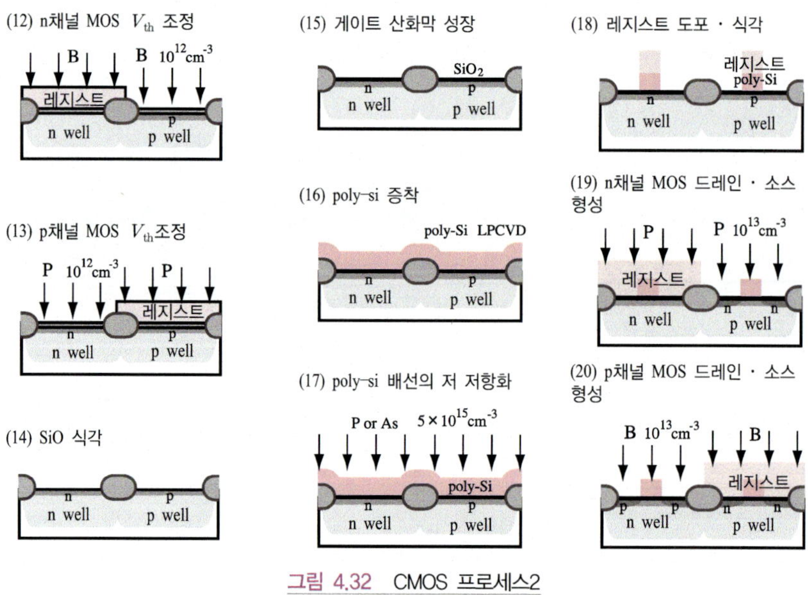

그림 4.32 CMOS 프로세스2

공정 (21) ~ (26) : LDD 구조의 형성

그림 4.33(21)에서 (26)의 공정에서 게이트 전극의 측벽에 의한, LDD(lightly doped drain) 구조의 형성을 행한다. LDD 구조는 채널 길이가 1μm 이하의 트랜지스터에서 발생하는 몇 개의 문제를 해결하는 방법이다. 미세화가 진행되면 소스에서 드레인으로 주행하는 전자(정공)이 채널 내부의 높은 전계에 의해 높은 에너지를 가지고, 그 캐리어의 일부가 게이트 산화막에 주입되어 임계 값을 변화시키고, 게이트 산화막에 손상을 주는 핫 캐리어라는 현상이 발생한다. 이 문제를 억제하기 위해 사용되는 것이 LDD 구조이다. LDD 구조에서는 먼저, 그림 4.33(19)와 (20)의 공정에서 나타낸 낮은 불순물 주입량 $10^{13} \sim 10^{14}$ cm^{-2}의 이온 주입으로 드레인과 소스를 형성한다. 다음으로, 그림 4.33(22)와 (23)의 공정에서 게이트 측면에 SiO_2의 측벽을 형성한다. 그리고, 그림 4.33(24)와 (25)의 공정에서 10^{15} cm^{-2}의 높은 도핑 량의 이온을 주입한다. 그리고 활성화 어닐링을 실시한다. 이 프로세스에 의해 드레인과 소스 영역의 불순물 농도가, 채널에서 2단계의 농도를 갖게 된다. 이렇게 하여 낮은 불순물 영역을 만들면, 드레인 근방에서의 채널 방향의 전계가 완화되어 핫 캐리어가 억제된다. 이 방법에서는 미세화에 따라 임계값 전압이 저하되는 짧은 채널 효과도 동시에 억제할 수 있다.

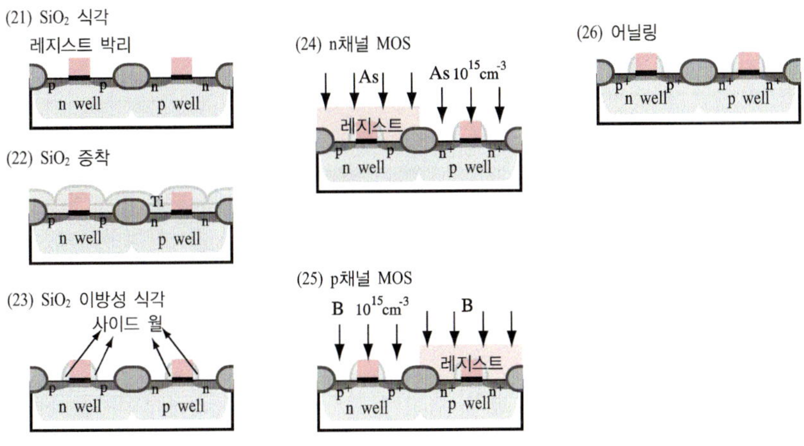

그림 4.33 CMOS 프로세스3

공정 (27) ~ (35) : 배선의 형성

먼저 짧은 로컬 배선을 형성한다. Ti를 퇴적한 후 가열하여 Si 상의 Ti을 실리사이드 화(TiSi) 한다. 실리사이드는 실리콘과 금속 화합물, 폴리실리콘보다 저항이 작고, 소스와 드레인 부분의 배선 저항의 접촉 저항을 줄일 수 있다(그림 4.34).

긴 글로벌 배선은 Cu 배선이 사용된다. 그러나 Cu 배선과 실리콘 표면층 사이에 절연층을 형성시켜야 하므로, SiO_2 또는 BPSG(boron phosphorus silicon glass)를 증착한다. 이 시점에서 웨이퍼의 표면은 요철 상태이므로 두꺼운 절연막을 증착시키고, CMP에 의해, 웨이퍼 표면을 화학 기계적으로 연마하여 평탄하게 한다. 실리콘 표면과 Cu 배선을 연결하는 부분을 플러그 또는 비아홀이라고 한다. 이 플러그에는 W를 CVD 법에 의해 증착한다. W는 미세한 구멍이나 홈에 쉽게 증착 가능하다.

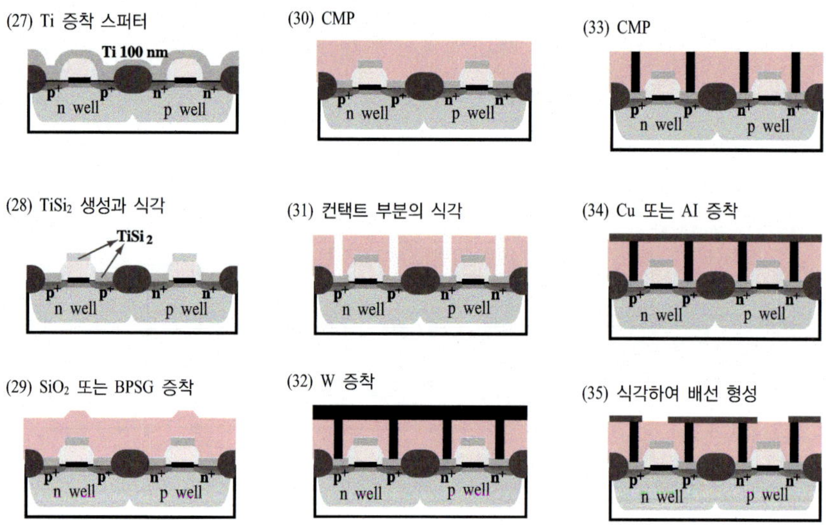

그림 4.34 CMOS 프로세스4

이상으로, 집적회로 제조 공정의 주된 부분이 종료된다. 집적회로를 제작하려면 아무리 서둘러도 몇 주간의 시간이 걸린다. 또한 많은 공정으로 구성되어있기 때문에, 하나의 공정에서 결함이 있으면 모든 일이 쓸모없게 된다. 각 공정에서 검사를 하여도 전자현미경으로 겨우 해석 할 수 있는 크기이기 때문에 쉽지 않다. 프로세스의 상태를 모니터링하는 TEG(test element group)라는 구조도 웨이퍼에 포함된다. 그러나 웨이퍼로의 최종 양부 판정은 웨이퍼가 완성된 후 웨이퍼의 개별칩을 통전시켜 동작여부를 확인하는 프로브검사 공정에서 이루어진다.

4-9 3차원 트랜지스터

집적회로는 실리콘의 표면에서 수 μm의 부분에서 만들어지고 있다. 그러나 미세화하여 게이트 절연막이나 게이트 길이(드레인과 소스 사이의 거리)가 원자 수백 개 이하의 두께까지 되면, 다양한 누설전류의 증가가 문제를 일으키게 된다. 예를 들어, OFF 상태에서도, 소스와 드레인 사이에 전류가 흐르는 서브 임계 누설전류가 증가하여, 소비전력의 증가와 발열 문제를 일으키게 된다. MOSFET의 집적도가 높아지면 트랜지스트의 동작온도를 초과하는 열이 발생하게 되는데, 이러한 발열문제를 해결하는 방법으로 주목 받고 있는 것이, 3차원 트랜지스터(멀티게이트 FET : multiple gate field effect transistor)이다. 3차원 트랜지스터는 지금까지 평면적인 구조였던 MOSFET의 구조를 그림 4.35와 같이 입체적인 구조로 만든 것이다. 동시에 게이트 전극을 게이트 산화막의 측면쪽에 둘러싸게 하고, 캐리어가 통과하는 채널을 3방향에서 제어하는 구조로 되어 있다. 이를 통해 전류를 조리개로 제어할 수 있으므로 동작시의 전류를 줄일 수 있으며, 또한 누설전류도 감소시킬 수 있기 때문에 발열문제를 해결할 수 있다. 그리고 입체 구조 때문에 지금까지 평면 방향으로 확산된 소자 영역에다 여러 개의 MOSFET을 배치할 수 있기 때문에 면적당 집적도를 높일 수 있다.

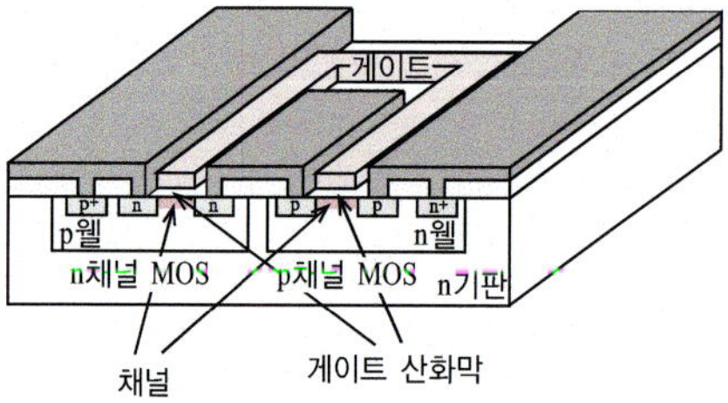

(a) 종래의 CMOS구조

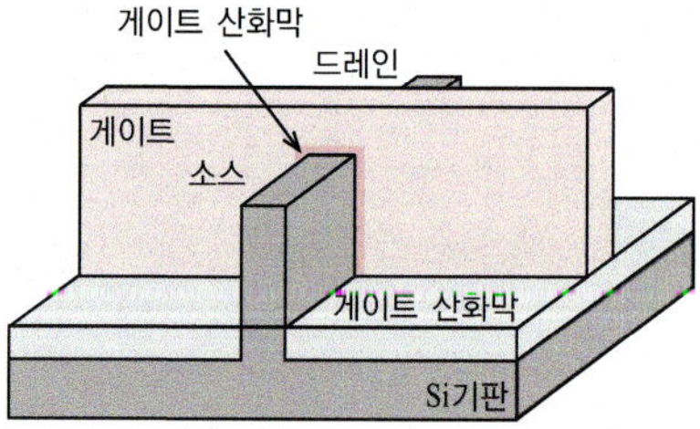

(b) 3차원 MOS구조

그림 4.35 종래의 CMOS구조와 3차원 MOS구조

정리

(1) 자기 정렬, LDD, 단채널 효과, 핫 캐리어

(2) 3차원 트랜지스터

예제 8

집적회로는 "18 ~ 24개월마다 칩에 집적 가능한 트랜지스터의 수가 두 배로"라는 무어의 법칙에 따라 미세화가 진행되어 왔다. 미세화의 이점에 대해 조사하자.

해답 소자의 크기를 1/k로 하면 집적회로의 각종 특성은 표와 같이 된다. 이를 스케일링 법칙이라고 한다. 예를 들어, MOS의 크기와 전압을 1/2로 한다면, 트랜지스터의 집적도는 4배, 속도는 2배, 소비전력은 1/4이 된다. 즉, 소자의 미세화에 따라 작동 속도, 밀도, 전력 모두 성능이 향상 된다. 또한 소자의 크기가 1/k이 되면, 동일한 웨이퍼에 k^2배의 칩을 만들 수 있다. 이에 따른 경제적인 장점도 있다.

파라미터	스케일링 계수
소자의 크기	$1/k$
전압	$1/k$
전류	$1/k$
불순물 밀도	k
전력 밀도	1
용량	$1/k$
회로 지연	$1/k$
소비전력	$1/k^2$
집적도	k^2
저항	k
배선 지연	1
전류 밀도	k^2

연습문제

1 캐리어의 이동도는 $cm^2/(V \cdot s)$로 표현된다. 이동도에 관해 조사하고 $cm^2/(V \cdot s)$ 단위의 의미에 대해 기술하라. 上 中 下

2 집적회로의 미세화에 대한 무어의 법칙에 대해 조사하라. 또한 무어의 법칙에 따라 미세화가 진행되어왔던 집적회로이지만, 그 한계가 지적되어 왔다. 미세화의 한계는 어떤 이유에 의한 것인지, 조사하여 기술하라. 上 中 下

3 pn 접합에 큰 역 바이어스 전압이 인가되면, 두 현상에 의해 큰 전류가 흐른다. 이 현상에 대해 조사하라. 上 中 下

4 바이어스가 있을 때와 없을 때의 pnp 트랜지스터의 에너지밴드 다이어그램을 작성하라. 上 中 下

5 p 채널 MOSFET의 구조 및 동작에 대해 기술하라. 上 中 下

6 이 장에서는 소자 사이를 분리하는 LOCOS 법에 대해서 서술하였지만, 현장에서는 미세화를 위한 방법으로 STI(shallow trench isolation)가 주로 사용되고 있다. STI에 대해 조사하여 기술하라. 上 中 下

5 장

유전 · 절연재료

유전 · 절연재료는 주변에 자연적으로 존재하고 있지만, 평소 그 존재와 기능을 의식하는 일은 별로 없다. 예를 들어 공기는 대표적인 절연재료로서 공기를 매체로 전자파에 의한 에너지가 전달되는 것이나 고전압으로부터 우리의 몸을 지켜주는 공기의 역할에 대해서, 보통 상태에서는 눈에 보이지 않는 현상이기 때문에 이에 대한 생각을 할 수 없다. 그러나 번개의 발생과 같이 절연재료로서 공기가 한번 파괴되어 버리면 그 현상은 매우 치명적인 현상으로 보여져 매우 기이한 현상으로 인식된다. 그러나 그 현상은 예로부터 물리 현상이라기보다는 신비로운 현상처럼 취급되었다. 현재에도 이 같은 절연재료의 파괴 현상 등은 불명확한 점이 많은데 현대 과학으로 제어가 어려운 많은 문제가 남아 있다. 그러나 전기를 이용하기 위해서는 유전 · 절연재료는 필수적이며 어떤 재료를 쓰느냐가 제품의 모양 등을 결정하는 데 중요한 요소이다. 이 장에서는 이러한 전기제품에서 빼놓을 수 없는 유전 · 절연재료의 기본적인 특성들을 학습하고 응용 예를 소개한다.

5-1 유전 · 절연재료는 무엇인가

Key point

여기에서는 유전 · 절연재료와 다른 재료를 구분하는 기준에 대해 학습한다. 기본적으로 "전기가 통하지 않는 물질"을 유전 · 절연재료라고 이해하면 되지만, 통하지 않는다는 것을 어떻게 평가하나? (도전률, 저항률과 그 측정법), 어느 정도 통하고 있는가? (도전률, 저항률의 값), 왜 통하지 않는가? (에너지 밴드 구조)와 같은 점을 이해하자.

1 절연체를 저항으로 생각

절연재료(electrical insulating material, electrical insulation)란 무엇일까? 우선 여러분은 그 재료가 고체든 액체든 기체든 전류를 흘리지 않는 재료라고 이해하고 있는 것으로 생각한다. 그러나 전류를 흘리지 않는다고 해도 정도의 문제로서 전압을 가하면 어떤 재료에도 전류가 흐른다. 그러므로 전압을 가했을 때 흐르는 전류가 일반 측정기로는 측정할 수 없는 정도로 미소한 전류가 흐르게 하는 재료가 절연체이다. 절연재료는 종종 그림 5.1에 나타낸 바와 같이, 축전기 C [F]와 저항 R [Ω]의 병렬 회로로 표현되고, 이 저항값이 매우 크다고 생각한다. 그림에서 G [S](S : 지멘스 = 1/Ω)는 저항 R의 역수로 컨덕턴스라고 하며 전류의 흐름 용이성을 나타내는 양이다. 이 저항 성분의 크기에 따라 도체, 반도체, 절연체로 구별된다. 그러나, 재료의 형태는 다양하므로 재료 자체의 전류가 흐르기 어려운 정도를 나타내는 경우에, 단위 체적당의 저항 값인 체적저항률 ρ 또는 그 역수인 전도도 σ를 사용하여 표현된다. 여기서 체적저항률의 정의는 다음과 같다. 일반적으로 재료의 저항 R [Ω]은 전류가 흐르는 경로 ℓ [m](재료의 형상이 막대이면 길이, 필름 재료라면 두께)과 체적저항률 ρ에 비례하고, 전류가 흐르는 단면적 S [m^2]에 반비례한다.

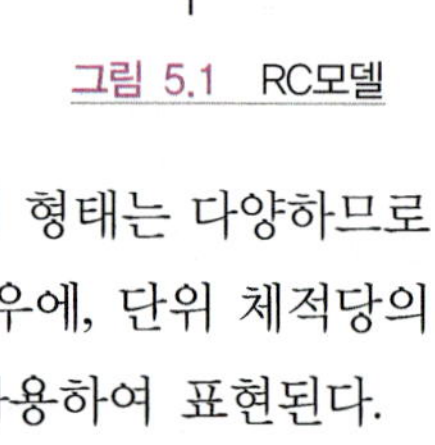

그림 5.1 RC모델

$$R = \rho \frac{\ell}{S} \tag{5.1}$$

따라서 이 체적저항률 ρ의 단위는 [$\Omega \cdot$m]이다. 또한 전도도 σ의 단위는 [S/m]이다. 그림 5.2는 다양한 재료의 체적저항률 ρ를 보여준다. 일반적으로는 ρ가 $10^{10}\ \Omega \cdot$m 정도 이상(σ가 10^{-10} S/m 정도 이하)의 것을 절연체라고 부르는 경우가 많다. 그리고 반도체 ρ는 $10^{-6} \sim 10^{2}\ \Omega \cdot$m 정도이다. 도체인 금속의 ρ은 $10^{-8}\ \Omega \cdot$m이다.

그래서 적어도 절연체의 저항은 도체의 10^{18}배나 되는 저항 값을 가지게 된다. 또한 재료에 흐르는 전류를 생각한다면, 전계 E [V/m]와 단위 면적당 흐르는 전류밀도 J [A/m^2]를 사용하여 평가하는 경우가 많고, J와 E의 관계는 옴의 법칙으로 부터 아래의 식으로 표현된다.

$$J = \sigma E \,(= E/\rho) \tag{5.2}$$

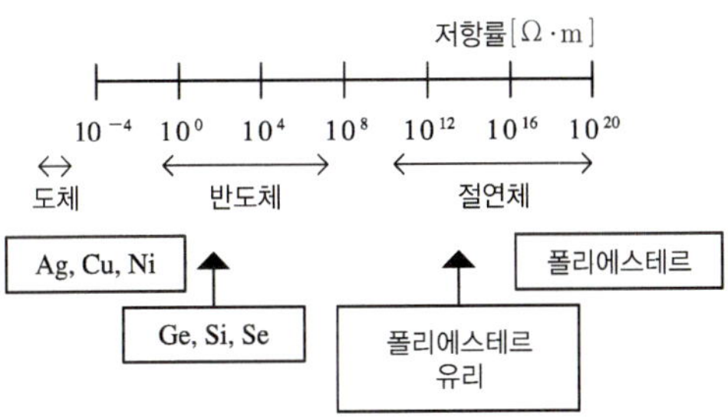

그림 5.2 각종 재료의 저항률

유전 · 절연재료의 표기의 방법

유전 · 절연재료 중 유전 특성에 주목 한 경우, 그 재료를 유전체라고 기술하고 있으며, 절연 특성에 주목하는 경우에는 그 재료를 절연체로 표현하지. 그러나 재료를 뒤에 둘 경우, 유전 재료, 절연재료로 하는 이 일반적인 표현이지.

예제 1

면적이 1 cm^{2}(= 10^{-4} m^{2})에서 두께가 0.1 mm(복사 용지 1장 정도의 두께)의 필름형 폴리에틸렌(이른바 투명한 비닐봉지 재료)의 두께 방향의 저항 값 R은 폴리에틸렌의 체적 저항율을 $\rho = 10^{16}\ \Omega \cdot m$로 하면 얼마가 될 것인가? 또한 이 필름에 1 kV의 직류 전압을 인가한 경우 정상 상태에서 흐르는 전류는 얼마라고 생각되는가? (단위에 주의하라)

해답 식 (5.1)에서 길이 ℓ은 0.1 mm = 10^{-4} m, 면적 S는 1 cm^2 = 10^{-4} m^2. 그래서 $R = \rho\ell/S = 10^{16} \times 10^{-4}/10^{-4} = 10^{16}\ \Omega$ 이다. 또한 재료에 1 kV = 10^3 V의 전압 V를 인가하면, 흐르는 전류 I는 $I = V/R = 10^3/10^{16} = 10^{-13}$ A(= 0.1 pA)

예제 1은 불과 길이 1 cm의 정사각형 필름 조각이 $10^{16}\ \Omega$ 이라는 상상할 수 없는 크기의 저항을 가진다는 것을 보여준다. 보통의 전기회로에 사용되는 카본 저항 등 저항 소자는 값이 크다 하더라도 100 MΩ ($10^8\ \Omega$)정도이니 이렇게 큰 저항값은 본 적이 없을 것이다. 또한 이 필름에 1 kV이라는 비교적 높은 전압을 인가해도 전류는 10^{-13} A이다. 시중의 미소 전류계(피코 암페어미터)에서 측정할 수 있는 전류가 피코(10^{-12})단위이기 때문에 위에서 "일반 측정기는 측정할 수 없는 미소 값"이라고 말했던 의미로 생각할 수 있다. 그러나 실제 폴리에틸렌의 ρ는 폭이 있고, 조건에 따라서는 피코 암페어미터로 측정할 수도 있다.

2 절연체의 저항률 측정

절연체를 저항체로만 생각하면 약간의 문제가 생길 수 있다. 그림 5.1에 나타낸 바와 같이, 절연저항 성분과 커패시턴스 성분이 있지만, 앞에서 기술한 바와 같이, 먼저 저항 성분을 측정하는 것은 매우 어렵다. 그림 5.3은 일반적인 전류 측정회로를 보여 주지만, 커패시터 부분은 그림 5.1에 구성되어 있는 것으로 생각해야 한다. 이 회로에서 스위치를 연결하면 그림 5.4에 표시 같이 처음에는 흡수 전류라는 전류가 흐른다. 이 전류는 커패시터 용량이 충전될 때 흐르는 전류이며, 그림 5.3의 회로는 나중에 기술하는 시정수 $\tau = RC$ 감쇠 특성을 나타내기 때문에, nF 정도의 정전용량을 가지는 시료라면 회로의 저항 R이 1 MΩ 정도라고 해도, 10^{-3} s 정도의 극히 짧은 시간에 1/3 정도까지 감소한다. 즉 전류는 비교적 단시간에 0이 될 것이다. 그러나, 실제로는 그림 5.4에 나타낸 바와 같이, 전류는 0이 되지 않으며 일정한 전류 값이 계속 흐른다. 이것을 직류 누설전류라고 하고 그림 5.1의 저항 성분을 흐르는 전류라고 생각되며, 전도전류라고도 한다. 이 전류 값은 전술한 바와 같이 pA급 크기가 많고 측정이 매우 어려운 데다가, 이 전류가 일정치가 되기까지의 시간이 재료와 인가하는 전압에 따라 제각기 다르다. 따라서 실용적인 규격시험 등에 있어서는 편의적으로 전압인가 1분 후의 값을 채용하고 있지만, 실제로는 몇 시간에서 수십 시간까지도 일정하지 않는 경우도 있다. 유전·절연재료의 저항 성분을 흐르는 전류는 금속 등을 흐르는 전류와는 다

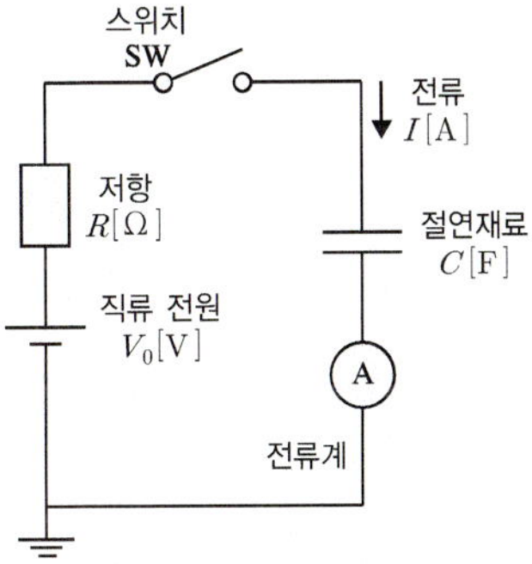

그림 5.3 전류 측정회로

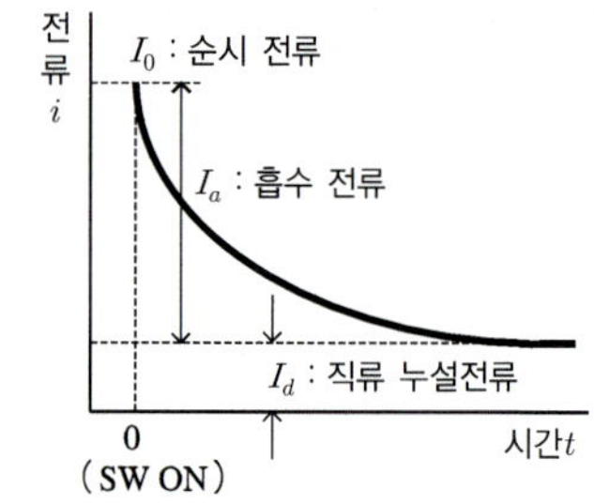

그림 5.4 전류의 시간 변화

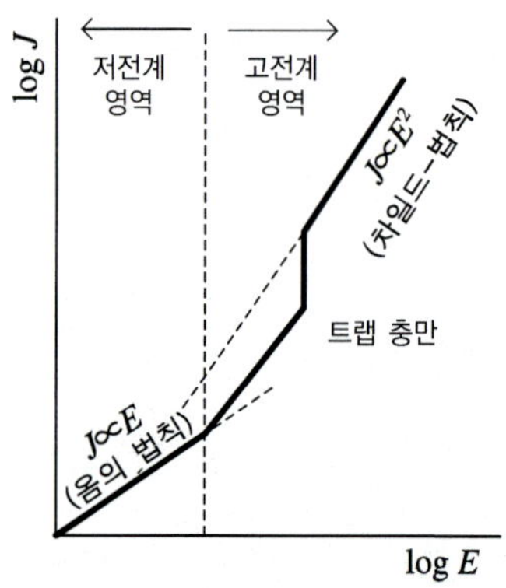

그림 5.5 전계 전류 특성

른 성질을 나타낸다. 3장에서 언급 한 바와 같이, 금속 중에서는 전자가 재료 내부에 흘러, 양이온에 의한 전자 산란이 전기저항이 되기 때문에 온도가 상승하여 양이온의 운동이 활발해지면 저항 값은 증가한다. 한편, 유전·절연 재료는 온도가 상승하면 재료 안으로 흘러들어오거나 내부에서 생겨나기도 하는 캐리어(전자, 정공, 이온 등의 전기를 운반하는 하전입자)의 수가 증가하기 때문에 저항 값은 감소한다.

또한 전류 값이 큰 상태에서 매우 높은 전압을 절연체에 인가하면, 전류 값은 인가전압에 비례하지 않게 된다. 그림 5.5에 재료에 인가된 전압으로 측정된 전류의 관계를 보여준다. (이 그림에서 가로축을 전계 E [V/m], 세로축을 전류 밀도 J [A/m^2]라고 한다). 그림과 같이 상대적으로 낮은 전계에서는 전류와 전압은 비례한다(옴의 법칙). 이 전계가 상승하면 전류는 전계에 비례하지 않고, 또한 전계가 더 상승하면 전류는 전계의 제곱에 비례하게 된다. 이를 차일드 법칙이라고 한다. 옴의 법칙에서 벗어난 전계 영역은 높은 전계 영역이라고 하지만, 이러한 영역에서는, 전술한 저항률과 전도도라는 비례계수(상수)의 개념은 의미를 갖지않게 된다. 예를 들어, 전술한 폴리에틸렌을 예로 들면, 50 kV/mm라고 하는 높은 전계 하에서는 비교적 낮은 전계에서 측정하여 얻은 저항과 전도도 등을 적용할 수 없다는 것을 명심하라.

3 절연체를 유전체로 보는 관점과 변위전류

절연체는 앞서 언급했듯이 그림 5.1에 나타낸 C와 R이 병렬 접합된 소자로 다루는 경우가 많고, 그림 5.3의 회로에 전압을 가하여 전류를 측정 할 때 저항 성분을 흐르는 전류와 커패시턴스 성분에 흐르는 전류의 합으로 측정된다. 전술한 바와 같이 전압인가 후 장시간이 경과하면 저항 성분에 흐르는 전류(유도전류)를 측정할 수 있지만, 전압 인가 직후에는 주로 커패시턴스 성분에 흐르는 전류가 전류계에 의해 측정된다. 이 커패시턴스 성분을 흐르는 전류를 변위전류라고 한다. 다음은 변위전류에 대해 설명한다.

여기에서는 그림 5.3에 나타낸 커패시터가 저항 성분이 없는 이상적인 것으로 생각한다. 스위치를 닫은 후 회로를 흐르는 전류는 키르히호프의 전류 법칙에 의해 어디서나 동일하며, 그림 5.3에 나타낸 커패시터가 이상적일지라도 커패시터 내부에 전류가 흐르고 있는 것이 된다. 그러나 이상적인 커패시터에서 전하의 이동에 의한 전류(전도전류)는 존재하지 않는다. 예를 들어 이 커패시터의 전극 사이가 진공이면 전극 사이에 전하가 이동하는 것은 낮은 전계 하에서는 발생하지 않는다. 이런 상황에서 커패시터를 흐르는 전류가 변위전류이고, 이 전류는 커패시터 전극 사이의 전계 E의 시간 변화에 비례한다. 아래에 이것을 평행판 커패시터를 모델로 설명하고 있다.

면적 S [m^2], 두께 d [m], 유전율 ε[F/m]의 평행판 커패시터의 용량을 C [F]라 한다(또한 유전율 ε내용은 다음 절에서 설명한다), 전압을 인가하고 나서 시간 t [s] 만큼 경과한 상태에서 이 커패시터에 축적되는 전하량을 Q(t) [C], 커패시터의 전계를 E(t) [V/m]라고 한다. 평행판 커패시터의 용량은 다음 절에서 자세히 설명하지만 $C=\varepsilon S/d$가 되어, 양 전극 사이의 전위차 $V_C(t)$는 전계와 두께의 곱, $V_C(t)=E(t)\ d$로 표현되기 때문에, 커패시터를 흐르는 전류(변위전류)를 구할 수 있다. 식 (5.3)은 변위전류의 전류밀도 $J_d(t)$ [A/m^2]을 산출하고 있다.

$$\left.\begin{aligned} Q(t) &= CV_C(t) = \frac{\varepsilon S}{d}E(t)d = \varepsilon SE(t) \\ J_d(t) &= \frac{I_d(t)}{S} = \frac{1}{S}\frac{\partial Q(t)}{\partial t} = \varepsilon\frac{\partial E(t)}{\partial t} \end{aligned}\right\} \tag{5.3}$$

결국, 커패시터에 흐르는 전류는 전하의 이동에 의한 전도전류밀도 $J_C(t)$ [A/m^2]와 전계의 변화에 따른 변위전류 $J_d(t)$의 합이 되고, 다음 식 (5.4)과 같이 표시된다.

$$J(t) = J_c(t) + J_d(t) = J_c(t) + \varepsilon\frac{\partial E(t)}{\partial t} \tag{5.4}$$

덧붙여서, 빛 등의 전자파는 전계 E [V/m]와 자계 H [A/m]를 서로서로 발생시켜 공간 중으로 전파하지만, 자계 H는 전류가 흐르지 않으면 발생하지 않는다. 그러나 전하가 존재하지 않는 진공에서도 전자파가 전파하는 것을 보면, 이 자계 H를 만드는 전류는 변위전류인 것이 분명하다. 다음 식 (5.5)은 자계의 발생을 나타내는 맥스웰 방정식이지만, 우변이 위의 전류와 같은 식으로 되어있음을 알 수 있다. 진공 중의 전자파에 대해서는 다음 식에서 전도전류 J_C를 0으로 하고 변위전류만을 생각하면 된다.

$$\mathrm{rot}H = J_c + \frac{\partial D}{\partial t} = J_c + \varepsilon\frac{\partial E}{\partial t} \tag{5.5}$$

4 밴드구조와 절연체

절연체와 도체를 구별할 때 2장에서 설명한 밴드 구조를 사용할 수 있다. 진성 반도체와 절연체의 밴드 구조는 동일하므로 밴드 갭이 좁은지, 넓은지의 차이에서 도체와 절연체를 구분할 수 있다.

그림 5.6은 절연체(진성 반도체를 포함)와 도체의 밴드 구조를 비교하고 있다. 절연체의 경우 모든 전자에 의해 가전자대의 자리가 채워져서(충만대) 가전자대에는 전자가 존재할 수 없게 되고 금지 대역(금지대)도 존재한다. 또한 일반적으로 전자가 존재하지 않는 전도대가 존재한다. 한편, 도체는 절연체에서는 빈 대역이었던 전도대에 미리 분자의 결합에 관계없는 전자(자유전자)가 다량으로 존재하기 때문에 충만대도 빈 대역도 아닌 반만대라고 볼 수 있는 상태로 되어 있다. 따라서 도체에 전압이 가해지면, 이 전자가 쉽게 이동하여 전도전류가 된다. 한편 절연체는 기본적으로 전도대에 전자가 없기 때문에 전압이 가해져도 전도전류는 흐르지 않는다. 다만 불순물이나 외부에서 침입한 전하가 이동함으로써 전도전류가 되기도 하며, 고분자 재료 등은 완전한 결정 구조가 아니기 때문에 밴드 구조 자체가 성립되지 않는 경우도 있다.

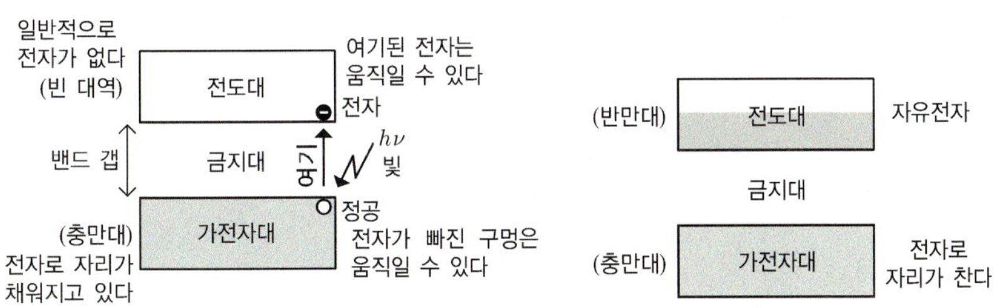

(a) 절연체　　　(b) 금속(도체)

그림 5.6 밴드 구조

여기에서 절연체에 흐르는 전도전류에 대해 생각해 보자. 예를 들어 1 pA의 전류가 흐른다는 것은 재료 내부에서 1 초에 10^{-12} C(= 1 pC)의 전하가 이동한 것이 된다. 캐리어가 전자인 경우 전자 1개는 약 1.6 $\times 10^{-19}$ C이므로 약 6,250,000개(6.25 $\times 10^{6}$개)의 전자가 이동한 것이다. 이것이 많다고도 하고 적다고도 하겠지만, 전술한 영역 (1 cm^2 면적 그리고, 두께 0.1 mm의 폴리에틸렌)을 구성하는 가전자는 자세한 계산은 생략하지만, 약 43 $\times 10^{20}$개이다. 이 가운데 전도전류로서 이동하는 전자는 약 7 $\times 10^{14}$개의 가전자에 대해 1개의 비율에 해당한다. 즉, 대부분 전자가 전류로 흐르고 있지 않은 상황을 어떻게 든 측정하려고 하고 있는 실정이다.

한편, 금속의 자유전자는 예를 들어 구리의 경우, 구리 원자 1개에 자유전자 1개 있다. 즉, 구리(^{63}Cu)의 밀도를 8.9 g/cm^3라고 하면 1 mol의 체적이 63/8.9 ≒ 7 cm^3이므로, 아보가드로수 6 $\times 10^{23}$을 고려하면 1 m^3 당 대략 8.5 $\times 10^{23}$개 존재한다. 즉, 위에서 상정한 폴리에틸렌의 필름과 같은 체적 내에는 약 8.5 $\times 10^{20}$개의 자유전자가 존재하고 전도전류를 담당하는 캐리어가 되는 것이지. 이 숫자를 앞에서 계산한 1 pA 전류를 담당하는 캐리어 수 6.25 $\times 10^{6}$개와 비교하면 얼마나 작은지를 알 수 있잖아.

절연체의 밴드 구조를 보면, 빛 등의 에너지를 받아 가전자가 밴드 갭을 뛰어 넘어 여기되어 전도대에 오르면 전도에 기여할 수 있지만, 다이아몬드나 폴리에틸렌 밴드 갭은 약 6 eV(전자볼트) 이상인 것으로 알려져 있다. 이런 정도의 에너지의 빛은 진공 자외선이라고 불리는데 대기 중에서 흡수되어 지상에는 존재하지 않아서 전도대로 여기되는 전자는 지상에서는 거의 존재하지 않는다. 더욱이 빛이 재료에서 흡수되는 것은 전자가 이 밴드 갭을 뛰어 넘어 여기되기 때문인데, 이 밴드 갭 이상의 에너지를 가진 빛이 흡수되어 또다시 여기된 전자가 가전자대로 되돌아올 때 그 밴드 갭에 해당하는 빛을 내게 된다. 다이아몬드와 폴리에틸렌 등 많은 절연체가 투명한 것은 가시광선을 전혀 흡수하지 않는 넓은 밴드 갭을 가지고 있기 때문이다.

정리

유전 · 절연재료는 저항과 커패시터가 병렬로 연결된 모델로 나타내진다. 절연체를 저항체로 생각하면 저항률 ρ가 약 10^{10} Ω · m 이상을 말한다. 다만, 유전 · 절연재료에 전압을 인가한 경우, 먼저 변위전류라는 커패시터 성분을 흐르는 전류가 주가 되며, 정상 상태가 되었을 때는 저항 성분을 흐르는 전도전류가 주요 전류가 된다. 전도전류밀도와 전계의 관계를 살펴보면 낮은 전계에서 저항률은 상수가 되어 옴의 법칙이 성립되지만 높은 전계 영역에서는 옴의 법칙이 성립되지 않는다. 또한 유전 · 절연재료의 에너지 밴드 구조를 보면, 금속과는 달리 자유전자가 없는 밴드 갭이 넓은 재료임을 알 수 있다.

5-2 유전체란 무엇일까

Key point

여기에서는 유전 절연재료를 유전체로 파악한 경우를 학습한다. 유전체는 쌍극자를 많이 가지고 있어 전압을 가하면 이 쌍극자에 의해 배향 분극현상이 발생한다. 어떤 정도의 전압을 가하면 어느 정도의 분극이 발생하느냐에 따라 재료 고유의 유전율이 결정된다. 유전율은 재료의 유전체로서의 특징을 결정하는 중요한 요소이므로, 여기에서는 유전율이 무엇인지 이해하는 것이 중요하다.

1 전기쌍극자 모멘트와 쌍극자 모멘트

"유전체"란 무엇일까?

일반적으로 유전체라는 용어는 절연체와 거의 동의어로 사용되고 있지만, 절연체 중에서도 나중에 상술할 유전율이 큰 재료를 유전체라고 할 수 있다. 덧붙여서, 전술한 RC 모델로 말하면, C 성분이 큰 재료라고 생각하면 된다. 유전율이 큰 재료는 일반적으로 전기쌍극자(electric dipole)라 불리는 양전하와 음전하의 짝이 많이 존재하고 있다. 예를 들어 물(H_2O)은 그림 5.7과 같이 수소 2개와 산소 1개로 구성되어 있다. 물 분자 자체는 2개의 수소가 각 1개, 산소가 6개의 최외각 전자를 공유하여 결합하고(공유 결합) 있어서 물 분자의 전자와 양성자의 수는 같기 때문에 물 분자는 전기적으로 중성이어야 하지만, 산소는 4개의 비공유 전자쌍(고립 전자 쌍)을 지니기 때문에 분자 내에서 전자를 끌어들이는 힘(전기음성도)이 크고, 반대로 수소는 전기음성도가 작기 때문에 분자 내에서 전자의 분포가 한쪽으로 치우게 되어, 산소 원자 쪽이 음, 수소 쪽이 양의 전하를 띄게 된다. 즉, 그림 5.8과 같이 본래 전기적으로 중성의 분자라도 전자 구름의 분포에 치우침이 있으면 동일한 전하량의 음전하와 양전하의 쌍. 즉, 전기쌍극자가 발생한다. 전기쌍극자의 크기는 전하의 전하량을 q [c], 양 전하간의 거리(벡터)를 l [m]라 하면 전기쌍극자 모멘트 $p=ql$로 표현된다. 물 분자의 전기쌍극자는 그림 5.9와 같이 2개의 양전하와

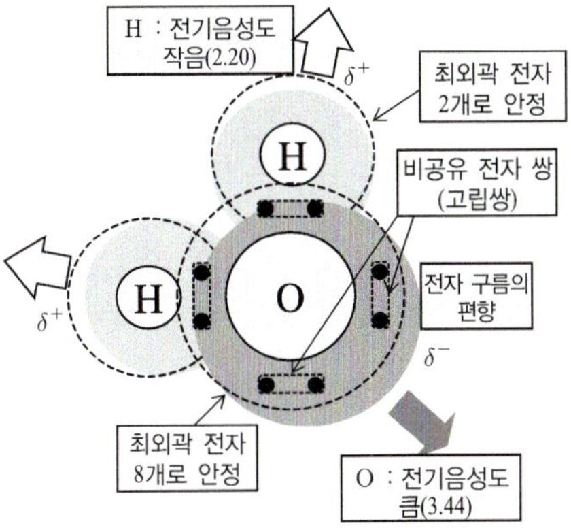

그림 5.7 물 분자의 구조

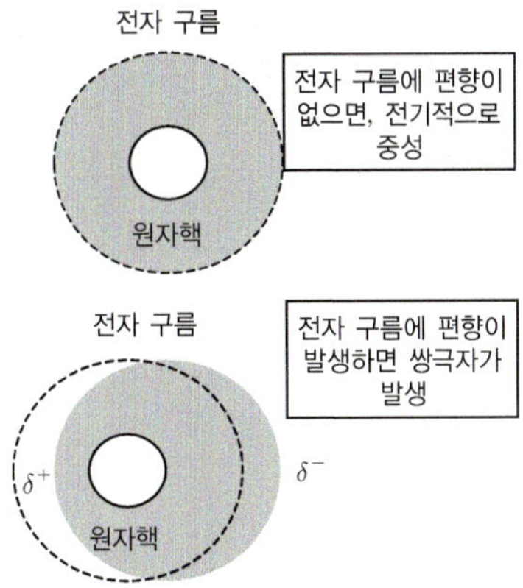

그림 5.8 전자 구름의 치우침에 의한 쌍극자 분극

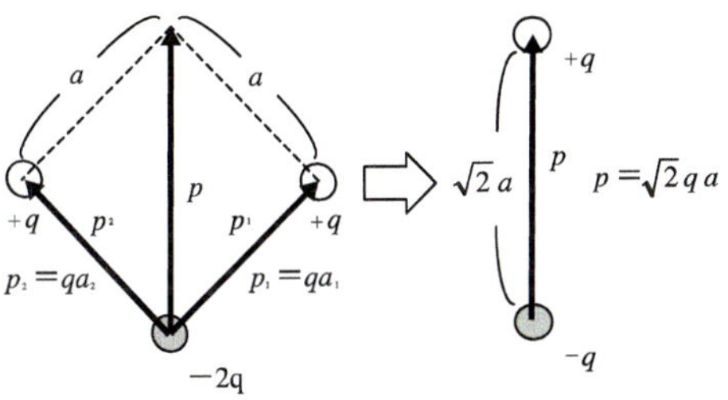

그림 5.9 2개의 양전하와 1개의 음전하에 의한 전기쌍극자 모멘트

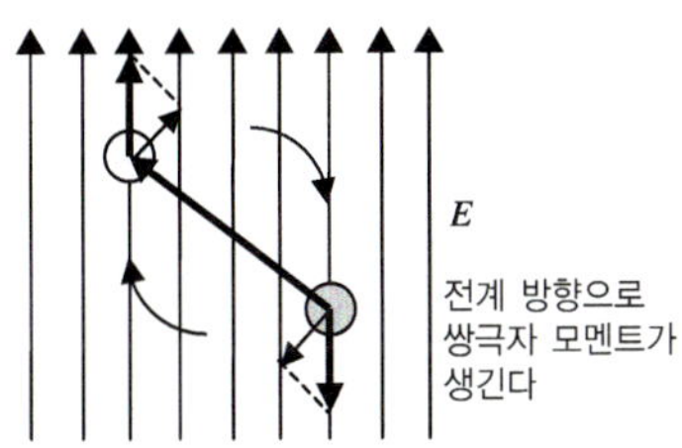

그림 5.10 전계의 쌍극자 모멘트

1개의 음전하로 표현되지만, 그 벡터의 방향을 고려하면 그림 5.9와 같이 하나의 벡터로 나타낼 수 있다. 전기쌍극자가 전계에 놓이면, 그림 5.10과 같이, 전기쌍극자 모멘트가 전계의 방향으로 향하려 하기 때문에 분자가 회전하려고 한다. 이처럼 전기쌍극자 모멘트가 전계의 방향으로 향하는 것을 배향이라고 한다. 이렇게 전계에 의해 분자의 방향이 바뀌는 배향 현상은 액정 표시 소자에 응용되고 있다. 그림 5.11과 같이 액정 소자는 가늘고 길쭉하며 전기쌍극자 모멘트를 가지고 있어서, 이 분자가 빛을 투과시키는 성질은 분자의 방향에 따라 다르게 된다. 즉, 이 긴 분자를 전극에 평행하게 늘어놓거나 수직으로 늘어놓게 되면 빛이 투과하는 성질이 달라지기 때문에 배열에 의한 빛의 ON/OFF를 제어할 수 있는 것이 액정 소자이다.

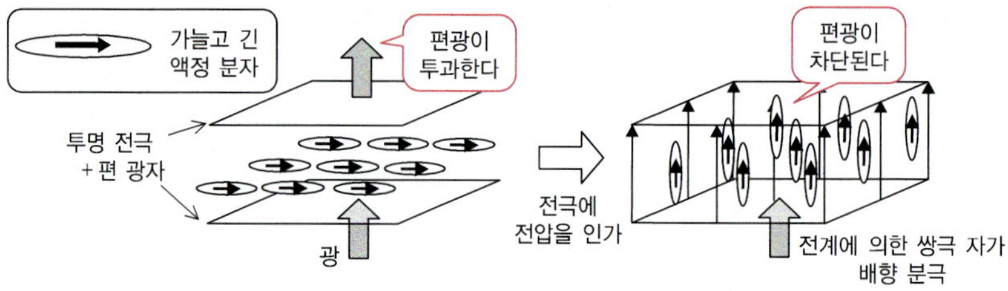

그림 5.11 액정 표시 소자의 작동 구조

2 분극과 유전율

물 분자처럼 전기쌍극자를 미리 가지고 있는 분자로 구성되는 물질이라도, 그림 5.12(a)에 나타낸 바와 같이, 보통 처음에는 쌍극자 모멘트의 방향이 제각각이어서 크게 보면 전기적 이방성은 존재하지 않는다. 그러나, 액정의 설명에서 나타낸 바와 같이, 전압을 가하면 그림(b)와 같이 쌍극자가 전계 방향으로 향하려고 한다. 물론, 반드시 모든 쌍극자가 완전히 전계 방향으로 향하지는 않지만, 그림(c)와 같이, 일부 쌍극자가 완전히 전계 방향을 향하고 있는 것과 등가인 그림으로 나타낼 수 있다. 이같은 등가 그림에서는 재료 내부의 쌍극자끼리는 매우 근접하게 존재하고 있기 때문에 전기적으로 중성으로 보여서, 결국은 그림(d)에 나타낸 바와 같은 상태로 표시할 수 있다. 즉 그림(d)에 나타낸 것과 같이, 원래는 전기적으로 중성인 전기쌍극자를 갖는 재료에 전압을 인가하면 쌍극자가 전계 방향으로 배향하여 재료의 전극에 접하고 있는 부분(계면)에 전하가 발생하여 마치 전극과 같은 상태가 나타난다. 즉, 재료 표면에 음극과 양극 같은 것이 발생하여 극이 갈라지기 때문에 이런 현상을 분극(polarization)이라고 한다.

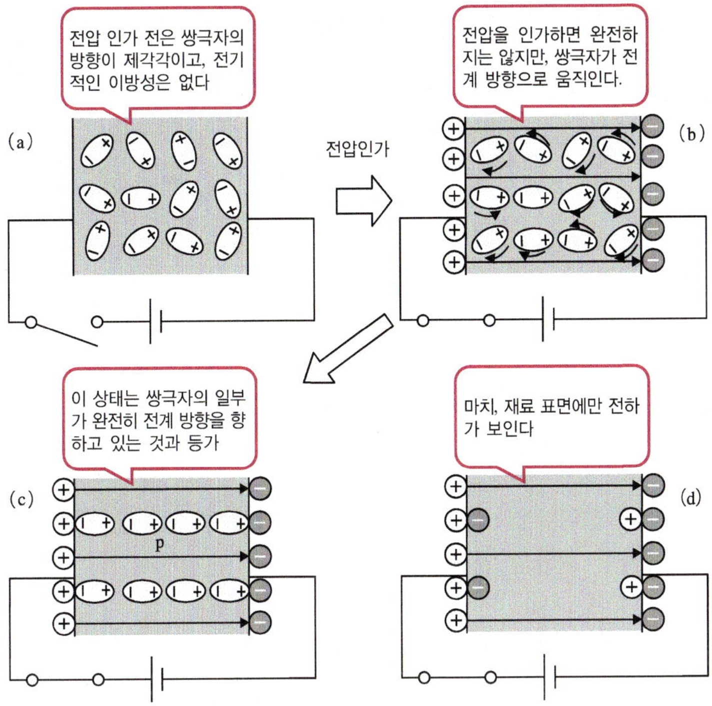

그림 5.12 전압인가에 의한 분극

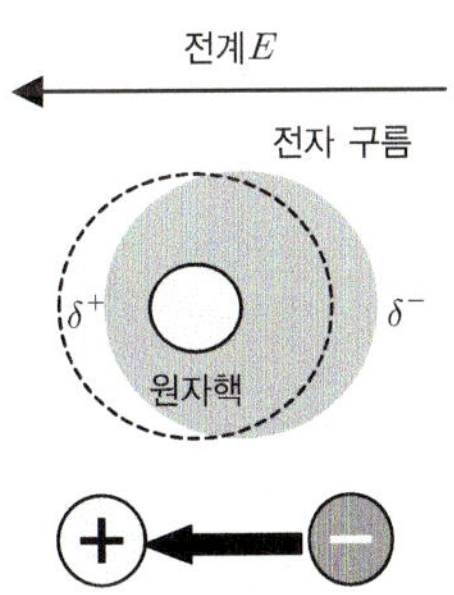

그림 5.13 전자 분극

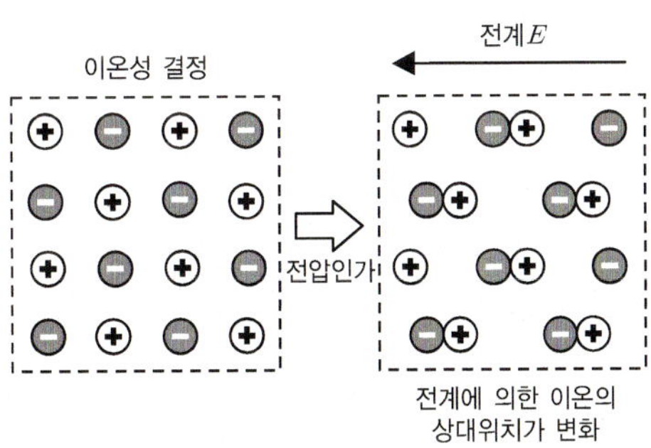

그림 5.14 원자 분극

단, 분극에는 물 분자처럼 미리 전기쌍극자 모멘트를 갖는 것과는 다른 형태도 존재한다. 예를 들어, 그림 5.13과 같이, 원래 전기적으로 중성이고 전자 구름에 치우치지 않는 원자라 하더라도, 전압을 가하면 원자에서 전자 구름과 원자핵의 위치에 치우침이 생겨 미세한 분극이 발생한다. 이를 전자 분극이라고 한다. 또한 그림 5.14에 나타낸 바와 같이, 이온성 결정의 경우는 양이

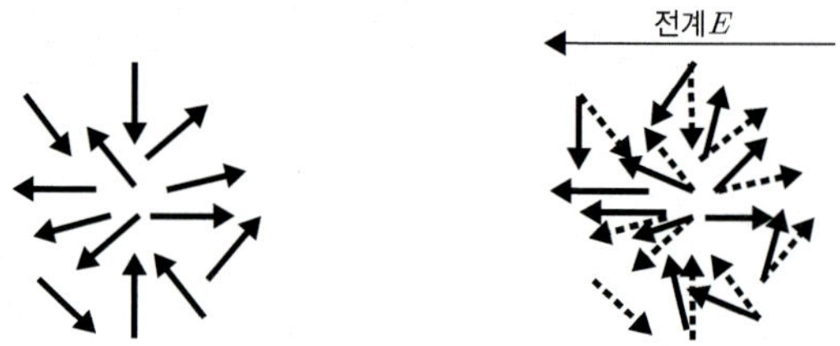

그림 5.15 쌍극자 분극

온과 음이온이 규칙적으로 배열되어 있지만, 전압을 인가함으로써 이온들의 원래의 위치에서 벗어나게 되어 분극이 발생한다. 이 현상을 원자분극이라고 한다. 또한 그림 5.15와 같이 미리 전기쌍극자를 가진 재료(물은 이에 해당한다)에 전압을 가함으로써 생기는 분극을 쌍극자 분극이라 부른다. 이와 같이, 전압을 인가하면 분극을 일으킬 수 있는 물질을 유전체라고 한다.

재료에 전압을 인가하면 어느 정도로 분극이 발생하는가는 재료에 따라 분극 정도가 결정된다. 이에 대해서는 아래에 설명한다. 그림 5.12(c)에서 단위 체적당 쌍극자 모멘트의 크기 p는 쌍극자 분극에 의해 전극 표면에 나타나는 전하밀도 σ_p와 같아지는데, 이 전하밀도 σ_p를 분극전하라고 부른다. 또한 단위 체적당 쌍극자 모멘트 p(벡터)에 대응한 분극에 의한 벡터 P를 유전분극(벡터)이라고 한다. 그림 5.12(c)에서 보듯이, 전극 표면의 전하로는 쌍극자에 대응한 것과 유전체 내의 전계에 관련된 전하가 있는데, 이를 전기장 벡터 E와 유전분극 벡터 P의 합으로 전속 밀도(벡터) D를 새롭게 정의할 수 있다.

$$D = \varepsilon_0 E + P\ [C/m^2] \tag{5.6}$$

여기서, ε_0는 진공의 유전율이며, 그 값은 약 8.854×10^{-12} F/m이다. 진공 속에서는 분극을 발생시키는 쌍극자가 없기 때문에 $P = 0$이 된다. 이 전속밀도 벡터 D는 표면전하밀도의 단위를 가지고 있다. 그러나, 위에서 언급한 것처럼, 유전분극 P는 평행판 사이에 전압을 인가했을 때 쌍극자가 전계 방향으로 향함으로 인해 전극에 전하밀도로 나타난다. 인가 전압을 올리면 즉, 평행판 사이의 전계가 증가하면, 당연히 그림 5.12(a)에 나타낸 것처럼, 실제로는 제멋대로 향하고 있던 쌍극자가 더욱더 전계의 방향으로 나란하게 배열하기 때문에, 같은 그림 (b)에서 고려한 쌍극자 모멘트 p는 평판 전극 사이의 전계에 비례해서 커지게 되어 유전분극 P도 전계에 비례하게 되는 것을 알 수 있다. 그래서 유전분극 P의 전계 E에 대한 비례 상수를 분극률(polarizability : 단위 전계 당 분극 비율)로 정의하고 χ[F/m]로 표현하면 유전분극 P는 다음과 같이 표시된다.

$$P = \chi E = \varepsilon_0 \chi^* E \tag{5.7}$$

또한 위 식에서 χ*는 진공의 유전율에 대한 비율을 나타내며 비분극률(relative polarizability)이라고 한다.
전계의 크기에 따라 어느 정도의 쌍극자가 전계 방향으로 배향할 지에 대해서는, 재료에 따라 다양하다. 예를 들어, 물과 같은 액체 분자의 쌍극자는 쉽게 전계 방향으로 향하므로 분극율이 큰 것으로 예상되지만, 고체의 전기쌍극자는 분자가 자유롭게 방향을 바꿀 수 없으므로 분극률이 낮다고 생각된다. 따라서, 분극률과 비분극률은 물질 고유의 양이 된다.
또한, 식 (5.6)과 식 (5.7)로 부터 다음의 식을 얻을 수 있다.

$$D = \varepsilon_0 E + P = (\varepsilon_0 + \chi)E = \varepsilon_0(1 + \chi^*)E \tag{5.8}$$

여기에서 다음과 같이 유전율 ε이 정해진다.

$$\varepsilon = \varepsilon_r \varepsilon_0 = \varepsilon_0 + \chi = \varepsilon_0(1 + \chi^*) \tag{5.9}$$

여기서, ε_r는 비유전율(relative permittivity)이라고 하며 진공 중의 유전율 ε_0 대한 비율을 나타낸다. 유전율 ε과 전속밀도와의 관계는 결국 다음과 같이 표시된다.

$$D = \varepsilon E \tag{5.10}$$

즉, 유전율 ε은 전속 밀도 D의 전계 E에 대한 비례 계수이며, 전속에 의해 재료 속에서 어느 정도의 전계가 발생하는지를 의미한다. 그런데 ε_0는 진공 중의 유전율이지만, 진공이 아닌 물질에 전압이 가해지면 반드시 분극이 생기므로 물질의 유전율 $\varepsilon > \varepsilon_0$이다. 즉, 식 (5.9)에서 생각해보면 $\chi > 0$이고, $\varepsilon_r > 1$이다. 표 5.1은 다양한 재료의 유전율 ε_r의 예를 보여준다. 분극률(χ)

은 전화율(χ_e)라고도 하며, 유전체가 전기장에 반응하는 정도(능력)를 나타낸다. 유전체에서 분극율이 클수록 분극도(P)도 커진다.

표 5.1 전형적인 유전체재료의 유전율

물질명	비유전율 εr	비고
공기	1.00054	20℃, 건조
아르곤(Ar)	1.00052	20℃
에틸 알코올	24.3	25℃, 극성
물	80.4	20℃, 극성
용융 석영	3.8	20 ~ 150℃
염화나트륨	5.9	25℃
티탄산바륨	~5000	강유전체

3 유전율과 전자파의 전파

유전 · 절연재료에 빛과 같은 전자기파가 전파하는 경우, 그 속도는 다음과 같이 주로 전파하는 재료의 유전율에 의해 결정된다. 먼저 진공에서 빛의 속도 c는, 진공의 유전율을 $\varepsilon_0 (\fallingdotseq 8.854 \times 10^{-12}\,\mathrm{F/m})$, 진공의 투자율을 $\mu_0 (= 4\pi \times 10^{-7}\,\mathrm{H/m})$라 하면, 아래의 식으로 표현된다 (또한, 투자율 μ에 대해서는 6장에서 자세히 설명한다).

$$c = \frac{1}{\sqrt{\varepsilon_0 \mu_0}} \tag{5.11}$$

위에 나타낸 값을 대입하면 c ≒ 2.998×10^8 m/s라는 광속도가 산출될 것이다. 유전 · 절연재료를 투과하는 빛의 속도도 이와 같은 계산을 적용할 수 있다. 즉 재료의 유전율 및 비유전율을 각각 ε, ε_r이라고 하고 투자율, 비투자율을 μ, μ_r라고 하면 $\varepsilon = \varepsilon_0 \varepsilon_r$, $\mu = \mu_0 \mu_r$로 나타낼 수 있기 때문에 전자파가 이 재료를 투과하는 속도 v는 다음 식으로 표현된다.

$$v = \frac{1}{\sqrt{\varepsilon\mu}} = \frac{1}{\sqrt{\varepsilon_0\varepsilon_r\mu_0\mu_r}} = \frac{c}{\sqrt{\varepsilon_r\mu_r}} \tag{5.12}$$

단, 빛이 통과하는 대부분의 유전·절연재료는 비투자율 $\mu_r = 1$이므로 결국 다음 식이 성립된다.

$$v = \frac{c}{\sqrt{\varepsilon_r}} \tag{5.13}$$

또한, 공기와 물 등의 계면에서 발생하는 빛의 굴절각도도 공기 중 및 수중의 빛의 속도의 비율로 정해지므로, 위 식에서 유전율의 비율에 의해 결정된다. 그림 5.16와 같이, 빛이 통과하는 매질의 속도 및 비유전율을 각각 v_1, v_2 및 ε_{r1}, ε_{r2}이라고 하고 입사각과 굴절각을 각각 θ_i, θ_r이라고 하면, 상대 굴절률 n_{12}는 다음 식으로 표시된다.

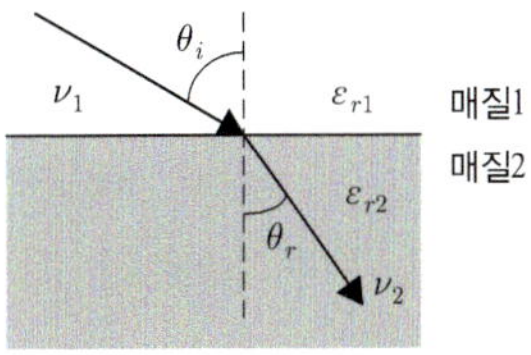

그림 5.16 빛의 굴절

$$n_{12} = \frac{\sin\theta_i}{\sin\theta_r} = \frac{v_1}{v_2} = \frac{\sqrt{\varepsilon_{r2}}}{\sqrt{\varepsilon_{r1}}} \tag{5.14}$$

또한, 매질 1을 진공으로 한 절대 굴절률 n은 매질 1의 비유전율이 $\varepsilon_{r1} = 1$이 되므로, 매질 2의 비유전율을 ε_r이라고 하면, 다음 식으로 표시된다.

$$n = \sqrt{\varepsilon_r} \tag{5.15}$$

이와 같이 유전율은 물질 고유의 값이며, 빛의 전파와 관계가 큰 매우 중요한 물성 값이다.

또한 5-1절 4항에서 언급한 바와 같이, 유전·절연재료에서는 빛이 흡수된다. 가전자가 여기될 정도로 비교적 큰 에너지의 빛이 조사되면, 기초 흡수라고 하는 흡수가 발생한다. 이 외에도, 전술한 바와 같은 쌍극자 분극, 이온 분극, 원자 분극 등에 따라 전자파의 흡수 또는 인가된 교류전압의 열 손실이 발생한다. 이에 대해서는 아래에 기술한다.

4 유전정접(손실률) 및 복소유전율

그림 5.17에 나타낸 바와 같이, 정전용량 C_0인 진공 커패시터에 주파수 f [Hz](각 주파수 $\omega = 2\pi f$ [rad/s])에서 실효전압 V [V]의 교류전압을 인가하면, 충전전류 I_{C0}가 흘러 j를 허수 단위(일반적으로 i로 표현하지만, 전기 분야에서는 전류와 구별하기 위해 j를 사용)로 사용하여 표현하면 I_{C0}는 다음 식(5.16)으로 표시된다.
게다가, 교류 회로의 계산에서 j가 달려 있다는 것은 위상이 90° 앞서고 있음을 의미한다. 자세한 내용은 전기회로의 교과서를 참조하기 바란다.

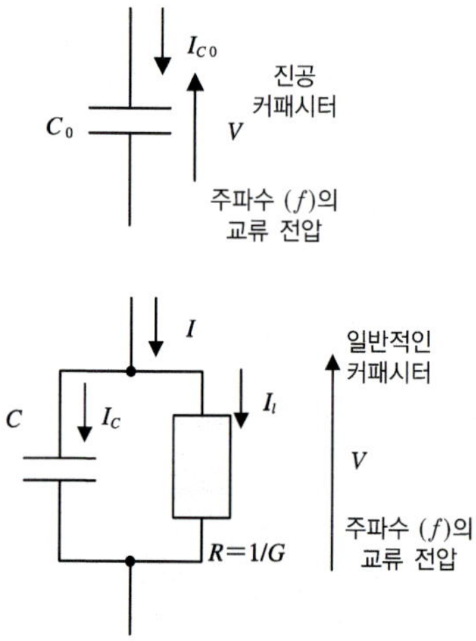

그림 5.17 충전전류

$$I_{co} = j\omega C_0 V = j2\pi f C_0 V \tag{5.16}$$

다음으로, 진공 대신 전극 간에 유전체로 채운 일반 커패시터의 경우는, 전술한 바와 같이, 그림 5.17의 등가회로로 나타낼 수 있는데, 이 경우 커패시터 성분 C에서는 전력이 소비되지 않고 저항 성분 R에서 전력이 소비된다. 커패시터를 흐르는 충전전류 I_C는 다음 식으로 표시된다.

$$I_c = j\omega CV = j2\pi f CV \tag{5.17}$$

한편, 저항 성분 R에 흐르는 전류는 저항 R에 의해 소비되므로, 이를 손실전류 성분(I_R로 표기)이라고 하고, 이 I_R은 저항 R의 역수인 컨덕턴스 G를 사용하여 다음 식과 같이 표시된다.

$$I_R = GV\left[\because I = \frac{V}{R}\right] \tag{5.18}$$

따라서 이 재료를 흐르는 전류 I는 충전전류 성분 I_C와 손실전류 성분 I_R의 합이 된다.

$$I = I_c + I_R = (j\omega C + G)V \tag{5.19}$$

이때의 관계를 그림 5.18에 나타낸다. 이 그림에서 전류 I와 충전전류 I_C가 이루는 각 δ를 유전손실각이라고, $\tan\delta$를 유전손실률이라고 한다. 여기서, 저항 성분 R에서 소비되는 전력(유전손실 또는 유전체 손실)을 P [W]라고 하면 다음 식이 성립된다.

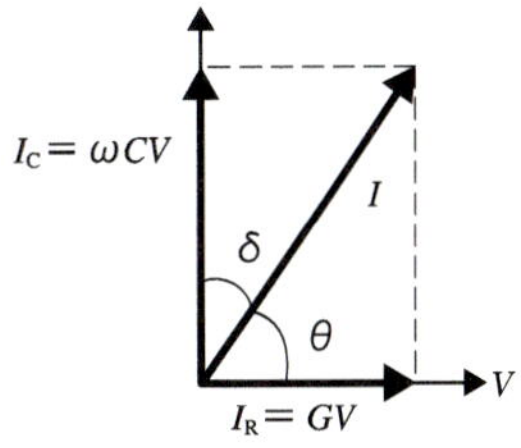

그림 5.18 유전손실각

$$P = IV\cos\theta = I_R V\,[\because\ I\cos\theta = I_R] \tag{5.20}$$

한편, 그림에서 $I_R = I_C\tan\delta$가 되고, 또한 $I_C = \omega CV = 2\pi fCV$이므로 위 식은 다음 식과 같이 된다.

$$P = \omega CV^2\tan\delta = 2\pi f CV^2\tan\delta \tag{5.21}$$

즉, 교류 전압을 유전체에 인가한 경우의 유전 손실은 유전손실률 $\tan\delta$에 비례한다. 이 $\tan\delta$는 재료 고유의 값이며, 이 값에 따라 교류를 인가했을 때의 전력 손실(유전 손실)이 정해지기 때문에, 교류 전력 케이블용 절연재료 등을 선정할 때, 아주 중요한 매개 변수가 된다. 실제로 교류용 전력 케이블에 사용되는 폴리에틸렌이나 식기 등에 사용되는 폴리프로필렌의 $\tan\delta$는 0.02~0.05 정도이다. 한편, 케이블 재킷 등에 사용되는 폴리염화비닐의 $\tan\delta$는 4~12 정도로 비교적 큰 값을 취한다.

여기서 진공을 매질로 한 평행판 커패시터(진공 커패시터)의 정전용량 C_0와 유전율이 ε'(비유전율 ε_r')인 재료를 매질로 한 커패시터의 정전용량 C의 관계는 다음 절에서 설명하겠지만 다음 식으로 표시된다.

$$C = \frac{\varepsilon'}{\varepsilon_0}C_0 = \varepsilon_r' C_0 \tag{5.22}$$

여기서는 교류에 대한 유전율, 비유전율을 고려하고 있기 때문에, 직류의 그

값과 구분하기 위해 ε'처럼 프라임(′)을 붙여서 나타낸다. 이때 C_0와 $\tan\delta$를 사용하여 전류 I를 나타내면 다음 식과 같이 된다.

$$I = (j\omega\varepsilon_r' C_0 + \omega\varepsilon_r' C_0 \tan\delta)V \tag{5.23}$$

여기서 새로운 유전손실률 ε'', 비유전손실률 ε_r'' 개념을 도입하여 다음과 같이 정의한다.

$$\frac{\varepsilon''}{\varepsilon'} = \frac{\varepsilon_r''}{\varepsilon_r'} \equiv \tan\delta \tag{5.24}$$

또한 복소유전율 ε^* 및 비복소유전율 ε_r^*는 다음과 같이 정의된다.

$$\varepsilon^* = \varepsilon' - j\varepsilon'' \tag{5.25}$$

$$\varepsilon_r^* = \frac{\varepsilon^*}{\varepsilon_0'} = \varepsilon_r' - j\varepsilon_r'' \tag{5.26}$$

이 관계는 그림 5.19와 같다. 복소유전율 ε^*는 그림과 같이 커패시턴스 성분을 실수축으로 취하여 복소수를 사용하여 표현하는 방법이며, 컨덕턴스의 성분은 그림과 같이 위상이 실제 축에서 90° 지연
상태가 되므로 식 (5.25)과 같이 -(마이너스)로 표현된다. 즉, ε''는 인덕턴스 성분을 커패시턴스 성분으로 나타낸 때의 유전율이며, 식 (5.23)을 전류밀도 J [A/m²]와 전계 E [V/m]로 나타내면 다음 식과 같이 된다.

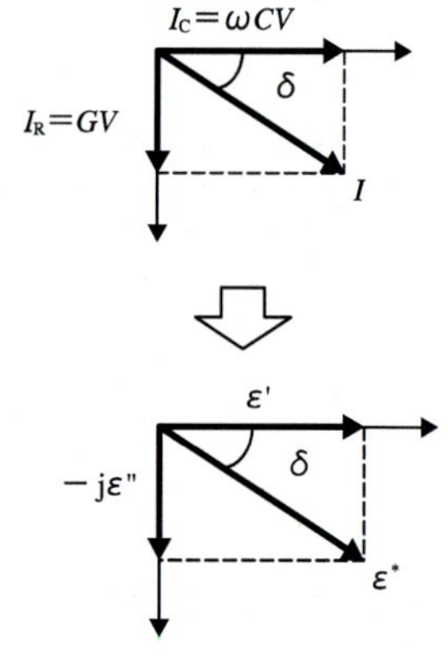

그림 5.19 유전손실률과 복소유전률

$$J = (j\omega\varepsilon' + \omega\varepsilon'')E \tag{5.27}$$

이 식에서 알 수 있듯이, 각 주파수 ω와 유전손실률 ε''의 곱은 교류의 도전율 σ와 같다.

$$\sigma = \omega\varepsilon'' \tag{5.28}$$

이렇게 얻어진 유전율과 유전손실률의 주파수 특성을 살펴보면, 그림 5.20과 같이, 전형적인 특성을 나타낸다. 이 그림에서 유전율 ε'가 크게 변화하는 곳에서, 유전손실률 ε''는 피크를 가지게 됨을 알 수 있다.

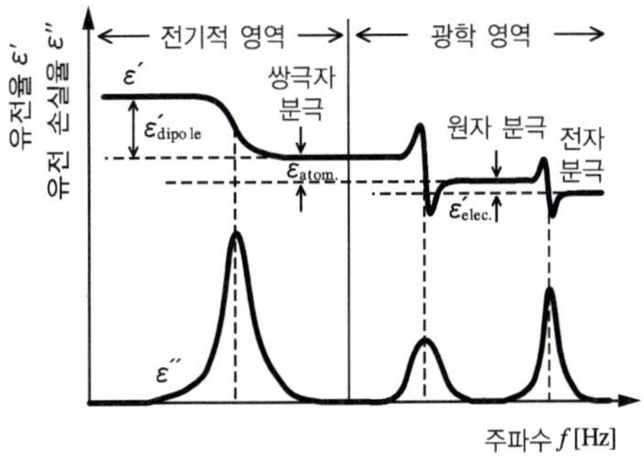

그림 5.20 유전율과 유전손실률의 주파수 특성

아래에 그림 5.20에 나타낸 현상에 대해 설명을 추가한다. 교류 전압을 유전체에 인가하면 전술한 바와 같이 분극이 발생하지만, 분극이 발생하기 위해서는 어느 정도 시간이 걸린다. 분극을 일으키는 원인이 전자의 이동인데, 전자 분극의 경우에 전자는 매우 가볍기 때문에 매우 큰 주파수(위상변화가 빠르다)의 교류 전압이 가해져도 전자는 전계의 변화에 따라 쉽게 이동할 수 있으므로, 이 경우 에너지 손실은 발생하지 않는다. 그러나 상대적 질량이 큰 쌍극자가 움직이기에는 어느 정도의 시간이 걸리기 때문에 가해진 교류 전압의 주파수가 크게 되어도 교류 전압의 변화에 쌍극자의 움직임이 따라가지 못하게 되어 쌍극자는 움직일 수 없게 된다. 쌍극자가 움직일 수 없게 된다는 것은 그 요인에 의한 분극이 없는 상태이므로 그 만큼 유전율은 작아진다. 이 유전율이 작아지는 경계 주파수에서는 쌍극자의 움직임과 교류 전압의 변화에 차이가 일어나며, 이것이 전력 손실이 되면서 유전체가 발열하는데 이용된다. 즉, 유전율이 크게 변화하고 있는 주파수에서 유전손실이 커진다는 것을 그림 5.20은 나타내고 있으며, 그 손실의 원인이 되는 것이 전자 분극인지 원자 분극인지 쌍극자 분극인가에 따라 피크가 나타나는 주파수가 다르게 된다. 예를 들어, 그림 5.21은 물 분자에 마이크로파를 조사했을 때의 물 분자

운동을 보여준다. 마이크로파의 전계에 따라 물 분자는 회전하려고 하지만, 그 회전 운동이 마이크로파 전계의 변화에 따라갈 수 없게 되면 물이 발열하기 시작한다. 즉, 마이크로파가 물에 의해 흡수되고, 흡수된 마이크로파 에너지가 물 분자의 격렬한 운동에 의해 열로 변화하는 것을 의미한다. 이 상태를 이용한 것이 전자레인지이다. 음식은 많은 물을 포함하고 있으므로 전자레인지에서는 2.45 GHz라는 매우 높은 주파수의 마이크로파를 식품에 조사하여 식품에 함유된 물이 마이크로파를 흡수하여 발열하는 것을 이용하여, 음식을 데우는 것이다.

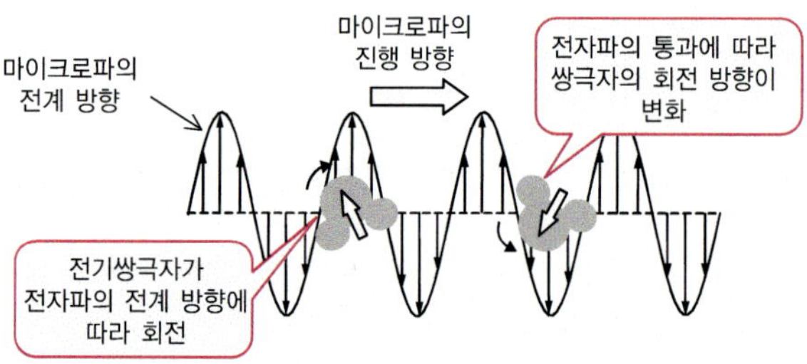

그림 5.21 전자파와 전기쌍극자

한편, 그림 5.20에서 유전손실률의 주파수 특성을 보면, 유전율이 작아지는 주파수의 경계에서 피크 모양으로 변화하고 있는 것을 알 수 있다. 유전 손실률 ε''는 유전체의 전력 손실이 생기는 것을 나타내고 있기 때문에, 이 피크를 나타내는 주파수의 교류 전압을 이 유전체에 가하면, 거기에서 유전체가 전력을 흡수하는 것을 알 수 있다. 또한 이 그림 중 저 주파수 측은 전기적인 영역이지만, 고주파 측은 광학 영역이 있기 때문에, 이 특성에 의해, 물질이 유전 손실의 피크 주파수의 빛을 흡수하게 되는 것을 알 수 있다. 그림 5.20은 비교적 낮은 주파수에서 쌍극자 분극에 의한 흡수가, 더 높아지면 이온 분극에 의한 흡수가, 가장 높은 주파수에서 전자 분극에 의한 흡수가 각각 발생하는 것을 보여주고 있다. 이 중 전자의 분극에 의한 빛의 흡수는, 전술 한 바와 같이, 밴드 갭을 넘어 전자가 여기 되는 상태를 말한다.

정리

유전·절연재료의 유전체로서의 특징은 유전율 ε에 의해 결정된다. ε는 진공유전율 $\varepsilon_0 \fallingdotseq 8.854 \times 10^{-12}$ F/m과 비유전율 ε_r의 곱으로 표시된다. 또한 유전율은 물질에 전압을 가했을 때 발생하는 배향 분극의 정도에 따라 결정되지만, 분극에는 쌍극자를 가진 분자가 전계에 따라 회전하는 쌍극자 분극, 이온성 결정의 결정 배치가 변화함으로써 생기는 원자 분극, 원자 중에서 전자의 분포가 전계에 의해 한쪽으로 치우치게 되는 전자 분극이 있다. 물질의 비유전율에 의해 그 물질 중의 광속도가 산출되고 굴절률도 이 비율에 의해 결정된다. 또한 교류 전압을 물질에 인가했을 때의 유전율을 생각하면, 주파수가 낮은 전압에서는 분극이 교류에 동기하여 일어나기 때문에 전력은 무효 전력만으로 소비되지는 않지만, 주파수가 증가하여 분극이 교류 전압 변화에 따라가지 못하는 주파수에서는 물질내에 발열이 발생하여 교류 전압의 에너지가 물질에 흡수될 수 있게 된다. 더욱이 주파수가 증가하면 빛과 같은 전자기파의 영역이 되지만, 이 영역에서도 원자 분극이나 전자 분극에 의해 물질에 의한 빛의 흡수가 발생한다. 이와 같이 유전체 내에서 발생하는 열손실을 평가하는 물리량으로 tanδ나 복소유전율 ε'' 등이 사용된다.

5-3 커패시터의 구조와 성질

Key point

유전체재료의 친숙한 응용 예로서 커패시터가 있다. 커패시터는 많은 전기전자기기에 사용되고 있으며, 그 특성에 따라 기기의 성능이 좌우된다. 여기서는 커패시터의 구조를 학습한 후, 용도의 대표적인 예로서, 평활 커패시터, 필터, 발진 회로 등에 대해서 알아본다.

1 커패시터의 구조와 정전용량

커패시터는 유전체를 이용한 대표적인 소자이다. 아래에 커패시터의 구조와 특성을 설명한다. 커패시터의 대부분은 그림 5.22와 같이 평행판 전극 형상으로 되어 있기 때문에, 이 형상의 커패시터의 정전용량 C에 대해 설명한다. 또한, 그림 5.22와 같은 유전체를 끼워 넣은 평행판 도체를 전극(electrode)이라고, 양의 전위가 되는 전극을 양극(anode), 음의 전위가 되는 전극을 음극(cathode)이라고 한다.

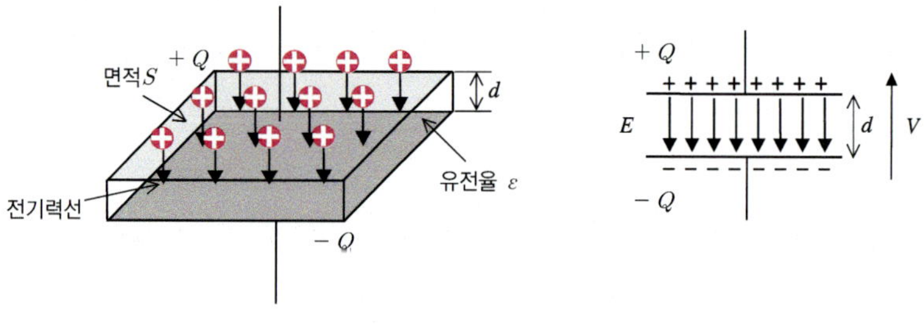

그림 5.22 축전기의 전하, 전계, 전위

그림 5.22와 같이 전극 사이에 전압(전위차) V가 인가되어 있다고 하면 양극에 +Q [C], 음극에 −Q [C]가 축적되고 이 전위차와 전하량 사이에는 다음의 관계가 성립된다.

$$Q = CV \tag{5.29}$$

이 평행판 전극에 유전체를 끼운 커패시터의 정전용량이 어떻게 정해지는가를 생각해 보자. 지금 평행판의 면적을 S [m^2], 전극간 거리를 d [m]로, 절연체 유전율을 ε [F/m]이라 하고 직류 전압 V [V]를 인가할 때 Q [C]의 전하가 축적했다고 하면, 양극에서 음극으로 향하는 전기력선은 평행판에 수직 방향만으로, 그 총량은 Q/ε이다. 전기력선의 밀도가 전계의 크기와 동일하므로, 그림 5.22에 나타낸 것과 같이, 평행판 전극 사이에서 전기력선의 밀도는 (이상적으로는) 어디서나 동일하여, 전계 E는 다음 식으로 표시된다.

$$E = \frac{Q}{\varepsilon S} = \frac{\sigma}{\varepsilon}[V/m] \tag{5.30}$$

또한, σ는 평행판 전극에 축적되는 전하의 단위 면적당 전하밀도($\sigma = Q/S$ [C/m^2])이다. 이 전계 E를 전극 거리만큼 적분하면 전극 사이의 전위차 V가 얻어진다. 지금 x를 평행판 사이의 두께 방향으로 취하면, E는 거리에 관계없이 일정하기 때문에 다음 식이 성립된다.

$$V = -\int_d^0 E dx = \int_0^d E dx = Ed = \frac{dQ}{\varepsilon S} \tag{5.31}$$

위 식과 식 (5.29)를 비교함으로써 이 평행판 커패시터의 정전용량 C는 다음과 같이 얻어진다.

$$C = \frac{\varepsilon S}{d}[F] \tag{5.32}$$

따라서, 정전용량 C는 유전체의 유전율 ε과 전극 면적 S에 비례하고, 전극 간 거리(d)에 반비례함을 알 수 있다. 즉, 전극 면적을 넓히고 전극 간격은 좁히며, 전극 사이에 유전율이 큰 재질을 삽입하면 큰 정전용량을 얻을 수 있다. 예를 들어, 그림 5.23은 일반적으로 큰 정전용량을 가지는 전해 커패시터의 구조를 보여준다. 전해 커패시터는 정전용량을 크게 하기 위해 얇은 전해 종이를 얇은 알루미늄 호일 사이에 끼워 감아줌으로써 큰 면적의 전극을 간결하게 만들도록 고안되어 있다. 또한 유전율이 큰 전해액을 봉입하여 전해 종이에 전해액을 흡수시킴으로써 전극 사이에 유전율이 큰 유전체를 끼워넣은 구조로 되어 있다.

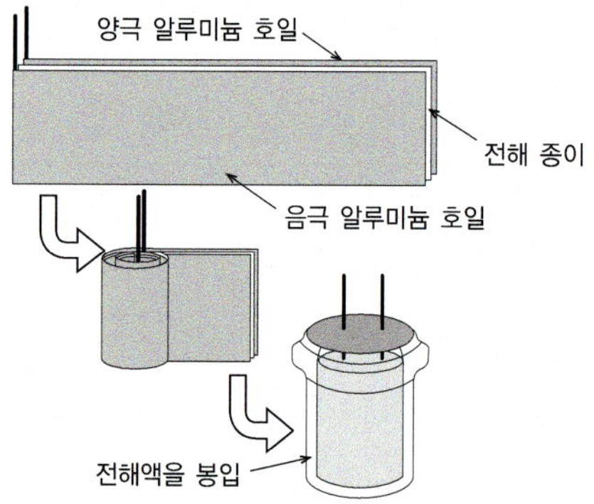

그림 5.23 전해 커패시터의 구조

또한 구조를 변화시킴으로써 정전용량을 변화시킬 수 있다. 예를 들어, 옛날 라디오에서 튜닝을 할 때 공진회로의 정전용량을 가변할 수 있는 커패시터(가변 커패시터, 통칭 바리콘)를 사용했다(현재 튜닝에서는 슈퍼 헤테로다인이라는 방식이 주류를 이루고 있다). 공진회로에서는 인덕턴스 L과 정전용량 C의 관계가 다음 식과 같이 되었을 때, 주파수 f가 공진주파수가 된다.

$$f = \frac{1}{2\pi}\sqrt{\frac{1}{LC}} \tag{5.33}$$

즉, 공간을 떠도는 다양한 전파 중 특정 주파수의 라디오 전파를 수신하기 위해 공진을 이용하여 특정 주파수의 전파만을 증폭 회로에 전달하는 경우, 위 식 중 정전용량 C를 바리콘을 이용해 C를 변화시켜 특정 주파수를 선택할 수 있다. 바리콘의 개요는 그림 5.24와 같다. 이 그림에 나타낸 바와 같이, 바리콘은 복수의 전극을 회전시킴으로써 전극이 겹치는 면적, 즉 커패시터로 유효하게 되는 전극의 면적 S를 조절하여 정전용량 C를 바꿀 수 있다.

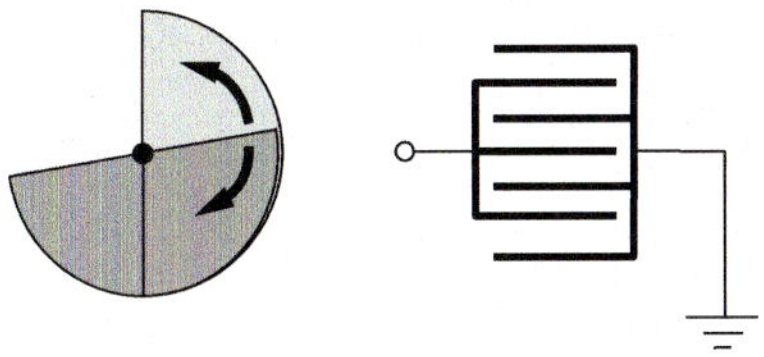

그림 5.24 가변 커패시터(바리콘)

예제 2

전극 면적 1 cm^2, 두께 0.1 mm인 폴리에틸렌(비유전율 2.2로 한다)의 정전용량 C를 구하라.

해답 식 (5.32)에서

$$C = \varepsilon S/d = \varepsilon_r \varepsilon_0 S/d \fallingdotseq (2.2 \times 8.854 \times 10^{-12} \times 1 \times 10^{-4})/(0.1 \times 10^{-3})$$

$$\fallingdotseq 19.5 \times 10^{-12}\,F = 19.5\,pF$$

2 커패시터의 종류

용도와 재질에 따라 여러 종류의 커패시터가 만들어져 있다. 표 5.2는 다양한 용도의 커패시터의 예를 보여준다. 이 중 전해 커패시터는, 3항에서 후술하는 바처럼, 교류 전압을 직류 전압으로 변환하는 전원 회로에서 맥류를 평활화하는데 꼭 필요하다. 가정용 전원은 교류로 공급되기 때문에 이 커패시터는 많은 가전제품에 필수적인 부품으로 포함되어 있다. 한편, 휴대전화 등의 통신기기에는 필터나 공진회로로서 고주파에 대응한 세라믹 커패시터나 플라스틱 재료를 사용한 커패시터가 사용되고 있다. 예를 들어, 휴대전화 등에 사용되는 필터 회로에서는 저항과 커패시터와 코일을 사용하여 특정 주파수를 감지하는 밴드 패스 필터 등에 사용되지만, 차단하거나 통과시키거나 하는 주파수는 저항값 R과 정전용량 C에 의해 결정된다. 그러나 온도 변화에 의해 C 값이 변화되면 차단주파수가 변경될 수 있어서, 비유전율 ε_r의 온도 변화가 매우 중요하다. ε_r 값은 표 5.1에 나타낸 것처럼 값은 제각각이지만, 실제로 제품으로 사용하기 위해서는 높은 정밀도를 가지면서도, 또한 온도 변화의 영향을 받기 어려운 재료를 선정해야할 필요가 있다. 휴대전화의 발전은 이러한 재료 개발에 의해 가능해진 것이다.

표 5.2 여러가지 커패시터

물질	유전체	주파수 [Hz]	정전용량 [F]	주요 용도 · 특징
알루미늄 전해 *	전해액 **	10 ~ 1K	0.1p ~ 100,000μ	전원 평활용, 대용량 주파수 특성이 나쁘다.
탄탈 전해 *	전해액 **	1 ~ 10K	0.1μ ~ 47μ	전원 평활용, 소형 · 대용량 알루미늄 전해보다 약간 특성 좋음
세라믹	산화 티타늄 알루미나 티타늄산 바륨	1K ~ 10M	0.5p ~ 0.1μ	바이패스 커패시터 열전대 온도 보상용 외란에 약하다.
스티렌	폴리스티렌	1K ~ 10M	50p ~ 4,700p	저주파 필터, 저렴하지만 내열성이 나쁘다.
마일러(미라)	폴리에스테르	100 ~ 10M	0.001μ ~ 0.47μ	저렴하지만 정확도가 나쁘다.
폴리프로필렌	폴리프로필렌	100 ~ 10M	100p ~ 0.47μ	마일러보다 정확성 · 내압성 양호
마이카	운모(마이카)	100K ~ 1G	1p ~ 0.01μ	고주파 필터, 공진회로. 주파수 특성, 내압성 높지만 비싼 용량이 작다.

* 전해 커패시터 : 전극에 극성이 있고 역 전압을 인가하면 파괴된다.

** 전해액 : 용매(물, 에틸렌 글리콜, 에틸렌 글리콜 모노 메틸 에테르, 글리세린, γ 부틸락톤 또는 N-메틸 포름 아미드) + 전해질(붕산, 아 디프 산, 말레이산, 벤조산, 프탈산, 살리실산, 암모니아, 트리아텔, 아민, 수산화 테트라 메틸 암모늄 등)

3 커패시터 충방전 및 평활 커패시터

그림 5.25 PC보드의 전해 커패시터

전력 회사로부터 일반 가정으로는 교류 전원을 공급하고 있지만, TV나 스테레오 등의 전자기기는 일반적으로 직류를 사용하므로 교류를 직류로 변환하는 것이 필요하다. 커패시터는 이 평활화에 반드시 사용되고 있기 때문에, 그 내구성은 기기의 수명 자체를 결정하는 경우가 있다. 그림 5.25는 PC 보드에 사용되는 전원용 전해 커패시터 인데, 전해 커패시터가 열화하여 팽창하거나 누액을 일으키거나 하면 컴퓨터가 정상적으로 작동하지 않을 수 있다. 비교적 용량이 큰 전해 커패시터는 평활 커패시터로 자주 이용되고 있다. 이 커패시터의 동작방식은 다음과 같다. 교류 전압을 커패시터에 가하면 전하가 커패시터에 축적된다. 이를 충전(charge)이라고 하며, 일단 전하가 커패시터에 축적되면 어느 정도 동안은 커패시터 안에 축적되어 있지만 축적된 전하는 서서히 감소한다. 이를 방전(discharge)이라고 한다. 이 방전 시간이 길면 길수록 전하가 축적되는 시간도 길어진다고 할 수 있다.

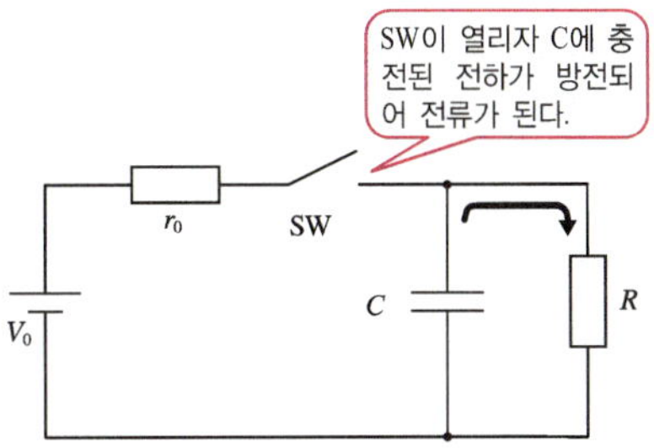

그림 5.26 커패시터에 의한 방전

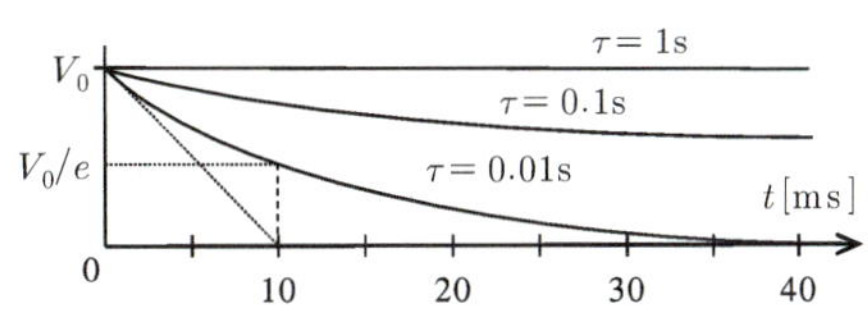

그림 5.27 저항 R의 전압 변화

예를 들어, 그림 5.26과 같은 회로에서 스위치를 닫아보자. 스위치를 닫는 순간, 전하가 커패시터에 급격히 유입되기 때문에 커패시터는 마치 도체같이 무제한으로 전류를 흘리는 것처럼 보이지만 전하가 서서히 축적되면서 커패시터에는 전류가 흐르지 않게 되고, 전류는 저항 R에만 흐르게 되므로, 충분히 오랫동안 스위치를 닫아두면 결국 커패시터를 달지 않은 경우와 마찬가지로 전류가 흐른다(정상 상태). 그러나 스위치를 열어 저항 R을 전원에서 분리한 경우, 이번에는 커패시터의 양단에 발생하는 전위차에 의해 커패시터에서 전하가 흘러 나가 저항 R에 전류가 흐르게 되어 저항 R에 가해지는 전압은 서서히 감소하게 된다. 이런 정상 상태로부터 스위치를 연 후에, 저항 R에서 전압 V_R의 시간 변화를 그래프로 그리면 그림 5.27과 같이 된다. 즉 전원을 꺼도 한동안 R에 전압이 인가되어 있는 상태가 생긴다. 이 저항에 가해지는 전압 V_R의 감쇠 특성은 정전용량 C와 접속되는 저항 R의 곱에 의해 결정되며, 다음 식으로 표시된다.

$$V_R(t) = V_0 e^{-t/RC} \tag{5.34}$$

이 곡선에서 V_R이 $V_0 e^{-1}$가 되는 시간 τ(= RC)를 시정수라고 한다. 식 (5.34)에서 보면 시정수 τ(= RC)가 크면 클수록 저항 R에 발생하는 전압 V_R은 감소하기 어려워지는 것이다. 즉, 전원이 끊어져도 저항에 전압이 인가되는 현상을 가리켜, 커패시터는 "전기를 축적한다"고 표현한다. 또한 이 현상은 교류 전압에서 직류 전압을 생성하는 정류회로에 응용되고 있다.

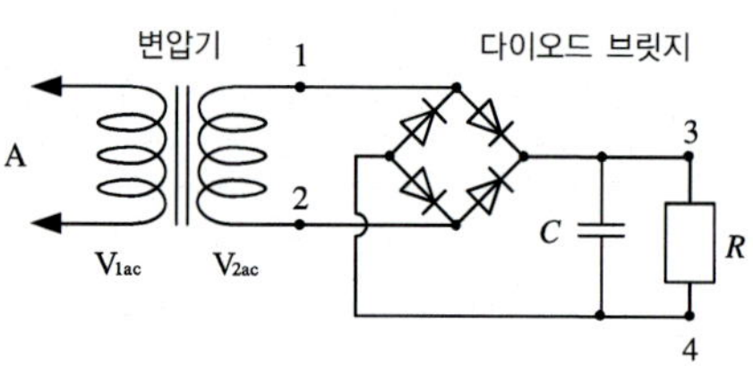

그림 5.28 정류회로

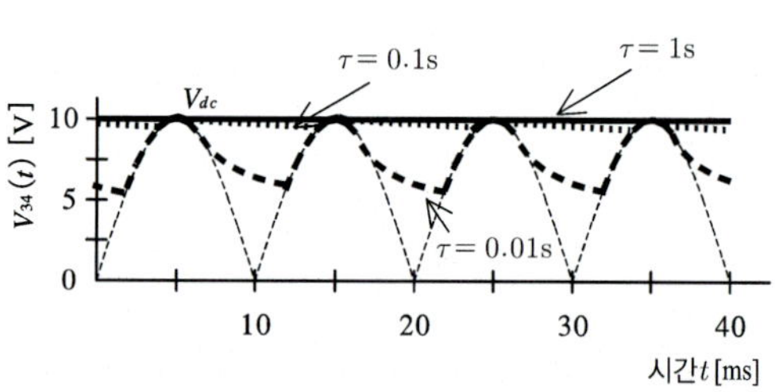

그림 5.29 전파 정류 파형의 평활화

그림 5.28과 같이, 교류 전압을 다이오드(전류를 한 방향으로만 흘리는 소자)를 4개 사용한 다이오드 브릿지에 연결하면, 그림 5.29에 나타낸 바와 같은 파형(전파 정류 파형)이 출력된다. 이 경우 전원의 전압은 변동하지만 커패시터를 사용하면, 전원의 전압이 감소하는 동안에도 커패시터에서 저항 R에 전하가 공급되므로, 저항 R에서 전압은 갑자기 떨어지지 않고 일정한 전압을 유지한다. 이 경우 대용량 커패시터를 사용하여 회로의 시정수 τ가 크면 그림 5.29의 실선과 같이 직류에 가까운 파형을 얻을 수 있어, 이를 커패시터의 평활 작용이라고 한다. 그러나 커패시터의 용량이 작아 τ가 작아지면, 그림 5.29 중 얇은 점선과 굵은 점선으로 나타낸 것처럼, 파형은 직류가 되지 않고 맥동(리플)이라는 약간의 변동이 남는다. 이와 같이, 정전용량이 큰 커패시터를 사용하면 맥류없는 "깨끗한" 직류 전압을 얻을 수 있지만, 그림 5.23에 나타낸 바와 같이, 일반적으로 평활용으로 사용되는 전해 커패시터는 용량이 커지려면 전극 면적을 크게 해야 하기 때문에, 그 크기가 커져 버린다. 커패시터 크기가 커지면, 기기 자체의 크기도 커지기 때문에 어느 정도 용량의 커패시터를 사용하면 좋을 지를 고려하는 것이 중요해진다. 또한, 크기를 키우지 않고도 정전용량을 크게 하는 연구가 필요하며 적층형 세라믹 커패시터와 전기 이중층 커패시터 등이 개발되어 시판되고 있다.

4 커패시터를 이용한 필터회로의 기초

휴대전화 등의 전자파를 이용한 전자기기 등에서는 신호에 노이즈가 혼입됨으로써 오작동을 초래할 위험성이 있다. 이러한 위험성을 방지하기 위해 신호에서 노이즈를 제거하는 필터 회로가 사용된다. 그림 5.30은 전자 회로에 고주파 노이즈를 차단하기 위한 필터 회로의 실제 장착한 예를 보여준다. 이러한 특성을가진 필터 회로는 전자기기에 필수적인 회로로 사용되고 있다.

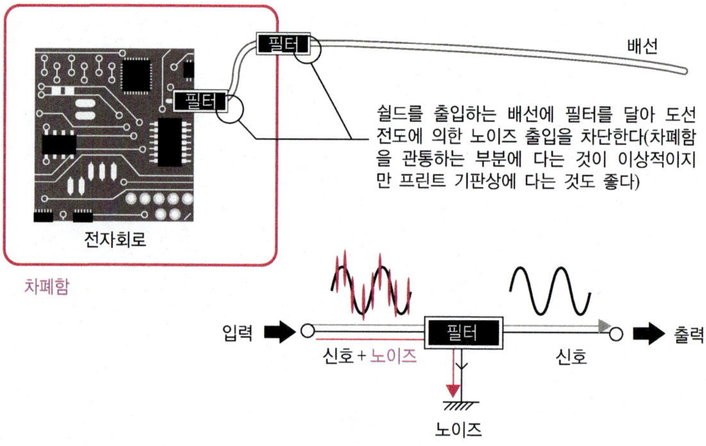

그림 5.30 저 대역 필터를 전자기기에 실장한 예

필터 회로는, 그림 5.31과 같이, 낮은 주파수의 신호만을 출력하는 저 대역 필터(low pass filter : LPF)와 고주파 신호만을 출력하는 고 대역 필터(high pass filter : HPF)가 있다. 이러한 LPF와 HPF는 기본적으로 저항과 축전기의 조합으로 제작할 수 있다. 여기에서는 이 RC 회로에 의한 HPF와 LPF의 특성을 설명한다.

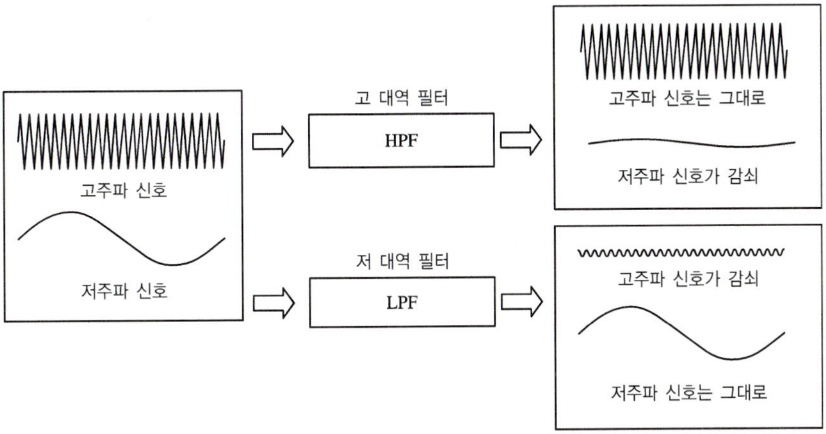

그림 5.31 고 대역 필터와 저 대역 필터의 기능

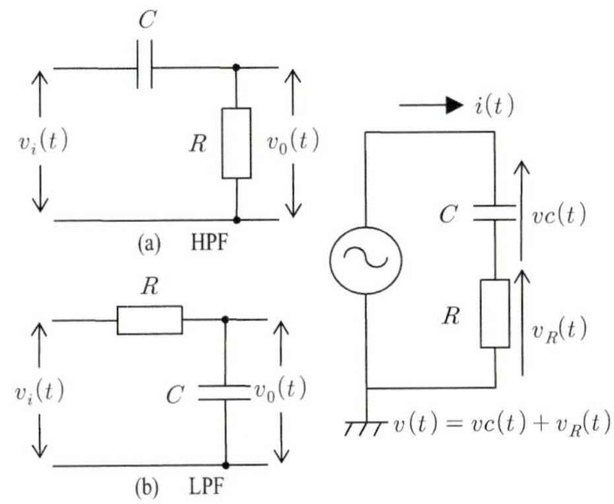

그림 5.32 RC소자에 의한 고 대역 필터와 저 대역 필터

먼저, 그림 5.32에 HPF와 LPF의 구성을 보여준다. 이 그림 (a) HPF에서 입력 신호를 $V_i(t)$, 출력 신호를 $V_o(t)$로 하고, 저항을 R, 커패시터의 정전용량을 C로 한다. 입력 신호로 어떤 주파수 f인 정현파를 생각하고, 흐르는 전류를 i(t), R의 전압을 $V_R(t)$, C의 전압을 $V_C(t)$라고 하면 입력 전압 $V_i(t)$는 다음 식으로 표시된다.

$$\begin{aligned} V_i(t) &= V_R(t) + V_C(t) \\ &= Ri(t) + \frac{1}{C}\int i(t)dt \qquad (5.35) \\ &= \left(R + \frac{1}{j2\pi fC}\right)i(t) \end{aligned}$$

또한 HPF에서 출력되는 신호 $V_o(t)$는, 저항 R에 인가되는 전압이므로 $V_o(t) = Ri(t)$가 되고, 입출력 비율을 H(f)라고 하면

$$\begin{aligned} H(f) &= \frac{V_o(t)}{V_i(t)} = \frac{j2\pi RC}{1+j2\pi fRC} \\ &= \frac{(2\pi fRC)^2 + j(2\pi fRC)}{1+(2\pi fRC)^2} \end{aligned} \tag{5.36}$$

이다. 이로부터, H(f)의 절대값 및 위상 $\theta(f)$는 다음 식으로 주어진다.

$$\left.\begin{aligned} |H(f)| &= \frac{2\pi fRC}{\sqrt{1+(2\pi fRC)^2}} = \frac{1}{\sqrt{1+\left(\frac{1}{2\pi fRC}\right)^2}} \\ \theta(f) &= \tan^{-1}\frac{1}{2\pi fRC} \end{aligned}\right\} \tag{5.37}$$

이 특성을 그림 5.33에 표시한다. 이 특성에서 보듯이 주파수가 높은 경우 H(f) ≒ 1이고 $V_o(t) = V_i(t)$이다. 또한 주파수가 낮은 경우 H(f) ≒ 0이 되고, $V_o(t) = 0$이다.

한편, 그림 5.32에서 보듯이, 같이 LPF는 $V_o(t) = V_C(t)$가 되므로, H(f)는 다음과 같다.

$$H(f) = \frac{V_o(t)}{V_i(t)} = \frac{1}{1+j2\pi fRC} = \frac{1-j2\pi fRC}{1+(2\pi fRC)^2} \tag{5.38}$$

즉, H(f)의 절대값과 위상 $\theta(f)$는 다음 식으로 표현된다.

$$\left.\begin{aligned} |H(f)| &= \frac{1}{\sqrt{1+(2\pi fRC)^2}} \\ \theta(f) &= \tan^{-1}(-2\pi fRC) \end{aligned}\right\} \tag{5.39}$$

LPF에 대한 특성도 그림 5.33에 나타낸다. 이 경우 HPF와는 반대로 주파수가 높으면 H(f) ≒ 0이 되고 주파수가 낮으면 H(f) ≒ 1이 됨을 알 수 있다. 또한

이러한 특성으로 $2\pi fcRC = 1$이 되는 주파수 f_c를 차단주파수라고 부르고, 필터 특성의 기준을 나타내는 주파수로 사용된다.

이 주파수에서는 출력 전압 V_o가 입력 전압 V_i의 약 0.707배로 되고 위상은 $\pi/4$만큼 어긋난다(그림 5.33에 나타낸 바와 같이, HPF에서는 위상이 $\pi/4$ 빠르고, LPF에서는 위상이 $\pi/4$ 지연된다).

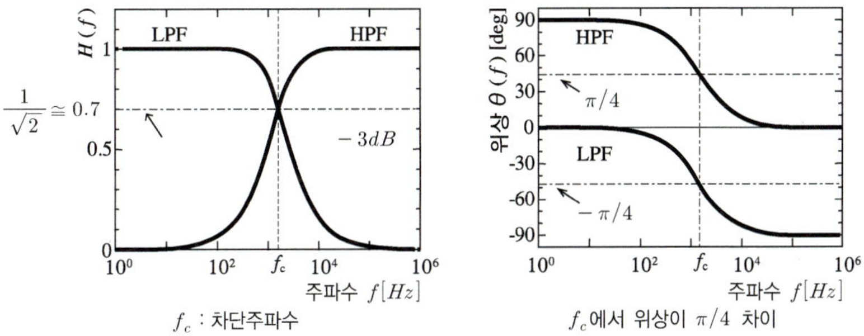

그림 5.33 고 대역 필터와 저 대역 필터의 주파수 특성

비접촉 IC 카드 등에서는 전지 등의 전원을 갖추지 못한 IC 카드에 전력을 공급하기 위해, 그림 5.34에 나타낸 바와 같이, 전자기 유도를 이용한 비접촉 전력 전송 방식을 사용하고 있다. 이 방식은 인식 기기에서 전송한 특정 주파수의 전자파를 IC 카드가 받아서 사용한다. IC 카드 외에도 비접촉으로 전력을 공급하는 방식은 전동 칫솔이나 청소기 등에 사용되며, 전기 자동차의 배터리 충전 등에도 응용이 가능하여 기대되어지고 있다. 이 방식은 기본적으로 코일만으로도 전력의 송수신이 가능하지만, 그림 5.34에 나타낸 바와 같은 IC 카드 가운데 비교적 낮은 주파수(전철 개찰구에서 사용되는 FeliCa 방식 표준은 13.56 MHz)의 신호를 사용하는 경우, 코일만으로 전자파를 수신하기 위해 안테나로 코일의 길이는 5.77m($\lambda/4=c/4f$)로 매우 길어질 수밖에 없기 때문에, 커패시터와 함께 공진회로를 구성하여 수신 회로를 형성하고 있다.

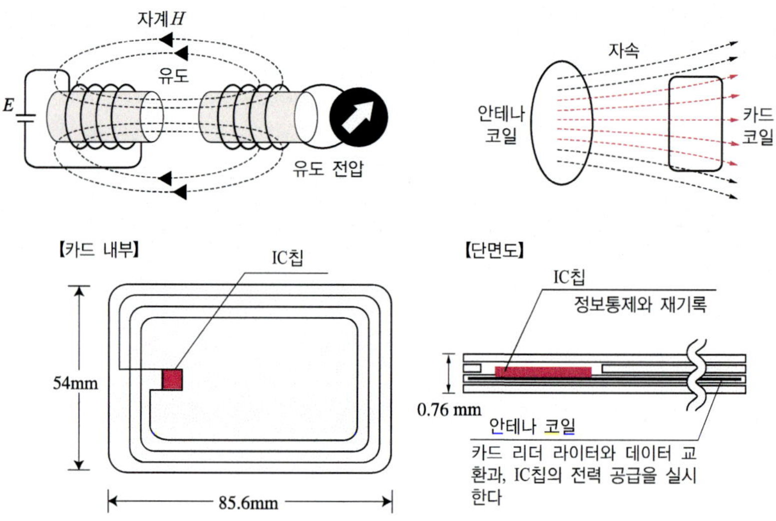

그림 5.34 기본 전자 유도와 비접촉 IC카드의 구조

공진회로를 설명하기 위해서는 옛날 라디오 튜너 (그림 5.35)를 사용하여 설명하는 편이 이해가 쉬우므로, 다음과 같이 예를 들겠다. 최근의 튜너에서는 이러한 공진회로는 사용하지 않고, 수퍼 헤테로 다인이라는 방식이 주류를 이루고 있다.

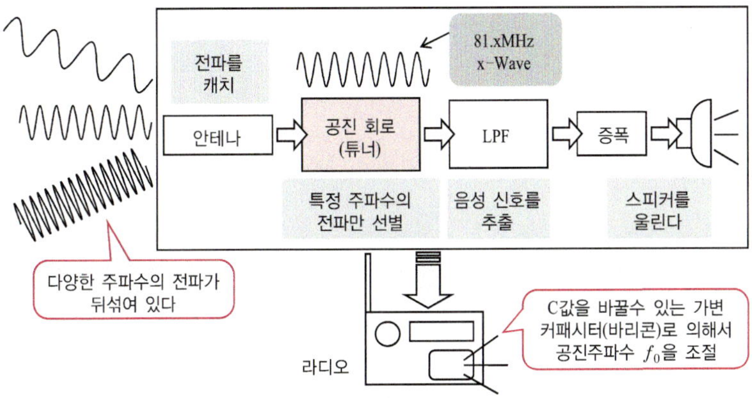

그림 5.35 과거의 라디오 튜너의 작동 구조

아시다시피 라디오와 텔레비전에서는 음성 신호와 영상 신호를 특정 주파수의 전파에 실어 보내고 있다. 즉, 공간에 다양한 주파수의 전파가 난무하고 있는데, 그 중 특정 주파수의 신호만을 포착하여 음성 신호를 분리하여 스피커를 울리게 하는 것이 라디오이다. 특정 주파수를 선별하기 위해 공진회로가 사용되는데, 대표적인 공진회로인 RLC 직렬 회로는 그림 5.36과 같다. 이때, RLC 직렬 회로의 임피던스 Z는 다음 식으로 표시된다.

$$Z = R + j2\pi fL - j/2\pi fC = R + j(2\pi fL - 1/2\pi fC) \tag{5.40}$$

또한 회로에 흐르는 전류 I는 I=V/Z로 다음 식으로 표시된다.

$$I = \frac{V}{Z} = \frac{V}{R + j(2\pi fL - 1/2\pi fC)} = \frac{R - j(2\pi fL - 1/2\pi fC)}{R^2 + (2\pi fL - 1/2\pi fC)^2}V \tag{5.41}$$

전류 I와 주파수 f의 관계는 그림 5.36과 같이 표시된다. 어떤 주파수 f_0에서 $2\pi f_0 L = 1/2\pi f_0 C$라고 하면, 허수부가 0이 되므로 이때 Z=R되어 외관상

R만의 회로로 간주할 수 있게 된다. 이 상태를 공진 상태라고, 이때의 f_0를 공진주파수라고 한다. f_0는 다음과 같은 식으로 나타낼 수 있다.

$$f_0 = \frac{1}{2\pi}\sqrt{\frac{1}{LC}} \tag{5.41}$$

또한, 전류의 위상 ϕ는 다음 식으로 나타내며, 그림 5.36과 같은 특성을 나타낸다.

$$\phi = \tan^{-1}\frac{(2\pi f L - 1/2\pi f C)}{R} \tag{5.43}$$

공진 상태에서는 회로에 흐르는 전류 I = V/Z는 최대가 되고, 최대전류 I_0 = V/R이다. 공진주파수의 전압은 R에만 인가되는 상태가 되기 때문에, 다양한 주파수 f의 전압 신호가 RLC 회로 전체에 인가되고 있을 때는, R의 양단 전압을 관측하고 있으면 이 주파수의 전압만 크게 관측되고 그렇지 않은 주파수의 전압 신호는 작아진다. 따라서, 저항 R의 전압을 알아냄으로써 다양한 주파수의 신호에서 공진주파수의 신호만을 추출 할 수 있다. 이 경우 I–f의 파형이 예리하면 예리할수록 특정 주파수만을 선별하기 쉬워진다. I와 f의 특성을 평가하기 위해서는 필터회로의 차단주파수에 해당하는 주파수 f_1, f_2를 $\phi(f_1) = \pi/4$, $\phi(f_2) = -\pi/4$가 되는 주파수로 정의한다.

위의 ϕ의 관계에서 $R = -2\pi f_1 L + 1/2\pi f_1 C$, $R = 2\pi f_2 L - 1/2\pi f_2 C$가 되는 것을 알 수 있다. 즉 f_1, f_2에서 $|Z| = \sqrt{R^2 + R^2} = \sqrt{2}R$이 되므로,

$I(f_1) = I(f_2) = \dfrac{V}{\sqrt{2}R} = \dfrac{I_0}{\sqrt{2}}$이 된다. 이 f_1, f_2를 사용하여 I–f 특성이 좋고 나쁨을 Q값 $Q = \dfrac{f_0}{f_2 - f_1}$로 표시한다. $f_2 - f_1$이 작으면 파형은 예리해지며 Q값이 커지게 됨을 알 수 있다. RLC 병렬 회로에 관한 특성은 그림 5.37에 그려둔다. 이 회로에서도 직렬 회로와 마찬가지 방식으로 평가할 수 있음을 그림으로부터 분명히 알 수 있다.

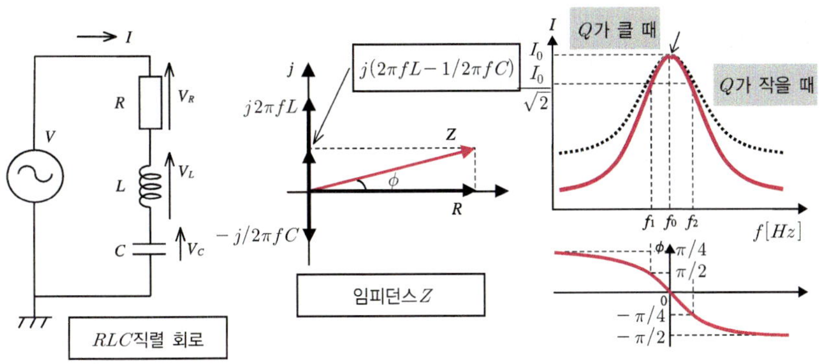

그림 5.36 RLC 직렬 공진회로의 임피던스와 주파수 특성

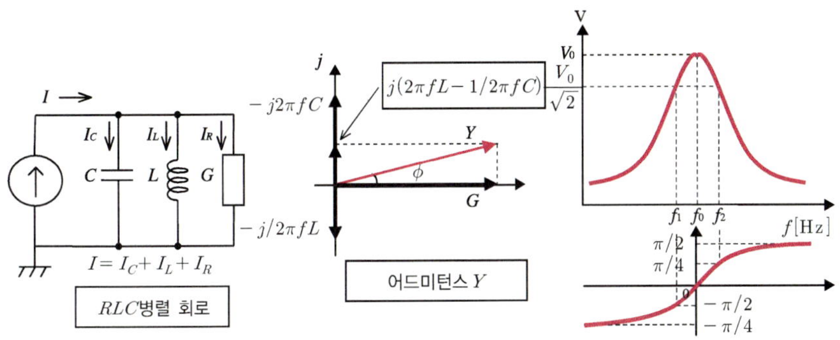

그림 5.37 RLC 병렬 공진회로의 어드미턴스와 주파수 특성

6 커패시터의 용량 개선

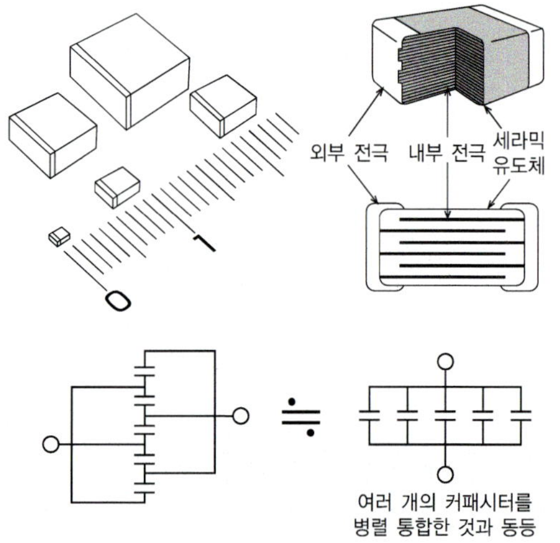

그림 5.38 적층 세라믹 커패시터

표 5.2에 나타낸 바와 같이, 커패시터는 용량에 따라 종류가 다르다. 예를 들어, 용량이 큰 경우는 전해액을 유전체로 한 전해 커패시터가 일반적으로 사용된다. 그러나 이 커패시터는 그림 5.23에 나타난 바와 같이 전해액을 캔으로 봉입하고 큰 용량만큼 크기도 커진다. 또한 고주파 특성이 나쁘다는 단점도 있다. 그래서 상대적으로 주파수 특성이 좋은 세라믹을 사용하여 대용량의 커패시터가 제작되고 있다. 그림 5.38은 적층 세라믹 커패시터의 구조와 외형을 보여준다. 이러한 구조에 의해, 전해 커패시터 아니면 얻지 못하는 100 μF 이상의 대용량의 커패시터가 수 mm × 수 mm 크기의 칩형 커패시터로 제작되게 되었다. 이 적층 세라믹 커패시터는 그림과 같이 매우 얇은 세라믹 층을 전극에 끼우는 구조로 되어 있다. 전극 사이에 삽입하는 재료의 두께 d가 얇을수록 정전용량은 증가하고 층을 쌓아감으로써 등가적인 전극 면적 S도 증가하기 때문에, 비유전율이 비교적 큰 산화 티타늄이나 티타늄산 바륨 세라믹을 사용하여 이러한 구조로 제작함으로써 작고 정전용량이 큰 커패시터를 얻을 수 있었다. 칩 커패시터는 1980년대에 3.2 × 1.6 mm(3216) 크기가 주류였지만 현재 휴대전화 등에서는 1005 (1.0 × 0.5 mm)가 주류이며, 향후 0603(0.6 × 0.3 mm), 심지어 0402(0.4 × 0.2 mm)로 전환될 것으로 예상되고 있다. 적층 세라믹 커패시터의 대용량화와 소형화의 속도는 급격해져, 3216 사이즈로 비교하면, 1980년대에 비해 용량은 약 1,000배 증가하였고, 또한 0.1 μF의 정전용량을 가진 커패시터의 크기를 비교하면 3216 크기에서 0603 사이즈로 소형화되어 체적이 1/100까지 축소되었다. 한편, 전해 커패시터를 개선하여 대용량의 충방전

이 고속화 된 전기 이중층 커패시터도 개발되고 있다. 이 전기이중층 커패시터는 표면적(단위 질량당 표면적)이 매우 큰 활성탄을 전극으로 사용하는 것으로, 과거의 전해 커패시터 보다 큰 용량의 커패시터를 제조할 수 있으며, 일반 전해 커패시터의 약 100배의 정전용량(수십 mF ~ 수십 F)을 가진 것이 개발되고 있다. 그림 5.39는 전기 이중층 커패시터의 구조를 보여준다. 제품 중에는 하나의 셀에 2000 F과 같은 매우 큰 정전용량 제품도 개발되고 있다. 활성탄은 표면적이 매우 크기 때문에 탈취제 등에 사용되지만, 이것은 큰 표면적이 냄새의 원인이 되는 이온을 흡착할 수 있기 때문이다. 이와 같이 전기이중층 커패시터에서도 활성탄이 전해액의 이온을 다량으로 흡착하기 때문에 많은 전하량을 축적할 수 있게 된다. 게다가 전해액으로는 많은 제품에서 유기계 전해액이 사용되며, 그 대표적인 예로는 프로필렌 카보네이트계(PC 계)와 아세토 니트릴 계(AN 계)의 2종류가 있다. AN 계 전해액은 내부저항이 낮은 좋은 성질을 가지고 있지만 전해액의 휘발 온도가 낮기 때문에 사용 환경 온도가 제한되고 발화시 유독한 시안가스을 발생할 우려가 있기 때문에 안전성을 중시하는 경우에는 PC 계 전해액이 사용된다. 최근에는 전기 자동차나 자연 에너지를 이용한 발전에 사용하는 배터리의 개발이 활발하게 이루어지고 있지만, 기존의 배터리는 전해액과 전극과의 화학 반응에 의해 전기를 충전하기 때문에 충방전의 반복에 의해 전극재료가 열화한다. 그러나 전기 이중층 커패시터는 기본적으로는 커패시터이므로 전극에서 화학반응이 없고, 반복으로 사용이 가능하다는 것이 장점이다. 또한 충방전은 배터리 정도의 시간이 필요로 하지 않으므로, 전기 기기의 전원 OFF 시에 실시간 클럭과 메모리 IC의 동작을 유지하는 백업 전원 및 액츄에이터 모터 등의 기동・운전 시의 전력 어시스트 공급 전원 등에 사용되고 있으며, 향후에는 하이브리드 자동차와 연료전지 자동차 등에 이용되어질 것으로 예상된다.

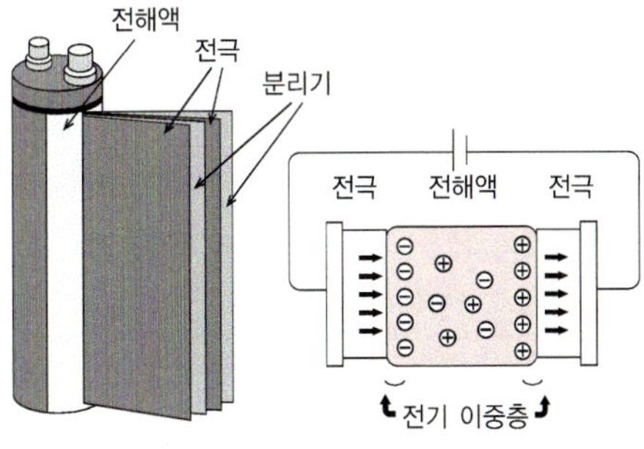

그림 5.39 전기 이중층 캐패시터

정리

커패시터는 교류 전원의 평활화나 필터회로, 공진회로 등 여러 용도로 전기, 전자기기에 사용되는 중요한 소자이다. 평행판 커패시터의 정전용량 C는 평판 사이의 유전체재료의 유전율을 ε, 평판 전극의 면적을 S, 평판 사이의 거리를 d라고 하면 C = εS/d로 결정된다. 따라서 용도에 따라 다양한 유전율 ε 재료가 선택되고, 면적 S와 전극 간의 거리 d에 의해 모양새가 결정된다. 또한 재료와 형상을 고려하여 대용량화나 소형화를 도모할 수 있다.

5-4 절연재료의 종류와 응용

Key point

여기에서는 주로 고전압 기기에 사용되는 절연재료의 구체적인 응용 예를, 기체, 액체 및 고체 절연재료로 나누어 제시하고, 이러한 특징에 대해 학습한다.

1 기체 절연체

기체 절연재료로 가장 많이 이용되고 있는 것은 공기이다. 전력 송전에서는 가공선(철탑에 의해 중계된 전선)이 사용되지만, 최대 100만 볼트의 교류 고전압을 송전할 때 주로 사용되는 절연체는 공기이다. 물론 기체만으로 전선을 지탱할 수 없으므로 철탑에서 전선을 지지하기 위하여 유리나 세라믹으로 된 애자(지지)가 사용된다. 애자는 그림 5.40과 같이 복잡한 형상을 하고 있는데, 그 이유는 이것은 방전이 절연재료의 표면을 타고 발생하는 특성을 고려하여 정해진다. 그림 5.41에 나타낸 바와 같이, 금속과 절연체와 기체(또는 진공)가 접촉하고 있는 점을 특히 3중점(triple junction)이라고 한다. 이 3중점의 금속에 높은 전압이 인가되면 방전이 접지점을 향해 절연체 표면을 따라 발생한다. 이러한 방전을 연면 방전이라고 한다. 연면 방전이 여러번 발생하면 절연체의 표면이 열화되는 트래킹이라는 현상이 발생하고, 방전이 발생하기 더 쉬워진다. 가정용 콘센트 등에는 먼지가 쌓이는 것 때문에 연면 방전이 발생하고, 화재의 원인이 되는 것으로 알려져 있다.

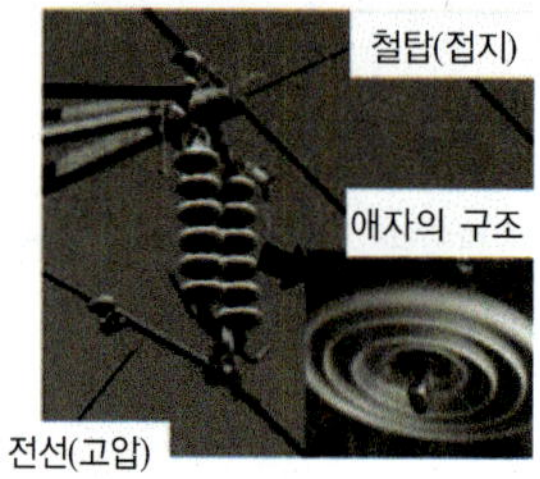

그림 5.40 애자와 그 구조

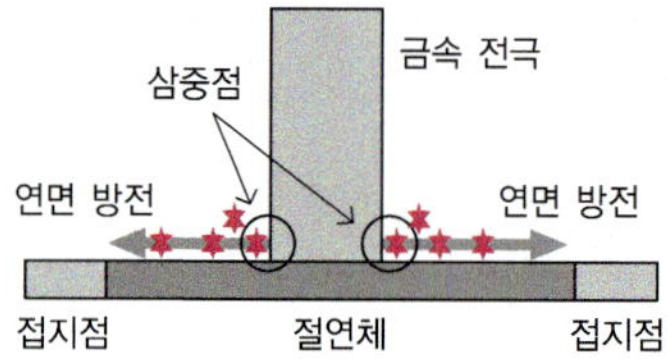

그림 5.41 삼중점 및 연면 방전

더욱이, 연면 방전이 도달하는 접지점까지의 경로를 길게하면 할수록 연면 방전은 발생하기 어렵게 된다. 그러므로 애자는 높은 전압의 전선 부분과 접지되어 있는 철탑 사이를 되도록이면 연면 경로가 길어지도록, 그림 5.40에 나타낸 바와 같이, 파도가 치는 듯한 형상으로 설계하고 있다. 애자는 고전압 선로가 있는 곳에는 어디에서도 사용되고 있다. 때문에 철도에 전압을 공급하는 전선이나 전주 등 평소 무심코 보고 있는 풍경에서도 애자를 볼 수 있다.

이야기가 빗나갔지만, 애자를 통해 철탑에 연결되어있는 부분이외에는 전선은 공기로 절연되어 있기 때문에, 송전 전압이 높을수록 접지점인 지상으로부터 높게 고압선을 배치해야 한다. 즉, 높은 철탑일수록 고전압으로 송전하고 있음을 나타내고 있다. 그런데, 이 전송로에서 사고가 발생하거나 점검 작업을 실시할 경우에는, 전압을 차단해야 할 필요가 있고 이때 차단기가 필요하다. 이른바 전기회로의 스위치이다. 사고 시에는 신속히 전압을 차단해야 할 필요가 있어 때로는 0.1s 이하로 전압을 차단하는 경우도 있다. 단, 이런 급속한 차단은 매우 위험하다. 다음의 식은 인덕턴스 L의 코일에 대한 전자유도식이지만, 이 표현은 그림 5.42와 같이 인덕터 전류 $i(t)$을 흘린 후 스위치를 개방하면 고전압 $v_L(t)$가 발생하는 것을 보여준다.

$$v_L(t) = L\frac{di(t)}{dt} \tag{5.44}$$

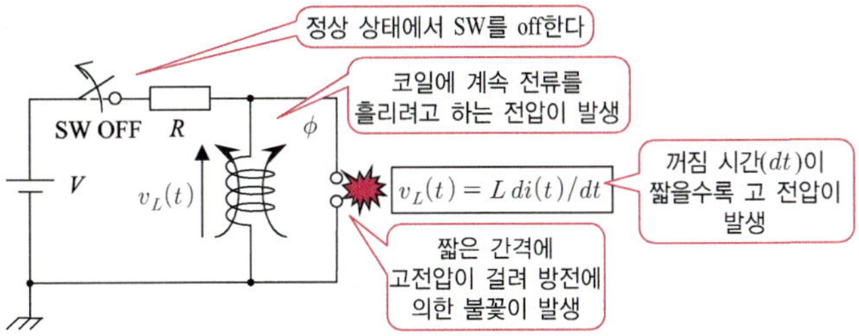

그림 5.42 전자 유도와 갭방전

고전압이 발생하는 코일 양단에 미소 갭을 설치해두면 이 고전압의 간극 사이에서 불꽃 방전이 발생한다. 이 현상은 엔진의 점화 플러그를 위한 점화코일에 이용되고 있다. 또한 형광등에서는 관내에서 방전을 유발하여 발광시키지만 방전을 발생시키기 위해서는 높은 전압이 필요하다. 그래서 이 현상을 이용하여 방전 개시관(스타터) 내에서 고전압을 발생시켜 방전하는 구조로 되어 있다. 이와 같이 고전압의 발생을 이용할 수도 있지만, 앞에서 언급한 전력 송전선로에서 스위치를 차단하면 엄청난 고전압이 발생하게 되어 어려운 문제가 된다. 이전에는 이 차단용 절연체로서 공기를 사용하였지만, 최근에는 매우 우수한 기체 절연체인 SF_6(6불화황) 가스를 이용한 GIS(gas insulated switchgear) 차단기가 국내에서 개발되어 사용중이다.

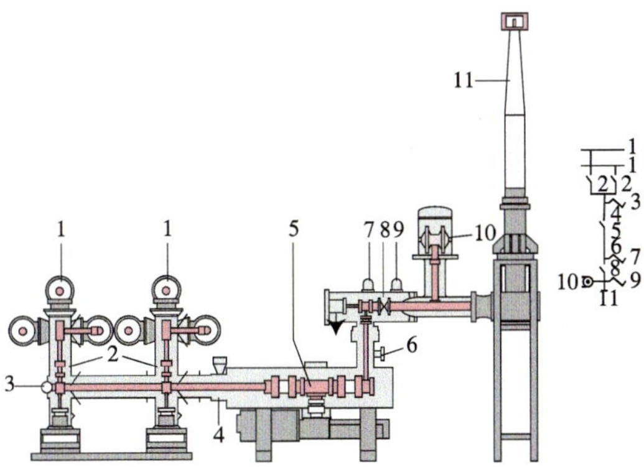

그림 5.43 GIS의 구조((주) 도시바 550kV 이상 용)

그림 5.43은 SF_6가스를 차단기(개폐기)에 사용한 GIS의 구조를 보여준다. 그림 중 5의 부분이 차단기 부분이지만, 이 부분을 포함한 관로 전체가 SF_6가스로 가득 차 있다. SF_6가스는 불활성이고 불연체이며, 차단 시 아크 방전의 발생을 막아 준다. SF_6가스는 차단기 외에도, 변압기 등에서도 이용되고 있다. 이 SF_6 덕분에 차단기의 크기는 작아지고 소음도 감소시킬 수 있게 되었다. 그러나 SF_6는 온실효과를 일으키기 때문에 최근에는 사용이 제한되고 있어 대체 가스가 모색되고 있지만 불행히도 SF_6가스와 동등한 성능을 가진 가스는 아직 발견되지 않았다. 그래서, 현재는 더욱 크기를 더 소형화시키기 위하여 고체 절연재료를 사용한 차단기 등의 개발이 진행되고 있다.

주요 기체 절연재료의 특성을 표 5.3에 요약하였다. SF_6가스 외에도 우수한 절연성을 나타내는 가스가 있지만, 모두 독성과 오존층 파괴의 위험이 있어서 사용이 금지되고 있어서, 대체가스 개발 및 고체 등 다른 재료를 사용하는 방법의 개발이 시급한 과제가 되고 있다.

표 5.3 주요 기체 절연재료의 특성표

명칭	분자식	분자량	절연 내력 비*	비점[℃]
6불화 유황	SF_6	146.06	1	-64(승화)
공기	(혼합가스)	약 29	0.37	-190
질소	N_2	28.01	0.37	-196
이산화탄소	CO_2	44.01	0.35	-79(승화)
R-11**	CCl_3F	137.4	1.84	26
R-12**	CCl_2F_2	120.9	1.04	-30
R-13	$CClF_3$	104.5	0.53	-81
R-14	CF_4	88.01	0.4	-128
사염화 탄소***	CCl_4	153.8	2.4	-78

* SF_6를 1로 했을 경우의 상대적인 절연파괴 강도.

** 대기권 밖의 오존층을 파괴하기 때문에, 현재는 사용 금지.

*** 독성 때문에 사용 금지.

2 액체 절연재료

그림 5.44는 변압기의 구조를 보여준다. 변압기는 1차측(P : Primary)과 2차측(S : Secondary)의 권선의 감은수 비율에 따라 1차측의 교류 전압을 승압시키거나 강압시켜 2차측으로 출력하는 기기이다.

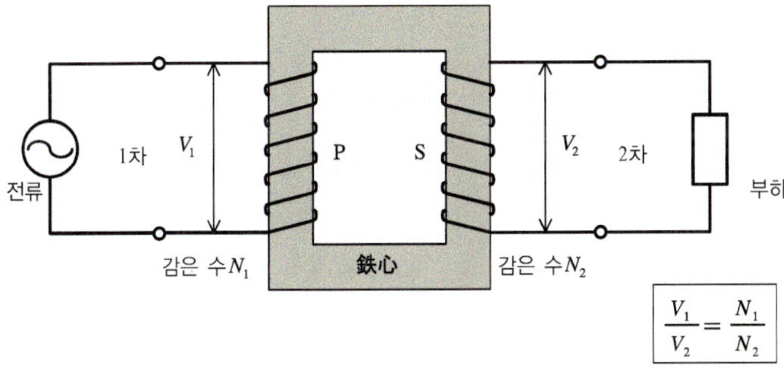

그림 5.44 변압기의 구조

예를 들어, 그림 5.45는 전주에 설치된 주상 변압기와 구조를 보여준다. 이러한 일반 전주에서는 배전선로로서 22.9 kV의 교류 전압이 공급되고 있지만, 그것을 가정으로 인입시킬 때는 220 V로 전압을 강압한다.

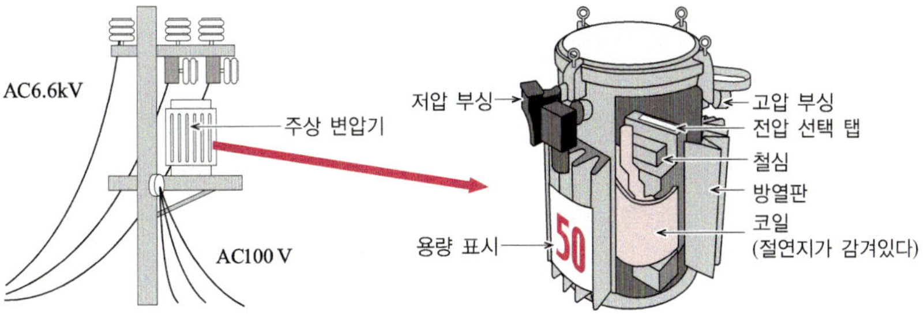

그림 5.45 주상 변압기와 구조

이 전압 강하의 역할을 하는 것이 주상 변압기이다. 그러나 발전소로부터 전력이 전송될 때 전압이 150 kV를 초과하는 경우가 있으므로 이 전압을 강하시키기 위해서는 고전압용 변압기가 필요하다. 그림 5.46은 거대한 건축물 크기의 특별 고압 변압기(2 MVA)의 예를 보여주고 있다. 이러한 변압기의 경우, 일반적으로 내부를 절연하기 위해 절연유가 사용된다. 변압기는 광유라고 불리는 절연유가 주로 사용되지만, 광유라는 명칭은 원유에서 생산된 기름의 총칭이다. 원유는 파라핀 계, 나프텐 계, 방향족 계 등의 종류가 있으며, 화학 성분은 모두 탄화수소이다. 표 5.4에 각종 절연유의 특성을 나타낸다. 또한 아래에 주요 절연유의 특성을 설명하였다.

그림 5.46 고압 변압기
(주 미쓰비시 2MVA 이상)

표 5.4 주요 절연유의 특성

절연유		광유	알킬 벤젠	폴리 부텐	알킬 나프탈렌	실리콘유
특성	동점도 [mm^2/s] (40℃)	8.0	8.6	103	7.5	39
	인화점[℃]	134	132	170	150	300
	유동점[℃]	−32.5	< -50	−17.5	−47.5	< -50
	비유전율 (80℃)	2.18	2.18	2.15	2.47	2.53
	유전정접 (80℃)	< 0.01	< 0.01	< 0.01	< 0.01	< 0.01
	체적저항률 (80℃)[W · cm]	3×10^{15}	$> 5 \times 10^{15}$	$> 5 \times 10^{15}$	$> 5 \times 10^{15}$	$> 5 \times 10^{15}$
	파괴전계 [kV/2.5 mm]	75	80	65	80	65

(1) 광유

광유는 변압기, 커패시터, 전력 케이블 등에 사용된다. 커패시터나 전력 케이블에 사용되는 경우에는 절연지 등에 광유를 침투시켜 사용하는 것이 많다. 절연유 중 방향족 성분은 산화를 억제하고, 부분 방전에 의해 발생하는 가스 성분을 흡수하는 작용이 있으므로 열화를 억제하는 작용을 한다.

(2) 알킬 벤젠

벤젠, 나프탈렌 등의 알킬 치환체이다. 고온 전계 하에서의 절연 특성이 양호하기 때문에 OF(유침) 케이블에 사용된다. 이 중 나프탈렌 알킬 치환체인 알킬 나프탈렌은 절연지에 함침시키면 절연 성능이 향상되므로 커패시터에 사용된다. 이 절연유는 PCB* 대체용 재료로도 이용되고 있다.

* : 커패시터와 변압기의 절연유로 과거에 PCB(폴리 염화 비페닐)이라는 매우 우수한 액체가 사용되고 있었지만, 이 절연유는 독성, 발암성이 높아, 현재 전 세계적으로 제조・수입・사용이 금지되어 있지. 그러나 금지전까지 생산, 사용된 PCB를 이용한 커패시터와 변압기의 숫자는 매우 많지만 PCB의 분해는 매우 어렵고 지금도 다량의 PCB가 처리되지 않고 보관되어 있지. 그러나 사용이 금지된 후 매우 오랜 세월이 흘렀고 그 보관・관리가 허술한 경우도 많아서 국내에서는 사회 문제 중 하나가 되고 있지.

(3) 실리콘 오일

실록산 결합(-Si-O-)을 가지고 있는 절연유로서, 점도가 다른 것들이 많이 존재한다. 절연 내력이 높고, 난연성이고, 점도의 온도 변화가 작다는 등의 우수한 특징을 지녔지만, 광유에 비해 수분의 용해량이 큰 것이 단점이다. 난연성을 가지고 있어 철도 차량 변압기에 사용되며, 또한 플라스틱에 대한 팽윤성이 작기 때문에 CV 케이블 종단 접속부의 충전 절연유로 사용된다.

절연유는 변압기처럼 큰 전류를 흐르게 하는 고전압 기기에서 특히 중요하다. 대전류가 흐르면 발열하기 때문에 그것을 방열해야 한다. 그래서 변압기에서 절연유가 절연하는 동시에 냉각재의 역할도 감당하고 있다. 물론 소형 변압기는 진공 또는 고체 절연체가 절연재료로 사용되고 있지만, 고압 변압기에서는 전열 특성이 좋은 절연유가 사용된다. 그러나 고압 변압기에 절연유를 사용하면 유동 대전 이라는 현상에 의해 고전압이 발생하고 폭발하는 사고가 발생하기도 한다.

** : 변압기의 절연유는 변압기 내에서 대류에 의해 순환하지만, 부분적으로는 그 유속이 커질수가 있어 프레스 보드 등의 고체 절연체에 접하고 있는 절연유의 유속이 커질수록 마찰 전기처럼 절연체 표면에 전하가 대전하는 유동 대전이라는 현상이 발생할 수 있는 것이지.

이처럼 절연유는 폭발 등의 위험이 있으므로 정기적인 검사를 통해 절연유의 열화나 불순물의 혼입 등을 방지해야 한다. 또한 절연유는 케이블의 절연체로도 사용된다. 그림 5.47은 OF(oil filled : 유침) 케이블의 일반적인 구조를 보여준다. 이 케이블은 도체인 구리 중심부가 비어있어 그 부분에 절연유를 넣고 절연유가 들어가서 나오는 구조로 되어 있다. 절연유는 기름 유침지(크라프트지나 반합성 종이)로 된 절연체를 적셔서 내부 반도전층과 외부 반도전층 사이를 절연하는 구조로 되어있다. OF 케이블은 일반 교류 전압의 배전용으로 사용되었지만 현재는 고체 절연재료인 가교 폴리에틸렌(XLPE)을 사용한 케이블이 주류를 이루고 있다. 그러나 직류 송전용 케이블에는 지금도 야케이블이 사용되고 있다. OF 케이블은 미소 부분에서 절연파괴가 발생해도 기름이 그 부분을 보수하기 때문에 내구성, 신뢰성이 높은 케이블이지만, 사고시의 절연유 유출의 위험이나 인화에 의한 폭발 위험성, 유지 보수의 필요성 등의 이유로 직류 케이블에서도 고체 절연재료를 사용한 케이블로의 전환이 시도되고 있다.

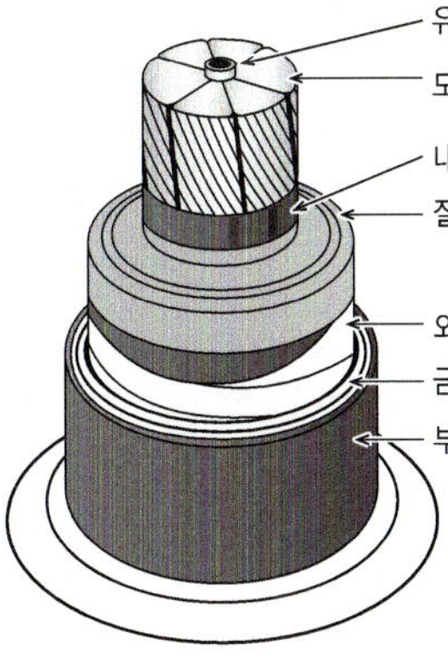

그림 5.47 OF케이블의 일반적인 구조

3 고체 절연재료

고체 절연재료의 예로서, 먼저 동축 케이블의 절연재료를 살펴보자. 그림 5.48은 신호선용 동축 케이블의 구조를 보여준다. 동축 케이블은 내부 도체와 외부의 쉴드 도체 사이를 폴리에틸렌 등의 절연체로 절연하는 구조로 되어 있지만, 그 형상을 적당히 정하는 것은 아니다. 고주파 신호를 전송하는 경로로는 이른바 '분포정수회로'라고 하는 경로가 필요하며, 다음 식으로 표현되는 특성 임피던스라는 양이 중요해진다.

$$Z = \sqrt{\frac{L}{C}} \tag{5.45}$$

여기서 동축 케이블의 단위 길이당 커패시턴스를 C [F]로 하고, 인덕턴스를 L [H]로 하고 있다. 분포정수회로인 동축 케이블에서, 내부 도체의 반지름이 a [m], 외부 도체의 반지름이 b [m]인 동축 케이블의 단위 길이당 C는 도체 사이에 인가한 전압을 ϕ [V], 그 때 단위 길이 당 유도된 전하량을 λ [C/m], 절연재료의 유전율을 ε [F/m]이라고 하면, 다음 식으로 계산할 수 있다.

$$C = \frac{\lambda}{\varphi} = \frac{\lambda}{-\int_b^a E dr} = \frac{\lambda}{\int_a^b \frac{\lambda}{2\pi r \varepsilon} dr} = \frac{2\pi\varepsilon}{\ln\frac{b}{a}} \tag{5.46}$$

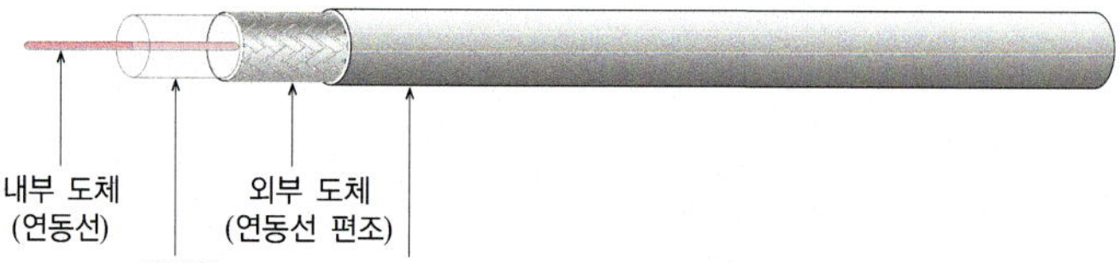

그림 5.48 동축 케이블의 구조

또한 단위 길이당 인덕턴스 L은 전류 I가 흐를 때의 자속 Ψ [Wb], 동축 케이블 중심에서 반경 r [m]인 점의 자속밀도를 B [T], 절연체의 투자율을 μ [H/m]라 하면 다음 식으로 표시된다.

$$L = \frac{\Psi}{I} = \frac{-\int_a^b B dr}{I} = \frac{1}{I}\int_b^a \frac{\mu I}{2\pi r} dr = \frac{\mu \ln\frac{b}{a}}{2\pi} \tag{5.47}$$

따라서 동축 케이블의 특성 임피던스는 다음 식과 같이 된다.

$$Z = \sqrt{\frac{L}{C}} = \frac{1}{2\pi}\sqrt{\frac{\mu}{\varepsilon}} \ln\frac{b}{a} \tag{5.48}$$

덧붙여서, 진공의 유전율 $\varepsilon_0 \fallingdotseq 8.854 \times 10^{-12} \mathrm{F/m}$, 진공의 투자율 $\mu_0 = 4\pi \times 10^{-7} H/m$이므로, 진공 상태의 공간에서 특성 임피던스 Z_0는 다음 식으로 주어져 동축 케이블의 특성 임피던스와의 차이는 케이블 형상 요소(ln(b/a))와 절연재료의 특성(ε, μ)에 의한 것임을 알 수 있다.

$$Z = \sqrt{\frac{\mu_0}{\varepsilon_0}} \,(\fallingdotseq 377\Omega) \tag{5.47}$$

우에서 기술한대로 진공 공간의 특성 임피던스 $Z_c \fallingdotseq 377\Omega$ 이다. 동축 케이블 등에서 사용되는 절연체의 비투자율 μ_r은 대부분의 경우 $\mu_r = 1$이 되므로, 동축 케이블에서 이 값 이상의 특성 임피던스는 존재하지 않는 것이다. 또한 동축 케이블의 특성 임피던스는 절연재료의 비유전율 ε_r과 내부 도체와 외부 도체의 반경 비율로 결정하게 된다.

동축 케이블의 경로 단말에 저항 부하를 연결할 경우, 부하와 분포정수회로의 임피던스가 달라지게 되면, 연결 부분에서의 반사가 발생하기 때문에 부하에 신호를 제대로 전달할 수 없다. 일반 동축 케이블은 특성 임피던스가 50 Ω 또는 75Ω 으로 정해져 있으며, 이것에 연결하는 증폭기 등의 기기의 입력 임피던스도 이에 맞춰 정해져 있다.

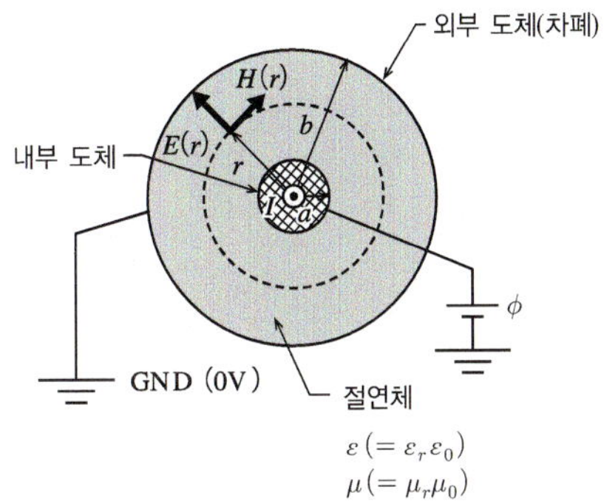

그림 5.49 동축 케이블의 전계와 자계

예제 1

특성 임피던스가 50 Ω 인 폴리에틸렌을 절연체로 하는 동축 케이블에서, 신호의 전파 속도와 단위길이당 커패시턴스를 구하라. 단, 폴리에틸렌의 비유전율을 2.2, 비투자율을 1로 한다.

해답 식 (5.48)에서 $Z = 50\ \Omega$, $\varepsilon_r = 2.2$이며, 식 (5.49)에서 $Z_0 \fallingdotseq 377\ \Omega$ 이므로 ln(b/a) ≒ 1.24가 되어, 식 (5.46)에 대입하면 C ≒ 100 pF이 되는 것을 알 수 있다. 한편, 신호의 전파 속도 v는 식 (5.13)에서 $v \fallingdotseq 2 \times 10^8$ m/s이다. 즉, 대략 커패시턴스는 케이블의 종류에 따라 정해져있어 신호 전달에도 시간이 걸린다는 점이 이해될 수 있을 것이다.

그런데, 고전압 송전용 동축 케이블은 절연체로 고체 절연체인 가교 폴리에틸렌을 사용한다. 폴리에틸렌은 유연성(구부릴 수 있는 성능)이 우수하고, 높은 절연파괴 값을 가지며, 비유전율, 유전손실률이 작기 때문에 전력 소비가 적어서, 고전압을 송전하는 케이블의 절연체에 적합하다. 또한 가열 상태에서 녹여, 냉각시키면 굳기 때문에 자유롭게 모양을 만들 수 있다. 이 성질을 열가소성이라고 한다. 표 5.5에 열가소성 수지의 주요 특성을 나타낸다. 한편, 압축중합 반응에 의해 생성된 고분자가 가열에 의해 그물망 또는 입체적으로 결합하여 일단 굳어지면 딱딱하게되고 용제에 녹기 어려운 수지가 되는 성질을 열경화성라고 한다. 표 5.6에 열경화성 수지의 여러 특성을 나타낸다.

표 5.5 열가소성 수지의 여러가지 특성표

수지	LDPE (저밀도 폴리에틸렌)	PP (폴리 플로필렌)	PVC (폴리 염화비닐 (연질))	PS (폴리 스티렌)	PET (폴리에틸렌 테레프탈 레이트)	PTFE (폴리 테트라 플루오로 에틸렌)
녹는점(℃)	106 ~ 115	168	75 ~ 105	(100 ~ 105)	254 ~ 259	327
비중	0.917 ~ 0.932	0.90 ~ 0.91	1.16 ~ 1.35	1.04 ~ 1.05	1.34 ~ 1.39	2.14 ~ 2.20
인장강도 (MPa)	8 ~ 31	31 ~ 41	10 ~ 24	36 ~ 52	59 ~ 72	14 ~ 34
연신율(%)	100 ~ 650	100 ~ 600	200 ~ 450	1.2 ~ 2.5	50 ~ 300	200 ~ 400
비유전율	2.2	2.2	4.0 ~ 8.0	2.4 ~ 2.7	3.2	2.0 ~ 2.1
유전손실률	0.0003	0.0003	0.07 ~ 0.16	0.0005	0.005	<0.0001
체적저항률 (W · m)	10^{18}	10^{20}	$10^{13} \sim 10^{16}$	$10^{9} \sim 10^{18}$	10^{20}	$>10^{20}$
절연파괴 강도(MV/m)	120	110	60 ~ 70	200	130	40 ~ 80

표 5.6 열경화성 수지의 여러가지 특성표

명칭	밀도 (g/cm³)	선팽창 계수 $\times10^{-5}$(1/℃)	체적저항률 (W · cm)	절연파괴 강도 (kV/mm)
실리콘 수지	1.265	1.5	$10^{11} \sim 10^{12}$	18
페놀 수지	1.25 ~ 1.30	2.5 ~ 6.0	$10^{11} \sim 10^{12}$	12 ~ 16
에폭시 수지	1.1 ~ 1.4	4.5 ~ 6.5	$10^{12} \sim 10^{17}$	20 ~ 50
폴리에스테르 수지	1.1 ~ 1.46	5.5 ~ 10	10^{14}	15 ~ 18

(전기공학핸드북(제7탄)에서 전재)

전력 송전용 고전압 케이블의 절연체로 뛰어난 성능을 발휘하는 것이 폴리에틸렌이지만, 열에 약한(융점이 낮은) 단점이 있다. 저밀도 폴리에틸렌은 60℃가 넘으면 수지가 부드러워져(연화), 케이블 등에서는 코어(심선)가 한 쪽으로 치우쳐질 수 있다. 특히 전력 송전용 고전압 케이블은 매우 큰 전류를 흘리기 때문에 심선 부분의 온도가 90℃ 정도가 될 수 있어, 이러한 송전 용 고전압 케이블의 절연체로의 온도가 폴리에틸렌의 분자 사슬을 가교한 가교폴리에틸렌(XLPE : Cross linked polyethylene)을 사용한다.

그런데 이 같은 전력 송전용 동축 케이블에서는 그 에너지는 어떻게 이동시킬까? 어쩐지 내부 도체 내를 에너지가 흐르고 있는 것 같은 인상을 갖고 있을지도 모르지만, 영국의 물리학자 포인팅(Poynting)에 따르면, 전자파에 의해 수송되는 단위 시간 · 단위 면적당 에너지 벡터(포인팅 벡터)를 S [W/m²]라고하면 다음 식이 성립한다고 한다.

$$S = E \times H \quad (5.50)$$

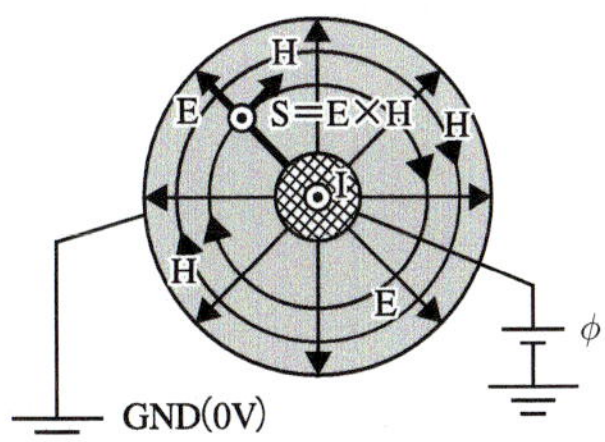

그림 5.50 동축 케이블의 포인팅 벡터

여기서 E, H는 전자파의 전계 벡터 및 자계 벡터이다. 이를 동축 케이블에 적용 해보면 전계 벡터 E는 그림 5.50에 나타낸 바와 같이, 내부 도체에서 외부 도체에 방사형으로 뻗어 있으며, 자계 벡터 H는 내부 도체 주위에 원주 형태로 존재하고 있다. 따라서 포인팅 벡터 S는 E 와 H에 수직으로 케이블의 길이 방향으로 전파하고 있음을 알 수 있다. 즉, 전계 벡터와 자계 벡터가 존재하는 영역은 절연체의 영역이 되므로, 절연체 속에서 에너지가 전파되고 있다는 것을 알 수 있다. 포인팅 벡터는 수송되는 에너지 밀도를 나타낸다. 때문에 효율좋게 에너지 전달을 하기 위해서는 E를 크게 하거나 아니면 H를 키우는 방법 밖에 없다. 자계 H는 전류 I에 비례하기 때문에, I를 최대한 크게 하는 방법으로 초전도 재료가 개발되고 있다. 한편, E를 크게 하기 위해서는 전압을 높일 필요가 있으므로 절연체의 성능을 높여야 한다. 즉 "초절연"이라고도 불리는 것처럼, 매우 높은 전계에 견딜 수 있는 재료의 개발이 필요하다. 초전도 현상과 절연 현상은 엄연히 반대의 특성을 목적으로 재료 개발이 이루어지고 있다고 하지만, 결과적으로 사실 같은 목적의 재료 개발인 것은 매우 흥미로운 것이다.

고체 절연재료의 가장 큰 특징은 뭐니 해도 높은 절연 성능이다. 폴리에틸렌 등 고분자 절연재료는 사용 온도에 따라 절연성능이 달라지지만, 절연파괴 전계가 100 kV/mm를 넘는 것이 많이 존재한다. 한편, 절연유 등의 액체는 50 kV/mm 이하, 기체에서는 몇 kV/mm 정도이다. 따라서 고전압 기기 등의 크기를 작게하기 위해서는 고체 절연재료를 사용하는 것이 바람직하지만, 실용화하려면 꽤 어려운 과제일 수 있다. 예를 들어, 전술한 바와 같이, 변압기 등에서는 대전류를 흐르게 하기 때문에 열이 발생하므로 방열을 할 필요가 있지만, 고체 절연재료의 대부분은 열전도 특성이 나쁘고, 발생한 열을 방열할 수 없어, 절연재료 자체의 온도가 상승하여 절연파괴 등이 발생하기 때문에 사용할 수 없다. 또한 코일 등의 복잡한 형상을 갖는 기기에서는 절연재료를 권선 등에 밀착시키는 것이 어렵고, 기포 같은 것들이 존재하면 그 부분이 기점이 되어 절연파괴가 발생한다. 코일 권선과 발전기 등은 와니스상(액체)의 절연재료를 도포 또는 함침하며 고체화시킴으로써, 절연 피복하여 사용할 수 있지만 모든 고전압 장비에 적용 가능하지는 않다. 열경화성 수지인 에폭시 수지 등도 처음에는 점성이 있는 액상의 재료이므로 형틀에 넣어 고체화 시킨(몰드한다) 것이고 소형 기기를 제작할 수 있지만 금속 재료와 에폭시 수지에서는 열팽창율이 크게 다르기 때문에 열 이력에 의해 두 재료 사이에 박리가 발생하여 연면 방전을 발생시키는 문제가 발생한다. 이러한 과제를 해결하기 위해 현재도 새로운 재료 개발을 위한 연구가 활발히 진행되고 있다. 위에서 언급한 바와 같이, 고체 절연재료에 요구되는 성능으로 내열성을 들 수 있다. 특히 최근에는 인버터 소자 등에 사용되는 IGBT(insulated gate bipolar transistor)에서 모터에 매우 큰 전류를 흐르기 때문에 소자는 매우 뜨겁게 되므로 내열성이 많이 요구된다. 최근 내열성이 뛰어난 SiC(탄화 규소)에 의한 반도체 소자가 개발되어 그 소자를 패키지를 하기 위한 절연재료들도 매우 높은 내열성을 가진 것들이 사용된다. 보통 100℃ 이상에서 사용가능한 내열성이 높은 고분자 재료는 엔지니어링 플라스틱으로 불리고 있으며, CD의 기판 등에 사용되는 PC(폴리 카보네이트) 등이 그 대표격이다. 또한 150℃ 이상에서도 사용가능한 재료는 슈퍼 엔지니어링 플라스틱으로 불리고 프라이팬의 코팅 등에 사용되는 PTFE(폴리 테트라 플루오로에틸렌)와 PI(폴리이미드) 소자를 200℃를 넘어도 사용할 수 있다. 그러나 이러한 재료도 SiC 등을 사용할 때 요구되는 내열성을 충족시키지 못한다. SiC와 같은 뛰어난 소자를 효율적으로 사용하기 위해서라도 새로운 내열성 절연재료의 개발이 시급한 과제가 되고 있다. 또한 고체 절연재료로 복합 재료를 사용하는 경우도 있다. 예를 들어 FRP(fiber reinforced plastics : 섬유 강화 플라스틱)라는 재료는 가볍고 높은 강도를 가지고 있기 때문에 항공기와 자동차 바디로 이용되고 있다. 이러한 재료는 사실 유리 에폭시 기판으로 오래전부터 기계적 강도 및 전기적 특성이 좋아서 전자기기의 기판 재료로 사용되고 있다.

정리

전기 기기에는 기체, 액체, 고체 절연재료가 사용되고 그 용도와 환경에 따라 구분되어 있다. 대표적인 기체 절연재료인 SF_6을 이용한 송전로의 GIS(가스 절연 개폐 장치)는, 공기를 절연체로 한 지금까지의 개폐기에 비해 작고 저소음 장비이다. 광유 등의 액체 유전체는 발열을 수반하는 변압기 등의 대전류 기기에 이용되는 경우가 많으며, 절연체인 동시에 냉각재로의 기능도 가지고 있다. 또한 액체이기 때문에 복잡한 형상의 기기에서도 사용할 수 있다. 그러나 열화 및 유동대전 등이 원인이 되어 절연파괴가 발생하면 화재나 폭발의 위험성이 있기 때문에 흡습이나 불순물의 혼입 등에 의한 열화를 방지하기 위해 정기적인 유지 보수가 필요하다. 고체 절연체는 절연 내력이 높고, 기기를 소형화 하기 위해서 필수적이지만, 내열성, 전열성, 성형성에 문제가 있으며, 이것들을 향후 해결할 과제로 되어 있다.

5-5 유전재료의 종류와 응용

Key point

여기에서는 유전재료의 특징을 이용한 기기의 구체적인 응용 예를 보여준다. 특히 정전용량 변화의 검출은 스마트폰의 터치 스크린과 자이로 센서, 가속도 센서 등에 이용되고 있다. 또한 압전소자는 유전체재료의 일종이며, 초음파의 소나 발생기와 발진 회로의 수정진동자, 또는 휴대전화의 SAW 필터로도 사용되고 있어 우리에게 매우 친숙한 재료이다. 여기에서는 이러한 센서나 필터 등의 기본 원리와 사용 방법에 대해 학습한다.

1 정전용량의 변화를 검출하는 센서

(1) 터치 패널

어떤 센서는 정전용량의 변화를 측정할 수 있는데, 예를 들면 스마트폰의 터치 패널은 사람이 손가락으로 화면을 터치하여 그 부분의 전극간 정전용량이 변화하는 것을 감지하여 해당 위치에 손가락이 닿아 있는지를 감지한다. 그림 5.51과 5.52는 스마트폰의 화면 구조 예를 보여준다. 스마트폰의 화면에는 투명 전극이 격자 모양으로 세로 방향과 가로 방향으로 배치되어 있다. 이 세로 방향과 가로 방향의 전극 사이는 그림 5.52의 단면도와 같이 접착제를 통해 접착되어 있으며, 유리 표면을 터치하지 않으면 각 전극 간의 정전용량은 일정한 값을 표시한다. 이 상태에서 예를 들어 X3-X4와 Y4-Y5의 검은 동그라미로 표시한 위치를 손가락으로 만졌다고 하면 그림 5.53과 같이 인체는 접시된 도체로 간주할 수 있기 때문에, 유리 표면과 손가락 사이에 정전용량이 발생하고 X3-X4와 Y4-Y5 부분에서 검출되는 정전용량은 새로운 정전용량이 발생한 만큼 변화한다. 이 변화가 어떤 전극 사이에서 발생했는지를 감지하여 손가락이 닿은 위치를 찾을 수 있다. 이러한 검출 방식은 투영형 정전용량 방식으로 불리며 비교적 화면이 작은 스마트폰에 사용되고 있다. 이 정전용량을 계측하는 측정회로의 예는 그림 5.54와 같다. 이 회로는 먼저 SW1을 ON하여 전원에 연결한 후 C_c 전압이 전원 전압 V_{cc}가 될 때까지 R을 통해 충전된다(SW2, 3은 OFF 상태). 그 후, SW1을 OFF로 하면 C_r(비교용 커패시터)과 C_x(전극에서 화면 바깥쪽으로 향한 정전용량)의 각 전압 V_r, V_x는 다음 식과 같이 표시된다.

$$C_r : C_x = V_x : V_r$$

게다가, 이 상태에서 $V_r + V_x = V_{cc}$이다.

여기에서 화면에 손가락이 없는 경우 C_x는 작은 값을 취하므로 V_x는 상대적으로 커진다. 그러나 화면에 손가락이 있는 경우, 인체를 도체로 간주하면, 이 C_x가 유리를 통해 인체에 연결되는 것이므로, 유리에 대응한 정전용량이 발생하고 C_x은 손가락이 접촉하지 않을 때보다 큰 값이 된다. 이 상태에서는 V_x는 손가락이 없는 상태보다 작아진다. 이 상태에서 SW2와 SW3을 단시간에 ON/OFF시켜, 그것을 반복하면 ON일 때는 접지점에 전류가 흐르고 V_x는 점차 감소한다. V_x의 값이 비교기의 V_{ref}보다 작게 되면, 비교기의 출력이 완전히 교체되게 된다. 이 교체가 되기까지의 시간을 측정하면, 손가락이 없는 상태보다, 손가락이 있는 상태가 V_x의 초기 값보다 작아져서 빨리 완전히 교체된다.

즉, 이 시간의 변화를 보면, 그 지점에 손가락이 있는지 없는지를 판정할 수 있다. 이 작업을 모든 전류에 대해 반복하면, 어느 지점에 손가락이 놓이는지를 측정할 수 있다. 단, 이런 일련의 작업은 매우 고속으로 이루어진다.

그림 5.51 스마트폰 터치 패널의 구성

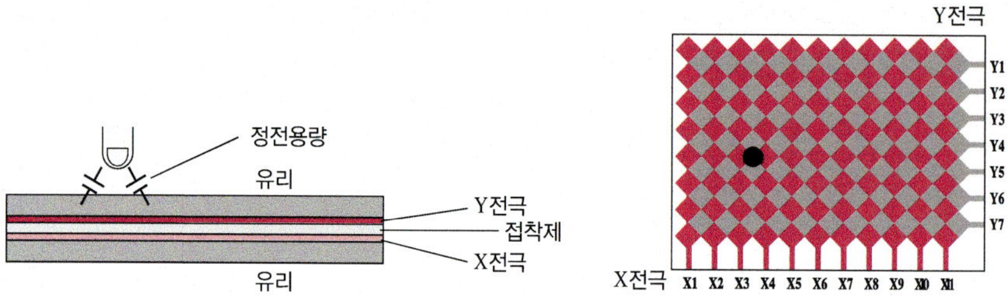

그림 5.52 터치 패널의 단면과 전극 배치 예(투영형 정전용량 방식)

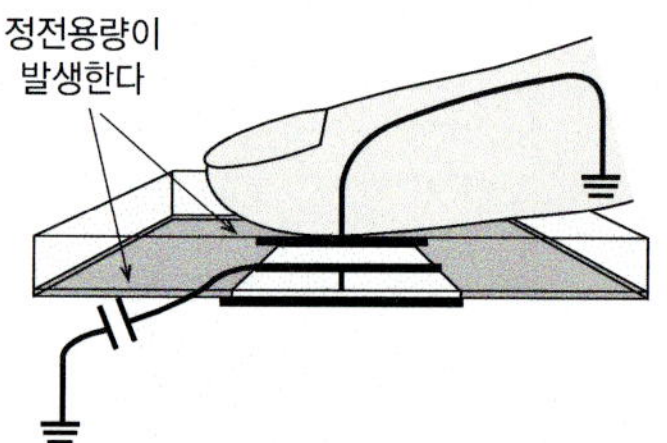

그림 5.53 손가락이 접촉했을 때의 정전용량

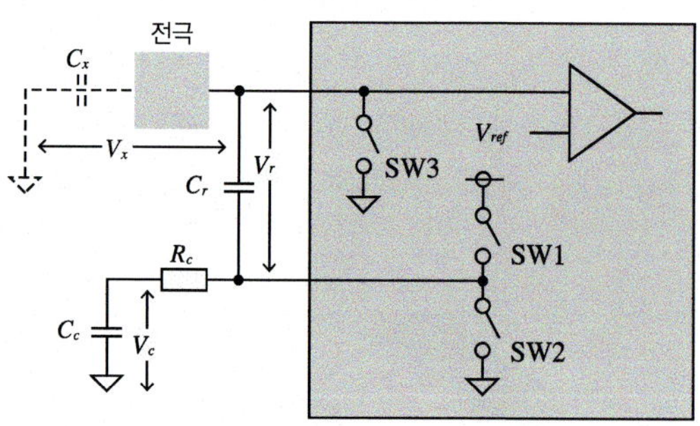

그림 5.54 정전용량 감지 회로의 구성 예[르네사스 일렉트로닉스(주)]

투영형 정전용량 방식을 대형화면에 적용하면 투명 전극의 저항이 커지고, 위치 검출을 위한 연산양이나 노이즈가 증가하기 때문에, 위치 검출이 어려워진다. 그러므로 태블릿 PC와 네비게이션, 게임기나 은행 ATM 등 비교적 큰 화면의 터치패널의 대부분은 아래와 같은 저항 막 방식이 채용되고 있다. 이 방식은 전원에 연결된 2개층의 투명한 저항막(투명 전극) 2층이 절연체인 도트 스페이서를 통해 통상은 분리되어 설치되어 있지만, 터치 패널 필름 표면을 손가락으로 만지면 만진 부분의 투명 전극이 접촉하는 구조로 되어 있어. 이때 표면 필름 윗면의 x 방향 한쪽 끝을 전원에 연결하고 다른 쪽 끝을 접지 해두면 투명 전극의 저항은 길이에 비례하므로 전원에서 접촉점까지의 거리 및 접촉점에서 접지까지의 거리에 따라 저항 값의 분담이 달라 접점의 전압 값은 위치에 따라 달라지게 되지. 그래서 y 방향의 전극을 전압계에 연결하고 개방 상태에서 전압을 측정하면, x 방향의 위치를 전압 값에 의해 알 수 있어. 예를 들어 x의 한쪽에 5 V 전원을 연결하였을 때 y의 단자에서 측정한 전압 값이 2 V라고 하면 x 방향의 위치는 패널의 2/5 위치에 있다는 것을 알 수 있어. 이것을 이번에는 y 방향의 양단에 전압을 가한 후, x 방향의 끝에서 전압 측정을 하면 y 방향의 위치도 측정할 수 있으므로, 이로 일련의 조작에 의해 패널의 x, y 위치를 측정할 수 있어. 그러나 이 방식은 여러 지점을 동시에 감지할 수 없는 단점이 있어.

(2) 자이로 센서와 가속도 센서

정전용량의 측정은 다른 센서에서도 사용되고 있다. 그림 5.55는 자이로 센서 구조를 보여준다. 자이로 센서는 회전 각속도 ω를 측정함으로써 회전 각도를 산출하는데 사용된다. 예를 들어 스마트폰을 회전시키면 세로로 표시되던 화면이 가로 방향으로 전환하는데 이는 스마트폰의 회전 각도를 측정함으로써 가능하게 된다. 자이로 센서의 원리를 초기형 모델을 사용하여 설명한다.

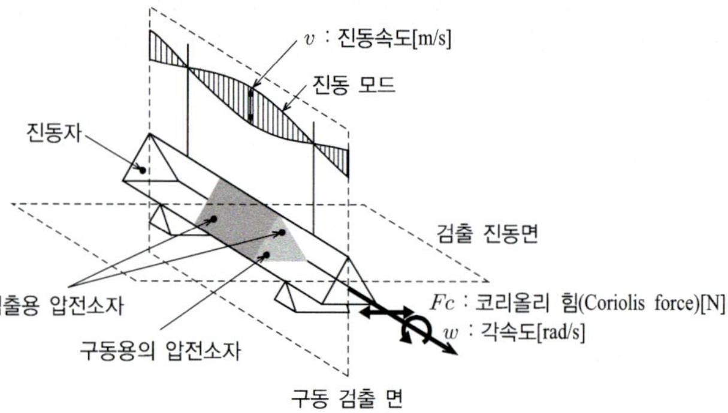

그림 5.55 자이로 센서의 원리

그림 가운데의 삼각기둥은 들보에 의해 지탱되고 있는데, 밑면에 부착된 압전소자에 정현파 전압을 가함으로써 상하 방향으로 진동한다(더욱이, 이 압전소자는 전압을 인가함으로써 길이 방향으로 신축하는 소자로, 이 운동에 의해 상하 방향의 진동이 발생한다). 이런 진동하고 있는 상태에서 삼각기둥을 각속도 ω [rad/s]로 회전시키면 원래의 진동 방향에 대해 수직인 방향의 진동이 발생한다. 이것을 코리올리 힘이라고 한다. 이 코리올리힘 F_C [N]은 진동하는 물체의 질량을 m [kg], 속도를 v [m/s]이라고 할 때 다음 식으로 표시된다.

$$F_C = -2mv \times \omega$$

이 힘의 발생은 관성의 법칙에 의해 설명 할 수 있다. 즉, 회전에 의한 삼각기둥의 진동 방향은 변하지만, 원래 삼각기둥은 상하 방향으로 운동하고 있었기 때문에 관성의 법칙에 의해 이 방향의 운동이 회전할 때도 가해지기 때문에 이제까지 없었던 방향의 진동 성분이 발생하게 된다. 이를 통해 그림의 삼각기둥에는 가로 방향의 진동 성분이 발생한다. 때문에 이 진동 성분을 바닥 이외의 2면에 붙인 압전소자로 측정하면 얼마만큼의 각속도로 삼각기둥이 회전했는지를 측정할 수 있다(이 측정용 압전소자도 진동에 의해 길이 방향으로 신축하고, 그 때 정현파 전압이 발생한다). 이같은 삼각기둥을 직교하는 3차원으로 배치하면, 3축의 회전 각도를 측정할 수 있다. 초기형의 자이로 센서는 이와 같은 형상을 한 진동자를 사용하거나 비행기나 로켓 같은 비행기기에 사용되는 광섬유를 사용한 고정밀 링 레이저 자이로가 사용되고 있었지만, 최근에는 반도체 제작 기술을 응용한 MEMS(micro electro mechanical systems)

기술을 사용하여 미세한 기계 가공을 한 센서의 제작이 가능하게 되어, 그림 5.56과 같은 형태의 자이로 센서가 대량으로 생산되게 되었고, 그 덕택에 게임기나 스마트폰에 내장되게 되었다. 또한 재료도, 그림 5.55와 같이 압전소자를 사용하거나 진동자 자체가 수정 같은 압전소자로 되어 있는 것이 제작되었지만, MEMS 기술에 의해 실리콘을 소재로 한 센서가 만들어지게 되었다. 이러한 센서에서는 전극에 교류 전압을 가함으로써 정전기력에 의해 진동자를 진동시킨다. 진동 방향에 수직인 축을 중심으로 회전이 발생하면, 그림 5.56에 나타낸 바와 같이, 진동 방향과 수직 방향으로 진동 성분이 발생하는데, 이때 이 방향에 설치한 전극과 진동자의 전극 사이의 정전용량이 변하게되는데, 이 정전용량의 변화를 측정함으로써 회전 각속도 ω를 측정할 수 있다.

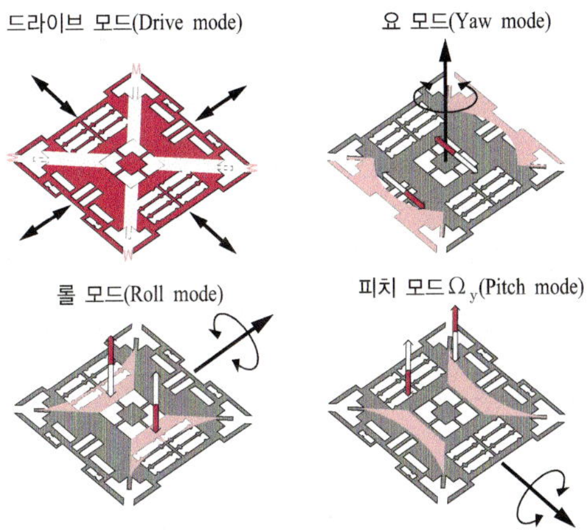

그림 5.56 MEMS를 이용하여 제작된 3축 자이로 센서의 예

자이로 센서와 같은 구조의 센서로 가속도 센서가 있다. 가속도 센서는 중력 가속도를 측정함으로써 표면의 기울기를 산출하거나 운동이나 충격 등을 감지 할 수 있다. 이 센서도 게임기나 스마트폰에 빠뜨릴 수 없는 부품이 되었다. 자이로 센서는 회전 운동을 측정할 수 있지만, 직선적인 움직임은 측정할 수 없고, 가속도 센서는 직선 운동을 측정할 수 있지만, 회전 운동은 측정할 수 없다. 그래서 이 두 가지를 잘 조합해서 사용하여 자세 등을 측정할 수 있다. 그림 5.57은 가속도 센서의 예를 보여준다.

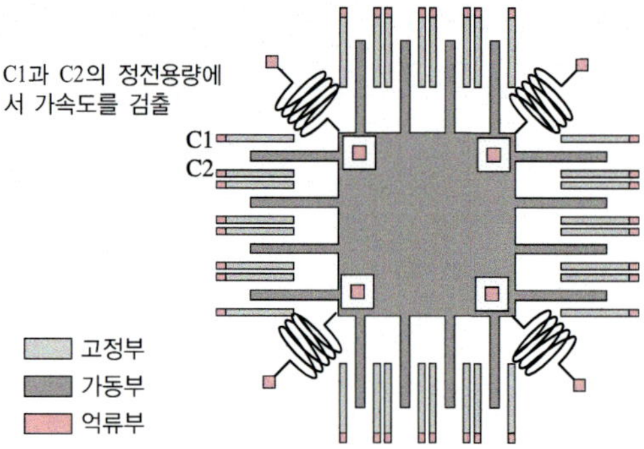

그림 5.57 MEMS를 이용하여 제작된 2축 가속도 센서의 예

이 가속도 센서도 MEMS 기술을 이용하여 실리콘을 소재로 초소형으로 만들어지는 소자인데 중앙의 소자가 스프링에 연결되어 수평 방향과 수직 방향으로 진동하는 구조로 되어 있다. 그림 5.58은 이 소자를 사용하여 가속도를 측정하는 방법을 보여준다. 가속도가 가해지고 빗 모양의 상하 전극과 가동부 전극과의 거리가 변화하면 상하 전극과 가동부 전극 사이의 정전용량이 변화한다. 이 상하 전극에 그림과 같이 전압 신호(클럭 A, B)를 인가하면, 변화된 정전용량에 의해 가동부 전극에 유도되는 전하량이 변화하기 때문에 가동부 전극의 전위가 바뀌게 된다. 이 변화는 클럭 신호의 주파수와 동일한 주파수로 변화하기 때문에, 이 주파수의 신호를 꺼내서 그 진폭을 정류하여 직류 전압으로 측정하면 얼마나 가동부 전극이 바뀌었는지 측정할 수 있다.

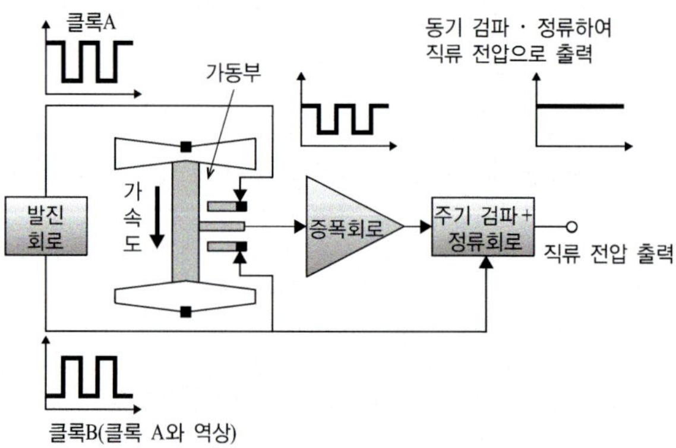

그림 5.58 가속도 센서의 검출 원리

이상 설명한 바와 같이, 정전용량을 측정함으로써, 다양한 양을 측정하는 센서가 실제 기기에 이용되어 우리의 생활을 편리하게 하고 있다.

2 압전소자와 그 응용

(1) 수정 진동자

컴퓨터 등과 같은 디지털 기기에서는 클럭 주파수가 처리 속도를 결정한다. 예를 들어 CPU가 2 GHz 등의 표기는 2 GHz 주파수에서 ON · OFF의 클럭 신호가 발생하고 그것을 기준으로 계산하고 처리하는 것으로 되어 있다. 클럭 신호를 발생시키기 위해서는 수정 진동자라는 소자가 사용된다. 수정 진동자는 수정의 압전성이라는 성질을 이용하고 있다. 유전체에 압력을 가하면 전압이 발생하고 반대로 전압을 가하면 압력파가 발생하는 압전재료들이 압력을 가해서 전압이 발생하는 특성은 압전성, 반대로 전압을 가하면 압력파가 발생하는 현상은 전왜(전기변위)성 (역압전성)으로 부른다. 수정은 압전성 및 전왜성을 지닌 대표적인 재료이다. 압전성과 전왜성은 같은 원리로 발생하기 때문에, 압전성 을 가지는 재료는 전왜성을 가지게 된다.

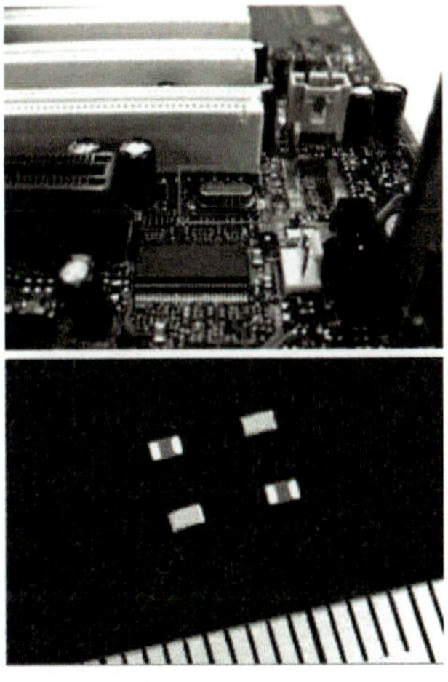

그림 5.59 PC의 메인 보드 수정 진동자(위)와 휴대전화 등에 사용되는 칩형 수정진동자(아래)

예를 들면, 그림 5.14 같은 이온성 결정의 경우는 어느 방향으로 전계를 인가해도 원자 분극에 의해 동일한 분극이 발생한다. 이 경우도 약간의 변형이 생기지만 같은 방향으로(커지는 방향으로) 뒤틀려진다. 이 현상은 압전성도 전왜성도 발생시키지 못한다. 한편 수정으로 대표되는 압전소자는 그림 5.60에 나타낸 바와 같은 구조를 하고 있다. 이 구조는 그림 5.7에 나타낸 물의 구조와 마찬가지로, Si 원자가 양으로 O 원자가 음으로 대전하게 만드는데, 그림 5.60(위)이 압력이 가해지지 않은 균등한 구조를 나타내고 있다. 이 상태에서는 각각의 전기쌍극자는 서로 상쇄되어 거시적으로는 존재하지 않게 된다.

그러나 이 수정에 그림 5.60의 아래 그림과 같은 힘 F를 추가하면, 그림과 같이 구조가 변하기 때문에 양과 음의 균형이 무너져서 전기쌍극자가 발생하게 되는데 또한 발생되는 전기쌍극자의 방향은 가하는 힘의 방향에 따라 다르다. 이 전기쌍극자로 인하여 재료 표면에 전하가 생겨 재료의 두 표면 사이에 전위차가 발생하게 되는데 이것이 압전 효과이다. 또한, 이 수정에 전압을 가하면 원자에 힘이 가해져서 원자 사이의 거리가 변화하고, 재료 표면 사이의 거리가 변화여, 두께도 변한다(이 동작은 두께 방향으로 전압을 인가하면 두께가 변하는 경우도 있고, 전압을 가한 방향과 수직 방향의 두께가 바뀌는 것도 있지만, 여기는 두께 방향으로만 변하는 것에 한정한다). 즉 전왜 효과가 생기게 된다.

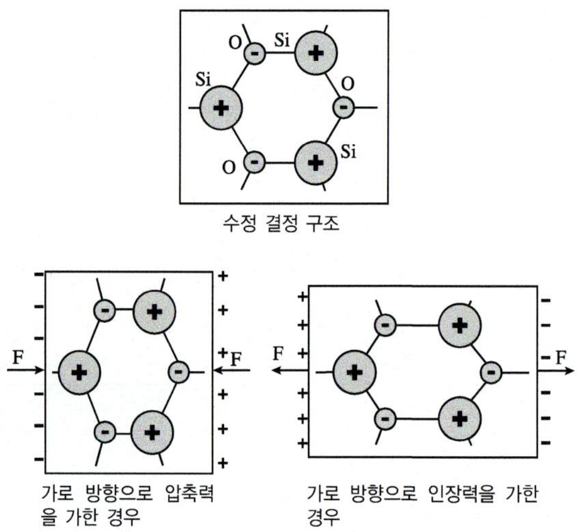

그림 5.60 압전 효과의 발생

다음으로, 수정 같은 압전소자의 공진에 대해 설명한다. 어떤 주파수의 전압을 압전소자에 가하면 그림 5.61에 나타낸 바와 같이, 두께 방향으로 변형이 생겨 압력파가 발생하며 두께 방향으로 전파하고 끝에서 반사되어 되돌아온다. 이런 두께의 변화에 따라 압전소자 양단에 전압이 발생하게 되는데, 막 압력파가 되돌아온 시점에 맞추어 동일한 전압을 인가하게 되면 발생된 전압과 인가전압이 동기되어 전압이 인가되는 것이므로, 전파하는 압력파가 커지게 된다. 이 동기화된 전압 인가가 반복되면 압전소자 양단에서 발생하는 전압 신호는 일정한 주기의 압력만이 커지는 공진이 발생한다. 지금 압전소자의 두께를 d, 음속을 c라고 하면, 최대 공진주파수 f는 $f = c/\lambda = c/2d$가 된다(그러나, 전술한 바와 같이, 사용하는 소자의 진동방향은 두께 방향뿐만이 아니기 때문에 각각의 진동에 따라 공진조건은 달라진다).

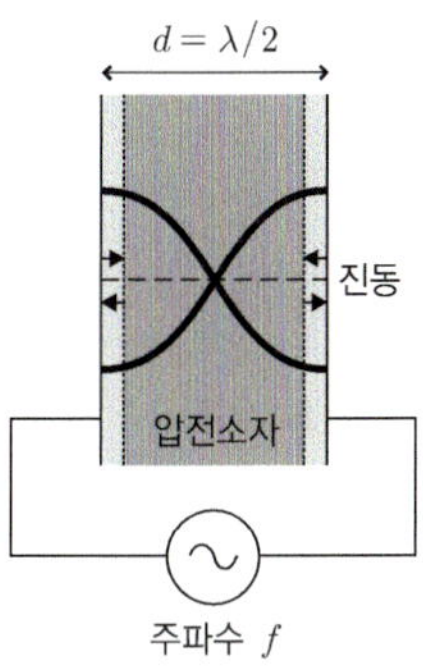

그림 5.61 압전소자의 공진 현상

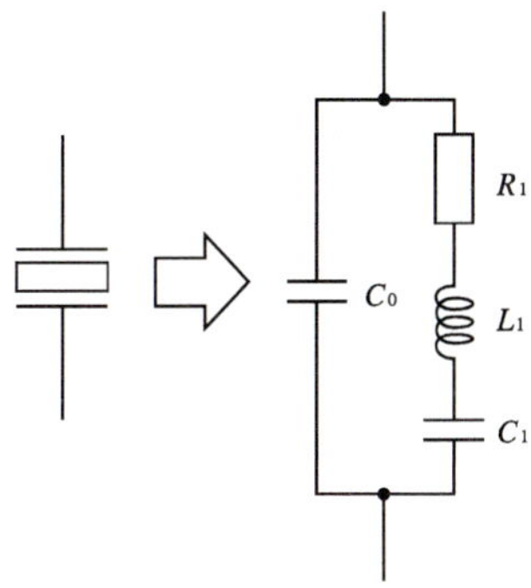

그림 5.62 수정 진동자의 기호와 등가회로

그러면, 이 같은 압전소자를 사용한 발진 회로에 대해 설명해보자. 수정 진동자의 기호와 등가회로를 그림 5.62에 나타내었다. 그림을 보면 수정 진동자는 R_1-L_1-C_1 직렬과 C_0의 병렬 회로로 표시되며, 이 소자 자체가 공진주파수를 갖는다는 것은 5-3절 5항 공진회로 부분에서 이미 설명하였다. 수정 진동자를 발진 회로로 사용하는 경우는 이를 L로 처리하는 경우가 많다. 그림 5.63은 콜피츠 발진 회로에 사용된 수정 진동자의 예를 보여준다. 수정 진동자를 L로 처리하면 그림의 점선 안은 그림 같은 등가회로로 표현된다. 이때, 이 등가회로는 $C_1 + C_2$와 L의 병렬 회로에 의한 공진회로가 되므로 이 회로에 어떤 신호가 입력되면 공진주파수 f의 전압이 회로의 양단에 발생한다. 또한 그 전압은 C_1와 C_2로 나누어지지만, C_1와 C_2는 접지를 통해 연결되어 있기 때문에, 각각의 전압 v_1과 v_2는 반대 위상이 되고 그 차이인 v_1-v_2가 L 양단에 인가된다. 그런데 콜피츠 발진 회로의 인버터는 입력 전압인 v_1을 반전하여 출력하므로, v_2와 같은 위상의 전압이 인가되는 것이 되며, v_1-v_2은 그만큼 커지고, 또한 그 반전 파형이 v_2에 가해져서 v_1-v_2는 더욱 커지게 되어 포화상태에 도달하게 된다. 이 포화상태의 주파수 f의 전압은 계속 발진하게 된다.

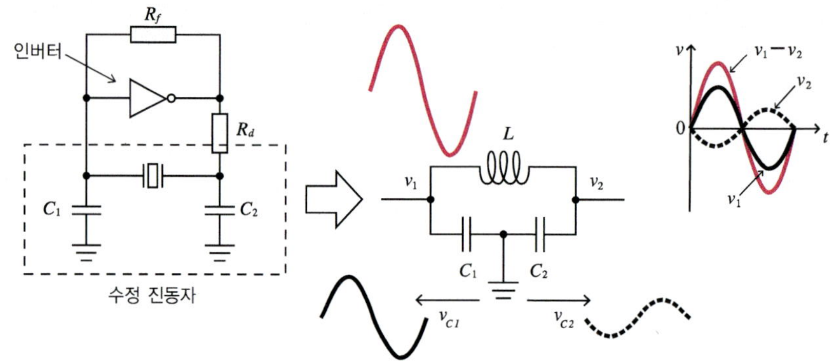

그림 5.63 콜피츠 발진 회로의 발진 원리

(2) SAW 필터

휴대전화 등에서는 특정 주파수의 전자파를 선별해서 수신하기 위해 SAW (surface acoustic wave : 표면 탄성파) 필터가 사용된다. SAW 필터는 압전소자의 표면을 전파하는 표면 탄성파(SAW)가 매우 안정적으로 전파하는 것을 이용한 소자로 그림 5.64와 같이 압전소자상에 배치된 IDT(inter digital transducer : 빗 모양 전극)를 이용한다. 이 IDT 전극 간격 d가 SAW의 반 파장(λ/2)과 동일한 경우, SAW의 음속을 v로 하면 IDT에 주파수 f = v/d의 교류 전압을 인가함으로써 전극 사이에 SAW 공진이 발생하여 소자 표면을 전파하게 된다. 즉, 소자의 표면을 전파하는 다양한 주파수의 SAW 중 반 파장 λ/2가 IDT의 전극 간격 d와 동일한 SAW만이 IDT에서 공진하여 전극 사이에 교류 전압으로 측정된다. 휴대전화는 안테나에서 잡은 다양한 주파수의 전자파를 IDT에 입력하면 IDT의 구조에 의해 정해진 특정 주파수의 전자파만이 소자 표면의 SAW가 되어 전파하고 그것을 같은 주파수의 IDT에서 교류 전압으로 변환할 수 있다.

예제 3

수정 SAW 파의 음속 v를 3,100 m/s로 한 경우, 2 GHz 휴대전화 전자파를 수신하기 위해 SAW 필터에 필요한 IDT의 전극 간격 d는 얼마인지 구하라.

해답 주파수를 f [Hz], 파장을 λ[m]라고 하면 v = fλ이므로 $\lambda = v/f = 3,100/(2\times10^9) = 1.55\times10^{-6}$ [m]가 된다. IDT의 간격 d는 d = λ/2이므로, d = 0.775 μm 이다.

SAW 필터에는 용도에 따라 수정이나 리튬 화합물인 탄탈산 리튬($LiTaO_3$), 니옵산 리튬($LiNbO_3$), 4붕산 리튬(LiB_4O_7) 등이 사용된다. 휴대전화의 필터처럼 특정 주파수를 선별하기 위한 협대역 필터로는 온도 변화 특성이 작은 수정이 사용되고 광대역 필터로는 리튬 화합물이 사용되고 있다.

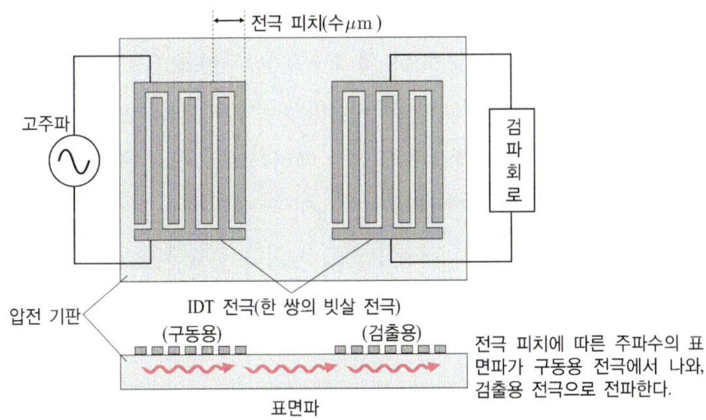

(a) SAW칩의 구조

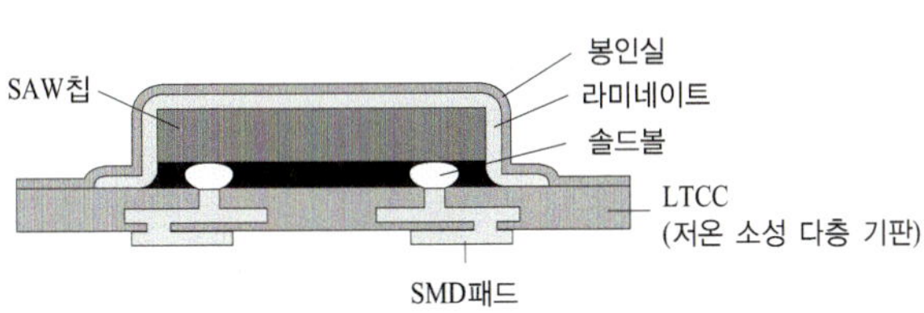

(b) 소형 박막 SAW필터의 구조

그림 5.64 SAW 필터의 구조

1 다음 빈칸에 알맞는 단어나 수식, 숫자를 답하라.
절연체는 전압을 인가했을 때 전류가 흐르기 어려운 재료이다. 전류가 흐르기 어려운 정도를 나타내는 값으로, (1) (명칭)이 있으며, 값을 ρ (2) (단위), 재료의 두께를 ℓ [m], 면적을 S [m^2]하면 이 재료의 두께 방향의 저항 값 R은 (3) (수식) [Ω]로 표현된다. 절연체는 일반적으로 이 값이 (4) (수치) 이상의 재료를 가리키는 경우가 많다. 또한 이 ρ의 역수는 (5) (명칭)라고 불린다. 절연체는 일반적으로 저항과 커패시터의 병렬 회로로 나타내며 절연체에 직류 전압을 인가하여 전류를 측정하면 저항 성분에 흐르는 (6) (명칭)와 커패시턴스 성분에 흐르는 (7) (명칭)의 합이 전류로 측정된다. 또한 절연체는 금속에서 캐리어가 되는 (8) (명칭)이 없고, 절연체의 에너지 밴드 구조의 특징을 보면, 절연체는 (9) (명칭)이 넓은 재료임을 알 수 있다. 上中下

2 다음 빈칸에 알맞는 단어나 수식, 숫자를 답하라.
절연체 중 ε (1) (ε의 명칭)이 큰 재료는 유전체라고 하는데 그 단위는 (2) (단위)이다. 또한 재료의 ε는 진공 중의 $\varepsilon(=\varepsilon_0)$의 비율인 ε_r (3) (ε_r 이름)을 사용하여 표현되는 경우가 많아 $\varepsilon =$ (4) (식)으로 표시된다. 덧붙여서 ε_0 값은 약 (5) (값)이다. 유전체에는 양전하와 음전하가 쌍을 이룬 (6) (명칭)이 많이 포함될 수 있으며, 이 재료를 전극 사이에 두고 전압을 인가하면 재료 표면에 전하가 유도되는 분극이 발생하지만, 이 분극은 (6)이 전계 방향에 따라 방향을 바꿈으로써 생긴 (7) (명칭) 및 이온 성 결정의 이온이 전계 방향에 미량으로 이동함으로써 생긴 (8) (명칭) 또한 원자의 전자와 원자핵의 미세한 이동에 의해 발생한 (9) (명칭) 등이 있다. 또한 유전체에 교류 전압을 인가하면 교류 전압의 주파수에 따라 분극이 발생하게 되는데, 분극속도가 주파수를 따라가게 되면 전력소비가 되지 않는 무효 전력이 되지만, 주파수를 따라갈 수 없게 되면 물질에서 발열이 생기고, 교류 전압의 에너지가 물질에 흡수되게 된다. 이때 유전체를 흐르는 전류와 커패시턴스 성분에 흐르는 충전전류의 위상차를 δ로 두면 tanδ를 (10) (명칭)이라고 부르며 유전체에서 소비되는 전력을 나타내는 기준으로 사용된다. 비투자율 $\mu_r = 1$, 유전체를 투과하는 빛의 속도 v를 진공에서 빛 속도 c(약 (11) (값) m/s)로 하면 v = (12) (식)으로 표시되고, 또한 진공에 대한 이 재료의 굴절률 n = (13) (식)으로 표시된다. 上中下

3 다음 빈칸에 알맞는 단어나 수식, 숫자를 대답하라.

전력의 송전망에서 기체 절연체를 사용하는 차단기의 약어를 (1) (알파벳트의 약어)라고 부른다. 이 기기를 사용하여 전류를 차단하면 전력망의 인덕턴스성분에 의한 (2) (명칭)이 발생하고 지속적인 (3) (명칭) 방전이 발생할 가능성이 있다. 이러한 방전이 발생하지 않도록 (1)에서 기체로서는 (4) (명칭)이 높고 화학적 구조의 안정성도 높은 (5) (명칭) 가스가 사용된다. 또한 금속과 절연체와 기체가 접하는 (6) (명칭)은 금속에 높은 전압이 인가되면 절연체 표면을 따라 (7) (명칭) 방전이 발생하여 절연체 표면을 저하시키는 (8) (명칭) 현상이 발생할 위험이 있기 때문에 고전압 장비는 금속의 고전압 부분과 접지간 절연체 표면의 연면 거리를 늘리는 절연 설계가 필요하다.

한편, 전력용 변압기와 같이 고전압 대전류를 흘리는 기기에서는 절연 (9) (명칭) 때문에 액체 절연재료가 사용된다. 이 재료로는 광유라는 액체가 사용되는 경우가 많지만, 액체 절연재료의 절연 성능은 액체에 포함된 (10) (명칭) 양에 의존하는 경우가 많으며, 이 함량을 정기적으로 점검하는 작업이 필요할 수 있다. 또한 변압기는 액체 절연재료 내부에서 대류가 생겨 이로 인해 (11) (명칭)이 발생 가능성이 있으며 변압기의 폭발 사고의 원인이 되고 있다. 고체 절연재료는 기체나 액체의 절연재료에 비해 (12) (명칭)이 높기 때문에 장비의 소형화에 필요하지만, (13) (명칭)이 타재료에 비해 떨어지기 때문에 향후 해결해야 한다.

上 中 下

4 다음 빈칸에 알맞는 단어나 수식, 숫자를 답하라.

전해 커패시터는 교류를 직류로 정류할 때 (1) (명칭)을 제거하고 전압을 (2) (명칭)화하는 데 사용된다. 또한 고주파를 사용하는 휴대전화 등의 전자기기는 매우 작은 (3) (명칭) 커패시터가 사용된다. 용도로는 고주파잡음을 제거하고 (4) (명칭)이나 특정 주파수의 전자파를 잡기 위해 (5) (명칭)의 부품으로 사용된다.

上 中 下

6 장

자성재료

자석은 변압기, 발전기, 전동기(모터), 리액터, 가전 제품, 자동차 등 우리 주변에 아주 많이 사용되고 있으며, 전기 에너지와 자기에너지의 상호 변환에 중요한 역할을 하고 있다. 또한, 자석의 N극과 S극을 이용하여 하드디스크와 같은 대용량 저장 장치를 만들고 있다.

자성재료는 투자율, 자속밀도, 보자력, 잔류자속밀도 등의 자화 특성의 차이에 따라 자석(경질 자성재료)과 연질 자성재료로 분류된다. 자성체는 작은 자석인 지구들로 이루어져 있다. 자구의 자화 특성은 자구를 단위로 한 자기모멘트의 평균적인 행동에 의해 설명된다. 교류 전류로 자화시키면, 히스테리시스 특성을 나타내고, 히스테리시스 손실과 와류손이 발생한다. 이들의 합을 철손이라고 한다. 자성체는 철손이 적고 비투자율 및 자속밀도가 큰 것이 중요하다.

또한 자성체에는 자기 히스테리시스 특성이나 자기 소거 작용이 있다. 자성체의 자화 특성은 사용 온도나 자석의 형태 등의 사용 조건에 따라 변화하기 때문에, 사용법에 주의가 필요하다.

6-1 자성체란 무엇일까

Key point

모든 물질은 자계에 의해서 어떤 영향을 받는다. 자계에 끌리는 물질도 있고, 반발하는 물질도 있다. 자계의 영향으로 그 자체가 자석처럼 행동하는 물질을 자성체라고 한다. 자계는 전류의 흐름에 의해서도 발생한다.

1 자석(magnet)의 성질

철을 자석에 가까이 가져가면 마치 자석이 된 것처럼 자기를 띠게 된다. 또한 철 막대에 도선을 감고 여기에 전류를 흘리면 쇠막대는 근처의 쇳조각을 끌어 당긴다. 또한 자석으로 끌어 당겨진 쇳조각이 다른 쇳조각을 끌어당기는 현상도 주변에서 흔히 관찰된다. 이와 같이, 자석이나 전류에 의한 자계에 의해 물체가 자기적 성질을 띠는 것을 자화(magnetigation)라고 한다. 물질의 자기적 성질을 자성(magnetism)이라고 하고 자성을 나타내는 물질을 자성체(magnetic material)라고 한다. 또한 자성체가 되는 재료를 자성재료(magnetic materials)라고 부르고 있다. 자성체는 자화되면 N극과 S극이 형성되고 이들이 쌍이되어 자기쌍극자(magnetic dipole)가 생긴다. 자화는 유전체의 분극에 대응하는 현상이며, 자기 분극(magnetic polarization)이라고 한다. 자계에 놓인 물질이 자화되면 새로운 자속(magnetic flux)이 생긴다. 이 현상을 자기 유도(magnetic induction)라고 한다.

물질은 원자나 분자 등 자기적인 작용을 받는 입자로 구성되며, 이들이 자기쌍극자가 되므로, 모든 물질은 자기쌍극자의 집합체로 간주될 수 있다. 자성체 중에서 특히 강한 자기쌍극자가 있고 또한 특별한 자기적 성질을 갖추고 있기 때문에 이로 인하여 실용적인 가치를 가지는 것을 자석이라고 한다. 자석의 N극과 S극은 서로 당기는 힘이 작용하지만, 같은 극성(N극과 N극 또는 S극과 S극)의 것은 서로 반발하는 힘이 작용한다.

2 자구와 자벽

외부 자계의 영향을 받지 않은 철을 확대해 보면, 그림 6.1과 같이, 자석이 다양한 방향으로 향하고 있는 것을 알 수 있다. 이러한 작은 자석을 자구(magnetic domain)라고 한다. 또한 자구의 경계를 자벽(magnetic domatin wall)이라고 한다.

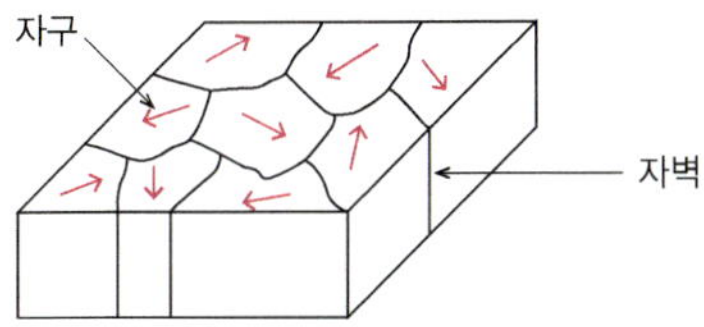

그림 6.1 외부 자계의 영향을 받지 않은 때의 철 자구의 방향

자구의 방향은 무질서하기 때문에 철은 전반적으로 자기를 띠지 않게 된다. 그러나, 그림 6.2와 같이, 영구자석이나 전류를 흘린 코일을 가까이하면 자계의 영향을 받게 되고, 자구의 방향이 한 방향으로 정렬되면서, 전체적으로 자기를 띠게 된다. 그림 6.2는 자구가 2차원의 자화 벡터로 표현되어 있지만 실제로는 3차원 입체적인 구조를 가지고 있다. 또한 자구의 방향과 크기는 자기모멘트로 나타낼 수 있다.

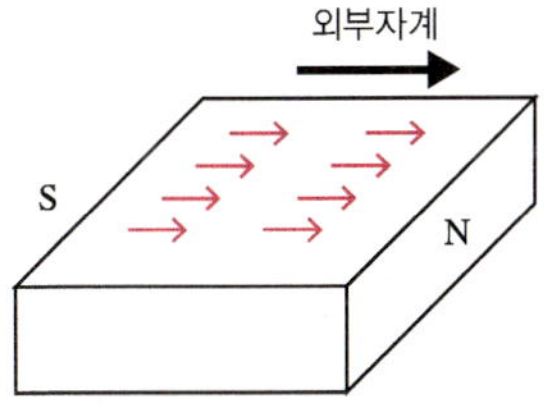

그림 6.2 외부 자계에 의해 자화된 철 자구의 방향

자벽의 근방에서는 그림 6.3에 나타낸 바와 같이, 자기모멘트의 방향이 서서히 변화한다. 자기 소거 상태에 있는 자성체에 자계를 서서히 인가하면 자구의 경계인 자벽의 이동이 일어난다. 자계가 약한 경우는 자벽의 이동이 자계에 비례하여 발생하지만, 자계가 강해지면 자벽은 불연속적으로 이동하게 된다. 이에 따라 자화도 불연속적인 변화를 한다. 이때의 자속밀도의 시간 변화는 자성체의 일부에 코일을 감고, 이를 증폭기로 증폭함으로써 일종의 잡음으로 검출할 수 있다. 이 현상은 1919년 독일의 물리학자 바크 하우젠(Heinrich Georg Barkhausen, 1881-1956)에 의해 발견되었으며, 이를 바크 하우젠 효과라고 부른다.

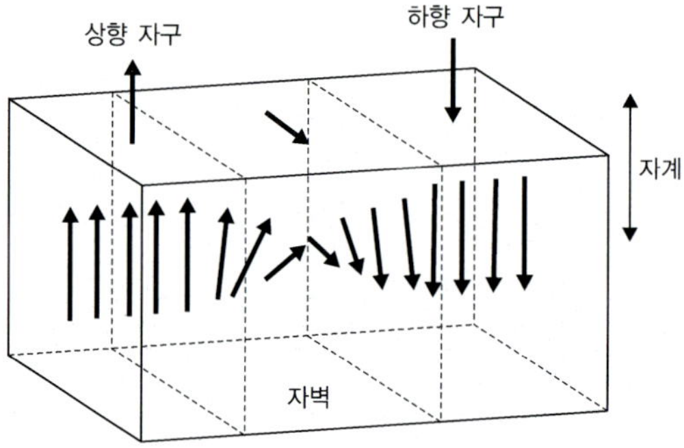

그림 6.3 자벽 및 자구

3 자기에너지와 자기왜곡

자성체의 자기모멘트는 서로 평행하게 정렬할 뿐만 아니라 결정의 한 특정 방향을 향하려고 한다. 예를 들어, 철은 그림 6.4와 같이 결정 구조가 입방체 구조(입방정육면체)를 하고 있기 때문에 자기모멘트는 입방체의 모서리 방향을 향하려고 한다. 이 방향을 자화용이축(axis of easy magnetization)이라고 한다. 외부로부터 자계가 없는 경우, 철의 자발 자화는 결정의 축 방향을 향하고 있지만, 자계가 인가되면 자화 방향에 어긋남이 생기고, 결정 내부의 자기에너지가 증가한다. 이를 자기이방성 에너지라고 한다. 더욱이, 자성체의 결정은 자화 방향에 약간의 찌그러짐을 가지는데 철의 경우는 자화 방향으로 약간 늘어져 있다. 또 자화의 크기를 변화시키면 변형의 크기가 변화한다. 이 현상을 자기왜곡 또는 자기변형이라고 한다. 자기왜곡의 양은 매우 적지만 자기이방성과 함께 강자성의 성질에 큰 영향을 주는 것으로 알려져 있다. 영국의 물리학자 줄(James Prescott Joule, 1818-1889)은 1842년에 이 현상이 니켈에서 나타나는 것을 발견했다.

자기이방성이나 자기왜곡(magnetostriction)의 원인은, 그림 6.4와 같이, 원자의 형상이 구형 아니라 럭비공과 같은 회전 타원체이어서, 그 회전축이 자기모멘트의 방향과 일치하고 있기 때문이다. 네오디뮴(Nd)이나 사마륨(Sm)과 같은 희토류 원소는 변형률이 철보다 크기 때문에 이 원소를 포함하는 강자성 화합물은 큰 자기이방성 에너지(magnetic anistropy energy)를 가지게 된다.

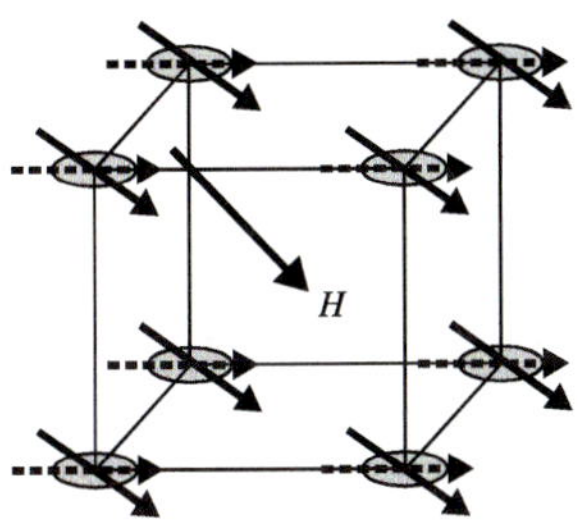

그림 6.4 자화와 자기모멘트

그림 6.5(a)에 나타낸 바와 같이, 모든 자기모멘트의 방향이 특정 방향으로 모인 것은 하나의 자구 구조를 지닌 강한 자석이 된다.

물질이 가진 에너지는 가능한 한 최소의 상태에서 안정을 유지하려고 하는 성질이 있다. 그림 6.5(b)와 같이 자성체를 블록으로 분할하여 역방향의 자기모멘트를 갖도록 교대로 정렬해 본다. 그러면 N극과 S극이 이웃이 되어 강한 인력이 작용하여 안정된다. 또한 그림 6.5(c)와 같이 분할을 작게하면 보다 더 안정된다. 이로부터 블록이 지닌 자기에너지는 분할 수가 클수록 작아지는 것을 알 수 있다. 그림 6.5(d)와 같이 인접한 자구의 자화 방향이 180° 다른 자벽을 180도 자벽(180° domain wall), 90° 다른 것들을 90도 자벽(90° domain wall)이라고 부른다.

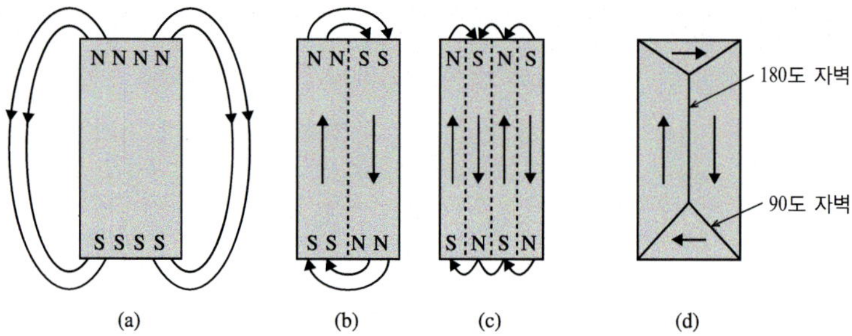

그림 6.5 자벽 및 자구의 방향

자기에너지에는 다음의 4가지가 있는 것으로 알려져 있다.

① 정자기에너지(magnetostatic energy)

② 자기이방성 에너지(magnetic anisotropy energy)

③ 교환 에너지(exchange energy)

④ 자벽 에너지(domain wall energy)

가 알려져 있다. 인접한 블럭 사이에는 자벽이 발생하지만, 자벽의 에너지는 자구의 에너지보다 높기 때문에 자성체는 전체적으로 자기에너지가 최소가 되도록 자벽의 이동이 이루어진다.

정리

① 자계에 의해 물질이 자기적 성질을 띠는 것을 자화라고 한다.

② 자화가 발생하는 물질 중에 특히 강한 자석이 되는 물질을 자기재료라고 한다.

③ 자화된 물질의 덩어리를 자성체라고 부른다.

④ 강자성체에 있는 미소 자석의 모임을 자구라고 한다.

⑤ 자구의 벽을 자벽이라고 한다.

⑥ 자구의 자기적 성질은 자기모멘트에 의해 나타낼 수 있다.

⑦ 자기모멘트의 방향이 일치하면 강력한 자석이 된다.

⑧ 자화 과정에서 자벽은 불연속적으로 이동이 발생한다. 이때의 자속밀도 변화는 코일을 이용하여 검출할 수 있다. 이 현상을 벌크 하우젠 효과라고 한다.

⑨ 자벽은 자석이 가진 자기에너지가 최소가 되도록 이동한다.

6-2 자화 메커니즘

Key point

물질은 원자나 결정격자 등의 단위가 모여 구성되어 진다. 물질이 자석에 달라붙는지는 물질의 자화율(자화의 용이성)에 의해 결정된다. 일반 물질은 원자 수준에서는 자석에 달라 붙는지의 여부에 관계없이 주위에 자계가 없어도 자기모멘트(자력의 크기와 방향을 나타내는 벡터)를 가지고 있다. 외부로부터 자계가 없는 경우에는 각 원자의 자기모멘트의 방향은 랜덤하며, 물질 전체로는 그것들이 서로 상쇄되므로 자화는 발생하지 않는다. 외부에서 자계를 가하면 자기모멘트의 방향이 같은 방향으로 향하게 되어 자성을 띠게 된다.

1 자기모멘트와 자화 강도

자구는, 그림 6.6에 나타낸 바처럼, 하나의 자화 벡터를 m 단위로 하여 분할된 자성체의 영역으로 간주할 수 있다. 이 자화 벡터에 외부 자계가 인가되면 모멘트(짝힘, 회전력)가 발생하기 때문에, 이를 자기모멘트라고 한다.

거시적인 자화 강도 M은 단위 체적당 자기모멘트로 정의할 수 있다. 즉, 그림 6.6과 같이 거시적으로 충분히 작은 체적 Δv를 생각하고, 이 안에는 다수의 원자나 분자가 포함된다고 하자. 미소 체적 Δv에 생기는 자기모멘트 벡터 합을 Σm이라 하면

$$M = \lim_{\Delta v \to 0} \frac{\sum m}{\Delta v} \left[\frac{A \cdot m^2}{m^3} \right] = \left[\frac{A}{m} \right] \tag{6.1}$$

이 된다.

자화의 강도를 나타내는 벡터 M을 자화 벡터 또는 단순히 자화라고 하는데, 자화 벡터 M은 자계와 같은 단위 [A/m]를 가지고 있다.

자구를 구성하는 미소 체적 Δv의 크기를 어느 정도로 선택해야만 할 것인가는 자성체의 사용 목적에 따라 다르지만, 자구 중 큰 것은 0.1 ~ 1 mm 정도의 폭을 지니고 있다. 자구의 체적 Δv를 자구보다 더 작고 자벽을 포함하지 않

는 부분으로 선택하면, 그 안의 각각의 자기모멘트 m은 모두 같은 방향으로 배열하고 있다. 만약 Δv가 일부 자구를 포함하면 자화 벡터 M은 다양한 방향의 자기모멘트를 평균한 값이 된다. 외부 자계가 없는 경우, 각각의 자구가 가지는 자기모멘트는 임의적이어서 서로 상쇄되기 때문에 외부로 자화를 발생시키지 않게 되는데, 이를 소자(자기소거)상태라고 한다. 또한 소자상태에 있는 자성체를 자화시키는 것을 착자라고 한다.

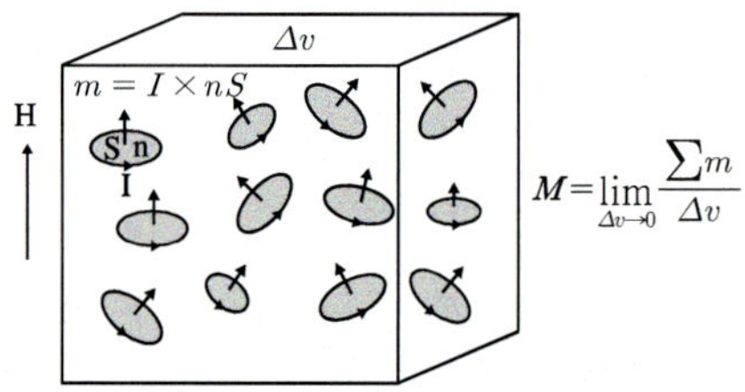

그림 6.6 자기모멘트 자화 벡터

진공의 경우, 자화의 크기 M은 0이다. 미소 체적 Δv를 가진 자성체의 자화는 자화율(magnetic susceptibility) χm를 이용하여

$$M = \chi_m H = \lim_{\Delta v \to 0} \frac{m}{\Delta v} [A/m] \tag{6.2}$$

로 표현된다. 외부 자계 H 하에서 자속밀도 B와 자화율 사이에는 다음의 관계가 있다.

$$B = \mu_0 (H + M) = \mu_0 (1 + \chi_m) H [T] \tag{6.3}$$

여기에서

$$\mu_r = 1 + \chi_m \tag{6.4}$$

로 두고 이를 비투자율이라고 한다. 이것을 이용하면

$$B = \mu_0 \mu_r H = \mu H [T] \tag{6.5}$$

의 관계가 성립된다. 또한

$$\mu = \mu_0 \mu_r \,[\mathrm{H/m}] \tag{6.6}$$

를 투자율(permeability)이라고 한다. 투자율은 자성체의 자기쌍극자가 외부 자계 방향으로 얼마나 쉽게 향하는가를 나타내는 것으로, 자기쌍극자의 방향이 변화하기 쉬운 것 일수록 투자율이 높아진다. 표 6.1에 대표적인 자성재료의 비투자율을 나타낸다. 표를 보면, 그 값이 수백에서 수십만의 범위에 있는 것을 알 수 있다. 이러한 값은 자계의 크기와 자계가 인가된 이력 또는 사용 조건 등에 따라 달라진다.

표 6.1 자성재료의 비투자율

재료 이름	성분	초기 비투자율 μ_i	최대 비투자율 μ_m
철	0.2% 불순물		5,000
순 철	0.05% 불순물	200~300	6,000~200,000
코발트			250
니켈			600
규소강판	4%Si+Fe	500	1,600~7,000
비결정			2,900
Fe-Ni합금 (퍼멀로이)		600~100,000	15,000~800,000
샌드 더스트	5%Al+10%Si+Fe		30,000
Mn-Zn페라이트		1000	20,000
Ni-Zn페라이트		650~1,500	

2 자화전류와 자기모멘트

자기모멘트는 그림 6.7에 나타낸 바와 같이, 미소 자석의 성질을 나타내는 등가적인 루프 전류와 루프 전류의 주회로 만들어지는 면적의 곱으로 나타낼 수 있다. 즉, 자성체 내에 미세한 자석을 생각하고 미소 면적 S의 주변을 전류 I가 흐르고 있다고 가정하면, 이때의 자기모멘트 m은 다음 식으로 정의된다.

$$m = I \times nS\,[A \cdot m^2] \tag{6.7}$$

벡터 m의 크기는 전류 I와 미소 면적 S의 곱과 같고 방향은 면적 S에 수직으로 오른나사의 방향을 향한다. 이렇게 미소 자석을 나타내는 등가적인 전류 I를 자화 전류라고 부른다. 강자성체를 자계 속에 놓으면 강한 자성을 나타내는데, 이것의 원인은 자성체를 구성하는 원자나 분자의 전자가 미소 루프 전류와 같은 역할을 하고 있기 때문이다. 즉, 하전 입자인 전자는 원자 내에서 궤도 운동과 자전 운동을 하고 있어서, 이로 인해 미소 루프 전류가 형성되어 자기 작용이 발생하게 된다.

전자가 만드는 자기모멘트를 μ_B로 나타내고, 이를 보어 자자(Bohr magneton)라고 한다. 궤도 운동 자체는 무질서한 방향을 가지므로, 평균하면 외관상 루프 전류를 만들지 않으나, 자계가 가해지면, 그림 6.7에 나타낸 바와 같이, 루프 전류가 만들어진 특정 방향으로 자기모멘트가 발생한다.

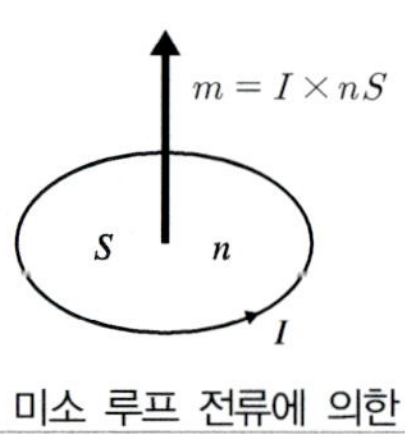

그림 6.7 미소 루프 전류에 의한 자기모멘트

원자의 자성의 근원은 다음의 세 가지 자기모멘트인 것으로 알려져 있다. 실제는 스핀의 방향이 변하는 것이다.

① 전자의 자전(스핀)에 의한 자기모멘트 M_s

전자의 질량을 m, 전하를 e, P를 궤도 각 운동량 $m\omega r^2$, μ_0를 진공의 투자율로 하면, M_s는 다음 식으로 주어진다.

$$M_s = \frac{\mu_0 e}{m} P \tag{6.8}$$

② 원자핵의 주위에 만들어지는 전자궤도를 따라 운동하는 전자가 만드는 자기모멘트 M_ℓ는 다음 식으로 주어진다.

$$M_\ell = \frac{\mu_0 e}{2m} P \tag{6.9}$$

양자 역학에 의하면 M_ℓ는 자기모멘트의 최소 단위인 보어 자자 μ_B(= 1.165 × 10^{-29}Wb · m)의 정수배가 되는 것으로 알려져 있다.

③ 원자핵의 스핀에 의한 자기모멘트

이 모멘트는 ①과 ②에서 설명한 전자에 의한 자기모멘트에 비해 전자와 원자핵의 질량비(~ 10^{-3}) 정도로 작기 때문에 무시된다.

원자의 자기모멘트는 이러한 자기모멘트들의 양자역학적 합으로 주어진다. 물질이 가지는 자성은 원자의 종류나 결합 상태에 따라, ①이 우세한 경우는 강자성 또는 상자성이 된다. ②만 있으면 반자성이 된다.

6-3 자성체의 종류 및 자기 특성

Key point

모든 물질은 자성을 띠는 것이 가능하므로, 자성체라고 할 수 있다. 자성체는 강자성체, 반자성체, 상자성체이 세 가지로 분류된다. 모든 물질은 자성체이지만, 일반적으로 자성체라고 하면 강자성체를 말한다. 강자성체에서는 각 원자의 자기모멘트의 방향이 자발적으로 모여 외부에서 자계가 없어도 자화를 발생한다. 이를 자발적 자화라고 한다. 강자성체도 어느 온도 이상되면 자발적 자화가 없어져서 자성을 잃는다. 물질의 온도가 높아지면 자기모멘트를 가지런히 모으려고 하는 작용보다는 무질서한 열 진동이 더 크게 되기 때문인데, 이 온도를 퀴리 온도라고 한다.

1 자성체의 종류

자성체 가운데는 영구자석처럼 항상 자기를 띠고 있는 것과 철 등과 같이 영구자석에 가까이 두거나 전류를 코일 속에 넣는 등 외부 자계의 영향을 받는 경우 처음으로 자기를 띠는 것이 있다.

물질에 자계를 가하면 강약의 차이는 있지만, 어떤 형태든 자성을 보이게 된다. 자화가 되는 방법은 물질에 따라 크게 다르지만, 크게는 강자성체, 상자성체, 반자성체로 분류할 수 있다. 표 6.2는 자성체의 종류와 물질의 자성의 정도에 대한 예를 보여준다.

철, 코발트, 니켈 또는 이들의 합금이나 다른 금속과의 합금은 외부 자계의 방향으로 자화되는 강한 자석이 된다. 이러한 물질을 강자성체라고 한다. 강자성체인 영구자석은 자기모멘트가 큰 자기쌍극자를 가지고 있으며, 또한 투자율이 작은 것이 특징이다. 따라서 자화시킬 목적으로 인가하는 외부 자계를 제거해도 강한 자성을 지속할 수 있다.

표 6.2 자성체의 종류와 물질의 예

자성체의 종류		원소 또는 물질
강자성체	페로 자성체	Fe, Co, Ni
	안티페로 자성체 (반강자성체)	Mn
	페리 자성체	자성 산화철, 페라이트
상자성체		Al, O, Sn, Pt, Na, 공기
반자성체		Zn, Sb, Au, Ag, Hg, H, S, Cl, Bi, Cu, Pb, He, Ne, Ar, 수정, 물

알루미늄과 망간, 백금 등은 철 등과 같이 외부 자계 방향으로 자화되지만 그 강도는 강자성체와 비교하면 월등히 작은 ($\sim 10^{-6}$) 것이 특징이다. 따라서 외부 자계를 제거하면 자성이 사라지게 된다. 이러한 물질을 상자성체라고 한다. 기체에서 공기나 산소는 상자성체이다.

구리나 납 등은 자화의 강도가 매우 작고 자화 방향이 강자성체나 상자성체와는 반대로 되어 있다. 이러한 물질을 반자성체라고 하는데, 물이나 소금 등 주변의 많은 물질은 반자성체이다. 일반적으로 자성체라고 하면 강자성체를 말하고, 강자성체가 아닌 것은 약자성체 또는 비자성체로 구분된다.

강자성체는 또한 페로 자성체, 안티페로 자성체, 페리 자성체로 구분된다. 그림 6.8(a)와 같이, 자화 벡터의 방향이 같은 것을 페로 자성이라고 한다. 또한 자화벡터의 방향이 반대이면서 크기가 같은 것은 외부에 자성을 나타내지 않는데 이것을 반강자성(또는 안티페로 자성)이라고 한다. 또한 자화 벡터가 서로 역방향이고 크기도 다르면 그 차이가 자화벡터가 되어 외부에 큰 자성을 나타내게 되는데, 이를 페리자성이라고 한다.

이와 같이 자성재료가 될 수 있는 물질은 자기쌍극자의 배열에 특징이 있으며, 페로 자성체인 영역은 일정한 자화의 강도를 가지고 있다. 이를 자발 자화라고 한다.

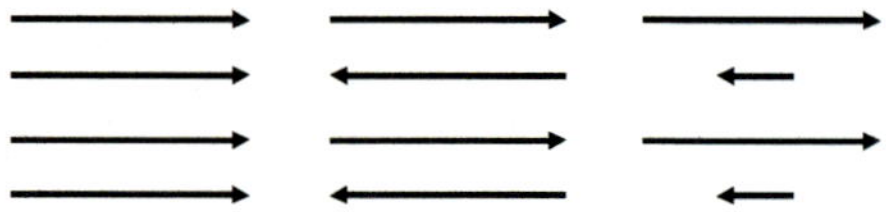

(a) 페로 자성　(b) 반강자성　(c) 페리 자성

그림 6.8　강자성체의 종류와 자기쌍극자 배열과의 관계

철, 코발트, 니켈과 같은 전이금속 원소로 불리는 계열의 원소는 자성이 크게 나타나지만, 희토류 원소로 불리는 원소의 원자를 포함한 많은 물질에서도 자성이 나타난다. 자성체는 이들 원소의 집합이며, 자석으로서의 성질은 이러한 개별 물질의 자화의 통계적인 평균량과 관련 있다고 생각할 수 있다. 표 6.3에 상자성체와 반자성체의 자화율 χ_m 값을 나타낸다. 자화율은 상자성체에서는 $10^{-3} \sim 10^{-6}$ 정도의 양의 값을, 반자성체는 10^{-5} 정도의 음의 값을 가지나, 강자성체의 자화율은 $10^{2} \sim 10^{5}$ 정도 된다.

표 6.3　자화율 표

상자성체	χ_m	반자성체	χ_m
액체 산소	3.46×10^{-5}	비스무트	-16.7×10^{-5}
팔라듐	8.25×10^{-4}	수정	-1.51×10^{-5}
백금	2.93×10^{-4}	물	-0.88×10^{-5}
알루미늄	2.14×10^{-4}	수은	-3.23×10^{-5}
산소	1.79×10^{-4}	은	-2.64×10^{-5}
공기	3.65×10^{-7}	납	-1.69×10^{-5}
		구리	-0.94×10^{-5}
		아르곤	-0.945×10^{-8}
		수소	-0.208×10^{-8}

예제 1

철의 자기모멘트는 어떻게 되어 있는지 고찰하라.

해답 철(Fe)은 원자 번호 Z = 26의 원소이며, 26개의 핵 외의 전자의 배열은 표 6.4 처럼 되어 있다. K, L 껍질은 전자로 완전히 채워져 있기 때문에 자기모멘트는 껍질의 +스핀과 −스핀으로 상쇄되어 0이 된다. M 껍질과 N 껍질은 전자 배열에 빈자리가 있지만, 3s, 3p, 4s는 전자로 채워져 있어 자기모멘트는 0이다. 한편, M 껍질의 3d는 +스핀이 5, −스핀이 1이어서 5 − 1 = 4의 차이가 있다. 따라서, 원자 1개당 $4\mu_B$ 자기모멘트를 가지고 있다.

표 6.5는 M 껍질에 스핀 분배의 차이가 있는 원소를 보여준다. 망간(Mn)을 제외한 나머지 원소들이 강자성체임을 알 수 있다. Mn은 후술하는 바와 같이, 반강자성체이며, 같은 크기의 자기모멘트가 서로 반대 방향으로 배열하고 있기 때문에 상자성체로 거동한다.

표 6.4 철의 전자 배열

주 양자수	1	2		3			4
전자 껍질기호	K	L		M			N
전자 수	2	8		14			2
전자궤도	1s	2s	2p	3s	3p	3d	4s
스핀분배	+1 −1	+1 −1	+3 −3	+1 −1	+3 −3	+5 −1	+1 −1

표 6.5 원소의 자기모멘트

원소		3d궤도의 스핀 불평형		원자의 자기 모우먼트
원자	기호	+스핀	−스핀	M_B
25	Mn	+5	0	+5
26	Fe	+5	−1	+4
27	Co	+5	−2	+3
28	Ni	+5	−3	+2

2 퀴리 온도

자성체의 투자율은 온도에 따라 변화한다. 예를 들어 페로 자성체의 자구 구조는, 어느 온도 이하에서는 자기모멘트가 같은 방향을 향하고 있어 자구 내에서는 일정한 강도로 자화되어 안정한 상태를 유지하고 있다. 이를 자발 자화라고 한다. 그러나 온도가 높아지면 그림 6.9와 같이 열에너지의 영향을 받아 자구 구조가 소실되기 때문에 상자성체가 된다. 이와 같이 자성이 없어지는 온도를 퀴리 온도 Tc라고 한다. 이 값은 철이 1,043 K, 코발트가 1,393 K, 니켈이 631 K이다. 페로 자성체의 자화율 χ와 온도 T와의 관계는 다음 식으로 주어진다.

$$\chi = \frac{c}{T - T_p}(T > T_C) \tag{6.10}$$

여기서, c는 퀴리 상수, T는 온도[K],상자성 퀴리 온도, T_C는 자발 자화가 소실되는 온도로 상자성 퀴리온도[K]이다. 위 식은 퀴리-바이스(Curie-Weiss)의 법칙으로 불리고 있다. 자성재료로 사용할 강자성체는 퀴리 온도가 실온 또는 사용환경보다 더 충분히 높아야 한다. 이 현상은 프랑스의 물리학자 퀴리 부인의 남편인 피에르 퀴리(Pierre Curie, 1859-1906)가 발견했다.

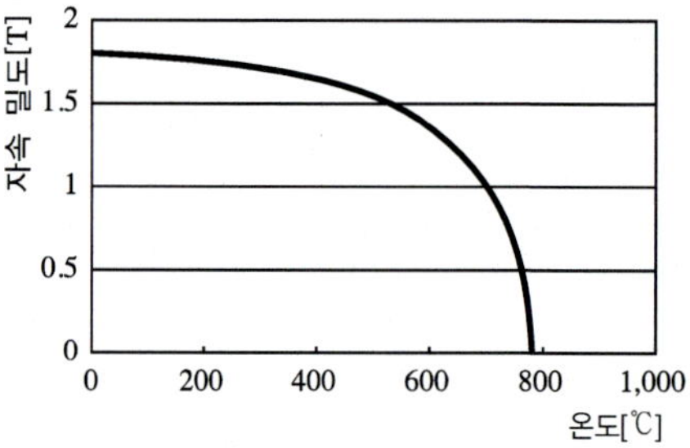

그림 6.9 철의 자화 온도 특성

정리

① 자구의 내부에는 다수의 원자나 분자가 있다. 이러한 주위를 미세한 루프 전류가 흐름으로써 자기모멘트가 발생한다.

② 자구의 자기모멘트는 개별 원자나 분자가 만드는 자기모멘트의 평균적인 크기와 방향이 된다.

③ 자성체는 강자성체, 상자성체, 반자성체로 분류된다.

④ 실용적으로 중요한 강자성체는 페로 자성체와 안티페로 자성체(반강자성체)와 페리 자성체로 분류된다. 이들은 자기모멘트의 크기와 방향으로 자기 특성이 결정된다.

⑤ 페로 자성체의 자화 온도 특성은 퀴리-바이스의 법칙으로 나타낼 수 있다.

6-4 강자성체의 자화 특성

Key point

강자성체에서는 인가된 외부 자계를 제거해도 자화가 없던 상태로는 돌아가지 않고 자성을 계속 유지하고 있다. 이 성질을 (자기) 히스테리시스라고 부르며 남은 자화를 잔류자화라고 한다. 히스테리시스는 이력 현상이라고도 한다. 즉, 어떤 상태가 현재 조건뿐만 아니라, 과거에 가해졌던 자계나 기록에 의존하여 변화하는 것이다. 영구자석은 잔류자화를 가진 강자성체인데 이 성질이 자기 기록에 이용된다. 또한 광물의 잔류자화를 조사하는 과정에서 고대 대륙의 이동 양상을 발견하기도 한다. 자성체에 교류 자계를 가하면 자기 히스테리시스와 와전류에 의해 전력이 열로 소비되어 에너지 손실이 일어나는데, 이를 철손이라고 한다. 철손은 동손(도선에서 손실)과 함께 전동기 및 발전기, 변압기 등의 전기 기기의 효율을 저하시킨다.
따라서 전기 설비의 설계에 있어서 중요한 매개 변수이며, 이상적으로 손실은 0이 되어야 한다.

1 자기히스테리시스 특성

철 등의 강자성체에서는 가로축에 자계 H, 세로축에 자속밀도 B를 취하고 이들의 관계를 나타내면 그림 6.10과 같이 비선형 자화 특성을 보여준다. 이를 B-H 곡선 또는 자기 히스테리시스 곡선이라고 한다.
그림 6.10에 나타낸 B-H 곡선에서 자화되어 있지 않은 자성체에 자계를 0부터 서서히 커지도록 인가하면, 원점 O에서 시작하여 갑자기 자화가 진행된 후 점 P에 이르는 곡선을 그린다. 이를 초기 자화 곡선이라고 한다. 또한 자계를 강하게 가하면 점 P와 같이 자속밀도가 포화되어 변하지 않게 되는데 이를 포화 현상(saturation)이라고 부르며, 이때의 자속밀도 B_m을 포화 자속밀도라고 한다. 포화한 후 자계를 서서히 약화시키면 자화가 약해져서 PQ 곡선을 그리게 되는데 자화는 즉시 감소하지 않고, 자계 H를 0으로 해도 자속밀도는 B_r에 남아 있는 특성을 보인다. 자계 H가 0인 점 Q에서의 자속밀도 B_r을 잔류자속밀도(remanent magnetic flux density) 또는 잔류자기(magnetic remanence) 또는 잔류자화(residual magnetization)라고 한다. 또한 자계를 음으로 서서히 (마이너스 방향으로) 크게 해가면, 지금까지와는 반대 방향으로 자화되기 때

문에, 점 Q에서 점 R사이에서는 자속밀도가 감소하게 되어 자계가 H_C에 도달한 점 R에서 자속밀도는 0이 된다. 이때의 곡선을 감자곡선이라고 한다. 또한, 자속밀도가 0이 될 때의 자계 H_C를 보자력(coercive force)이라고 한다. 이것은 자기를 가진 자석에 반대 방향의 자계를 인가했을 때, 자화 방향이 반전하는 자계의 크기를 나타낸다. 점 R에서 자계를 음의 방향으로 더 크게 하면 점 S에 나타낸 바와 같이 포화 현상이 발생한다.

이어 (음의 방향) 포화 상태에서 자계를 0으로 향하게 되면 자속밀도가 조금 약하지게 되는데, 여기서 다시 정방향으로 자계를 가하면 아래쪽의 곡선 S-T-U-P를 따르는 자화 특성을 보인다.

이와 같이 자계를 증가시킬 때와 감소시켰을 때에는 이력에 의해 자속밀도가 달라지는데, 이것을 히스테리시스 현상(hysteresis phenomenon)이라고 한다. 또한 코일에 교류 전류를 흘리면 자계의 크기가 어느 값에서 출발하여 증가하고, 원래의 값으로 되돌아가는 한주기를 그려보면 B-H 곡선은 히스테리시스 현상에 근거한 하나의 루프를 그리게 되는데 이를 히스테리시스 곡선이라고 한다.

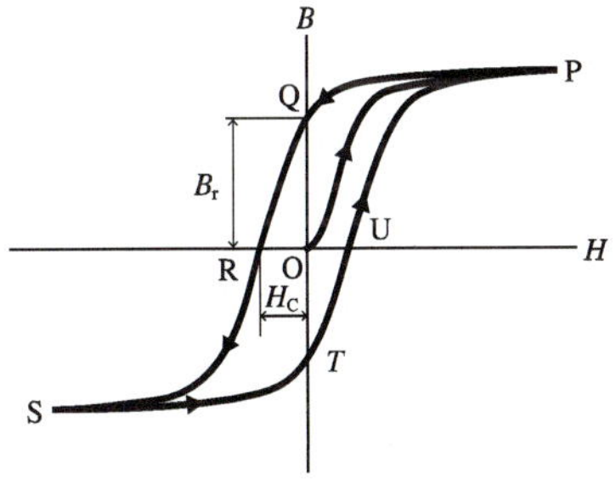

그림 6.10 자기 히스테리시스 특성(B-H 곡선)

그림 6.11은 철의 초기 자화 곡선과 투자율의 변화 모습을 보여준다. 자계 및 자속밀도와의 관계는 식 (6.5)로 표현되지만 그림 6.11은 투자율 μ 및 자화율 χ_m의 값이 정수가 아닌 실수가 된다는 것을 의미하고 있다. 또한, 그 특성도 온도나 사용 조건 등에 의해 변화한다.

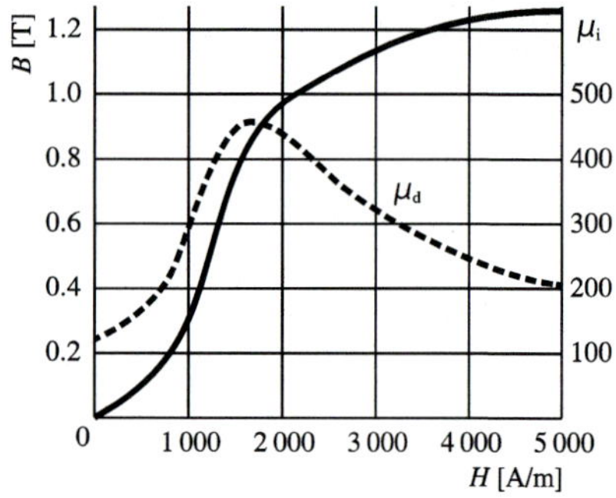

그림 6.11 철의 초기 자화 곡선과 미분 투자율의 변화

자계를 0에서 인가할 때의 점 O에서의 투자율을 초기 투자율 μ_i, 점 O에서 점 P에 이르는 도중에 최대가 되는 투자율을 최대 투자율 μ_m , B-H 곡선의 접선의 기울기를 미분 투자율 μ_d라고 한다. 이를 식으로 표현하면 각각 다음과 같이 된다.

$$\mu_i = \frac{B}{H}\bigg|_{H=0},\ \mu_m = \frac{B}{H}\bigg|_{max},\ \mu_d = \frac{dB}{dH} \tag{6.11}$$

또한 직류 자계에 폭 ΔH의 교류 자계를 중첩할 때의 BH 곡선을 마이너루프(minor loop)라고 한다. 이때의 자속밀도의 증분 ΔB와 자계의 증분 ΔH의 비율을 증분 투자율(incremental permeability)이라고 한다. 마이너루프는 전자강판을 인버터로 여자하거나 고조파 전류가 흐르는 경우, 혹은 전원 리액터처럼 전원 전압을 평활화하는 경우, 장비의 성능을 좌우하기 때문에 중요하다.
또한, 증분 투자율에서 ΔH를 작게 한 것을 가역 투자율(reversible permeability) μ_r로 나타낸다. 자성체의 자화 특성은 히스테리시스 루프로 표시되지만, 포화 자속밀도 B_m, 잔류자 속 밀도 B_r, 보자력 H_C로 그 자화특성의 개요를 알 수 있다. 보자력은 자기모멘트의 방향을 바꾸는 데 걸리는 자계의 크기를 나타내는 수치이므로, 보자력이 클수록 큰 외부 자계에 변화하지 않는 안정된 자석이 된다.
자성체가 가지는 에너지는 B-H 곡선에서 자속밀도와 자계의 곱에 비례한다. 이 곱의 최대값을 최대 에너지 곱$(B \cdot H)_{max}$이라고 한다. 단위는 [kJ/m^3]이다. 강력한 자석을 만들기 위해서는 최대 에너지 곱을 크게 할 필요가 있으며, 이를 위해서는 잔류자화 및 보자력이 크고, B-H 곡선이 사각형에 가까운 쪽이 좋은 것임을 알 수 있다. 가로축에 자계 H, 세로축에 자화 M을 취하여 나타낸 것을 M–H 곡선이라고 한다. 자화 특성을 나타내는 B–H 곡선과 M–H 곡선을 모두 자화곡선이라고 한다.

이 같이 강자성체의 자화는 강자성체가 자기모멘트의 집합임을 보여주고 있다. 즉, 자화되어 있지 않은 강자성체에 자계를 가하면 자기모멘트의 방향이 변화하고 모든 자기모멘트의 방향이 한 방향으로 모였을 때 포화 현상이 나타난다. 강자성체에서는 자계가 주어져도 자속밀도의 크기는 정해지지 않고, 지금까지의 이력에 의존하게 된다. 이러한 생각은 독일의 베버(W.E. Weber, 1804–1891)에 의해 제창되었고, 자기 히스테리시스 현상은 바르부르크(E.Warburg, 1846–1931)와 리기(A.Righi, 1850– 1920)가 1880년에 각각 따로 발견했다. 유잉(J.A.Eving, 1855–1935)은 도쿄 제국 대학에 재직 중(1878–83)인 1881년에 응력에 의한 철사의 열전적 성질의 변화가 이력에 의존하는 것을 발견하고 히스테리시스라고 명명했다. 자기 이력 현상도 이런 현상의 일종이다.

철의 포화 자속밀도는 슬레이터 폴링(Slater–Pauling) 곡선에 의하면 2.5 T 정도 이상의 실현은 불가능한 것으로 알려져 있다.

2 철손(히스테리스 손실과 와전류 손실)

자성체에 교류 자계를 인가하면 그림 6.10에 나타낸 히스테리시스 곡선에 의해 둘러싸인 면적과 동일한 (비례하는) 에너지 손실이 발생한다. 이를 히스테리시스 손실이라고 한다. 이 손실은 재료의 결정 방향이 한 방향으로 정렬되어 있지 않은 것이 원인으로 주파수에 비례하여 손실이 증가한다. 따라서 히스테리시스 손실을 저감시키기 위해서는 히스테리시스 곡선의 면적이 작은 재료가 필요하다. 이를 위해서는 보자력을 작게 할 필요가 있다. 또한 자구폭이 크면 자계의 방향이 변화할 때 발생하는 와전류가 증가하여 에너지 손실이 커진다.

자성체는 자계에 의해 자화되지만, 자성체 내부에서 자속이 시간에 따라 변화하면 전자 유도 작용에 의해 유도 전계가 발생하고 자속의 변화를 제거하는 방향으로 와전류가 흐른다. 와전류가 흐르는 방향에 저항이 있으면 여기에서 발열이 발생하고 손실이 된다. 이를 와전류 손실(eddy current loss)이라고 한다. 와전류 손실을 줄이기 위해서는 자기 재료의 체적저항률을 크게 하면서 동시에 자심의 표면을 절연한 박판을 쌓아 와전류의 흐름을 저지하는 것이 효과적이다. 그러나 높은 주파수에서 사용하게 되면 상기 대책들의 효과가 없어지기 때문에 재료를 잘게 갈아서 입자 사이를 절연하고 눌러 굳힌 압분심(dustcore)을 사용하여야 한다. 와전류 손실과 히스테리시스 손실의 합을 철손(iron loss)이라고 한다. 철손은 전기 기기 및 전자 부품을 설계하는데 있어 중요한 항목 중 하나이다. 예를 들어 규소강판의 규소 함량과 가공 프로세스(전자강판의 결정 방향이나 자구 구조를 제어)는 와전류 손실과 히스테리시스 손실이 가능한 한 작아지도록 선택하여야 한다. 또한 자벽 이동 시에는 자성체에 약간의 신축성이 발생한다. 180도 자벽의 경우 매끈매끈하게 자벽이 이동하므로 자화에 따른 결정격자의 신축(자기왜곡)은 발생하지 않는다. 이외의 자구 구조는 복잡한 자구 구조가 되기 때문에 자기왜곡이 발생, 자성체에서 “소음”이 발생한다.

일반적으로 자기재료는 동작하는 주파수가 높아지면 자기적 특성의 저하와 철손이 증가한다. 또한 자석은 인버터의 PWM 제어나 슬롯의 고조파 등에 의해 소용돌이 전류가 발생하여 발열한다. 이로 인해 손실이 발생하여 기기의 효율이 저하되게 된다. 자기 기록 재료로는 잔류자속밀도가 크고 보자력도 어느 정도 크고 에너지 손실은 작고, 또 기록 신호가 왜곡없이 재생되게 하는 물질이 필요하다. 초음파를 발생시킬 목적으로 사용되는 자기변형 재료는 자기변형이 크고, 탄성체로서의 특성이 좋고 자기적 · 기계적 에너지 손실이 적은 물질이 바람직하다.

정리

① 자석의 성질은 자계와 자속밀도와의 관계에 의하여 자화 곡선으로 나타낼 수 있다. 이 관계는 히스테리시스 곡선으로 나타난다.

② 일반적으로 자성체의 비투자율은 상수가 아니라 자계 즉, 여자 전류의 크기에 의해 변화한다.

③ 교류 자계를 자성체에 인가하면, 히스테리시스 특성과 와전류의 발생에 의해 발열이 일어나서 손실이 발생한다.

④ 히스테리시스 손실과 와전류 손실을 합쳐서 철손이라고 한다.

6-5 자성재료에는 무엇이 있을까

Key point

자성재료는 강자성체로서의 성질을 이용하여 다양한 기능을 실현하는데 사용된다. 실제로 자성재료를 사용한 제품은 우리 생활에 많이 보급되어 있으며, 현재는 없어서는 안되게 되어 있다. 과학 기술 이외에는 최근에는 의료 현장에서도 자성재료의 활용이 기대되고 있고, 암 치료 등에 도움을 주고 있다.

1 자성재료

자성재료에는 비투자율이 큰 연질 자성재료와 보자력이 큰 경질 자성재료(영구자석)가 있다. 전자 회로에 사용되는 인덕터의 자성재료는 소비전력을 줄이기 위해 자계가 약한 영역에서 큰 비투자율을 가지는 것이 바람직하다. 또한 회전기계, 변압기 등의 자성재료는 비투자율이 높고 포화 자속밀도도 크면서 더욱이 철손이 작은 것이 바람직하다. 자석은 주로 NdFeB 자석과 페라이트 자석의 2종류로 분류되며, 제조 방법에 따라 소결자석과 본드 자석으로 나눌 수 있다. 페라이트(ferrite)는 산화철을 주성분으로 하는 세라믹스의 총칭이다(1930년에 발명). 강자성을 나타내는 것이 대부분이며, 자성재료로 널리 사용되고 있다. 연자성을 나타내는 것을 소프트 페라이트, 경자성을 나타내는 것을 하드 페라이트라고 부르고 있다. 도쿄공업대학의 카토 요고로와 타케이 타케시 의해 발명되었다. 1984년에 사가와 마사토 등에 의해 발명된 NdFeB 소결 자석은 페라이트 자석보다 10배나 큰 최대에너지 곱$(B \cdot H)_{max}$을 가지고 있다.

자성재료의 특성을 파악하면 다양한 용도에 적절하게 적용할 수 있지. 이를 적재적소라고 할 수 있지.

2 연질 자성재료

연질 자성재료(soft magnetic material)는 보자력이 작고 투자율이 큰 것을 특징으로 하는 재료이다. 코일이나 트랜스 등의 자심, 자기요크, 자기차폐 등에 이용되고 있다. 여기에는 다음과 같은 것들이 있다.

(1) 철

그림 6.12는 철의 겉모양을 보여준다. 철은 원자번호 26의 원소로 원소 기호는 Fe이다. 금속 원소의 하나로, 전이 금속에 속한다. 태양과 다른 천체에도 풍부하게 존재하고 지구의 지각의 약 5%를 차지하며, 대부분은 지핵에 존재하고 있다.

그림 6.12 철

(2) 전자기 강판

1900년 영국의 하드필드(Robert Abbot Hadfield, 1858-1940)는 철심용 얇은 강판에 규소를 첨가하면 철손이 매우 작아지는 것을 발견했다. 또한 1934년 미국 고스(Goss)가 냉간 압연과 소둔방법을 조합하여 압연 방향으로 뛰어난 자기 특성을 지닌 방향성 규소강판을 발견했다. 규소강판은 현재는 규소를 포함하지 않는 것도 있으며, 일반적으로는 전자기 강판이라고 한다. 전자기 강판은 자속이 특정 방향으로 향하기 쉬운 방향성 전자기 강판과 방향성이 없는 무방향성 전자기 강판이 있다. 방향성강판 자구 한 개의 폭은 수백 μm 정도이며, 주로 변압기의 철심에 사용된다. 무방향강판의 자구 폭은 수십 μm 정도의 크기이며, 주로 회전 기계용으로 구분하여 사용되고 있다. 규소강판은 철에 소량의 규소를 첨가한 합금으로 규소철이라 불리는 경우도 있다. 실용 예를 그림 6.13에 보인다. 전자기 강판을 적층한 것은 투자율이 비교적 높고 포화자속밀도가 큰 것이 특징인데다 저렴하기 때문에 변압기나 모터의 철심용 자성재료로 가장 많이 사용되고 있다.

- 무방향성 규소강판

규소를 약 3% 포함한다. 방향에 따라 투자율이 변화하지 않기 때문에, 모터의 전기자 등 복잡한 형상의 제품에 이용되고 있다.

- 방향성 규소강판

규소를 약 3% 포함하고 있으며, 압연 및 열처리 조건을 조정하여 결정 방위를 가지게 한다. 압연과 평행한 방향의 투자율은 흔히 방향성 규소강판의 약 3배로 높아지지만, 그 이외의 방향에서는 반대로 투자율이 낮아진다. 변압기의 철심 등 비교적 단순한 형상의 제품에 이용되고 있다. 자기왜곡이 비교적 크기 때문에 여자음의 원인이 되기도 하는데, 이것을 자기 잡음이라고 한다.

규소가 4%를 넘으면 포화 자속밀도는 저하하게 되지만, 비투자율이 엄청나게 커진다. 또한 히스테리시스 손실, 과전류 손실 모두 극단적으로 작아진다. 6.5% 규소강판은 규소의 양을 자기왜곡 상수가 거의 0이 되는 성분인 6.5%까지 늘린 것으로, 단단하지만 쉽게 부서지기 때문에 높은 압연 가공 기술을 필요로 한다.

그림 6.13 규소강판을 이용한 자심의 예

(3) 퍼멀로이(철–니켈 합금)

퍼멀로이(permalloy)는 니켈(Ni)을 35 ~ 80% 포함한 철-니켈 합금(Fe-Ni 합금)의 총칭으로, 초기 투자율이 큰 것을 목적으로 만들어진 고투자율 합금이다. 이름의 유래는 permeability(투자율) + alloy(합금)이다.

이 합금의 자기 특성은 니켈의 양에 따라 크게 변하기 때문에 사용 목적에 따라 선택된다. 예를 들어, 계전기, 각종 변성기, 자기 증폭기 등의 약전용으로는, 큰 전류는 취급하지 않는 초기투자율이 큰 것이 요구된다. 표 6.6은 용도별로 사용되는 퍼멀로이(Fe-Ni 합금)의 종류들을 보여준다. 이들이 비투자율은 수만에서 수십만에 달한다. 그림 6.14에 그 모습을 나타낸다.

표 6.6 Fe–Ni 합금 예

이름	주조성분(wt%)	주 용도	특징
인 바(앰버)	Fe-36Ni	브라운관의 섀도 마스크 등	저열팽창 계수
엘린바	Fe-38Ni-12Cr, 미량의(Mn , C , W)	태엽용 스프링의 소재	상온 부근에서 온도 변화가 적음
42알로이	Fe-42Ni	IC 리드 프레임 재료	경질 유리, 세라믹과 열팽창 계수가 비슷하다.
인코넬	Fe-72Ni	터빈 블레이드	뛰어난 내열성, 내식성, 내산화성, 내변형성
78퍼멀로이	Fe-78Ni		초기 투과율이 최대인 조성 비율 자기이방성이 적다. 자왜 정수가 거의 0

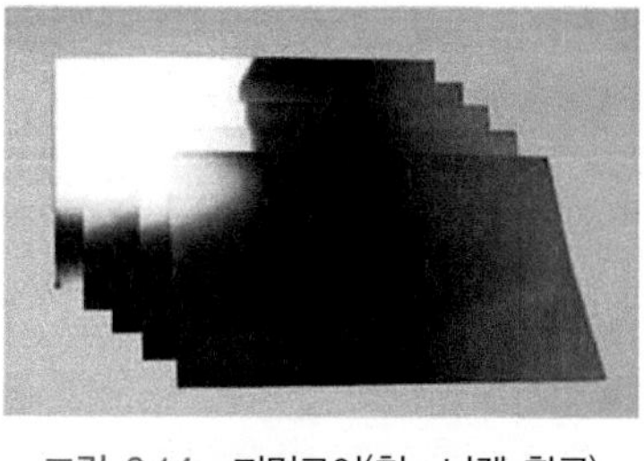

그림 6.14 퍼멀로이(철 - 니켈 합금)

(4) 센더스트(Sendust)

센더스트는 자성재료 중 투자율 이 높은 합금 중 하나이다. 외관을 그림 6.15에 나타내었다. 규소 9.5%, 알루미늄 5.5%를 포함한 합금 철(Fe-Si-Al 합금)로 퍼멀로이에 필적하는 높은 투자율을 보이고, 포화 자속밀도도 높은 특징이 있다. 매우 단단하지만 부서지기 쉬워서, 단조나 압연 등의 가공은 거의 할 수 없다. 포화 자속밀도·투자율이 높고, 철손이 작고, 내마모성이 뛰어나다. 하드디스크의 자기헤드 등에 사용된다. 1937년에 토호쿠대학 금속재료연구소의 마스모토 하카루 박사가 발명된다고, 센다이시(토호쿠대학)에서 발견된 가루(dust)로 만들기 쉽기 때문에 이 이름이 붙여졌다고 한다.

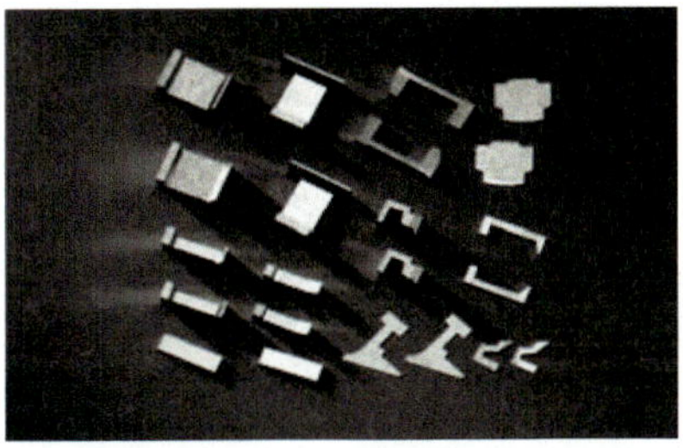

그림 6.15 센더스트를 이용한 자성체

(5) 퍼멘듈

퍼멘듈(permendur)은 철과 코발트를 1 대 1의 비율로 섞은 합금이다. 실용화된 연질 자성재료 중 최대의 포화 자속밀도를 갖기 때문에 그림 6.16과 같이 전자석의 철심과 여자형 스피커, 전자현미경의 자계 렌즈 등에 사용되고 있다.

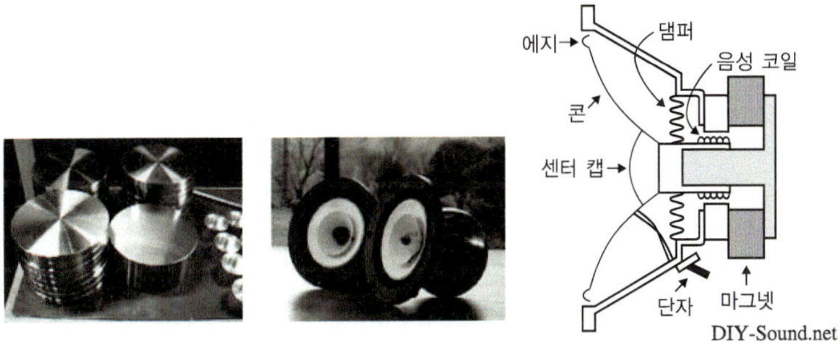

그림 6.16 퍼멘듈과 스피커 응용 예

(6) 소프트 페라이트

소프트 페라이트는 니켈, 아연, 망간, 구리, 철 등의 전이 금속과 산소로 구성된 금속 산화물을 주원료로 하는 연질 자성재료로서 자계가 더해질 때만 자석이 된다. 금속 산화물을 미세한 가루로 만든 후 입자 간을 절연하여 확실히 굳힌 후 소성하는데, 이를 압분심(dust core)이라고 한다. 현미경으로 확대한 사진이 그림 6.17(a)이다. 원소의 조성비를 바꿈으로써 다양한 자기 특성을 나타낼 수 있는데, 그 특징을 살려, 인덕터, 트랜스, 노이즈 대책 부품, 필터 등의 전자 부품의 주재료로 쓰이고 있다. 칩 인덕터의 응용 예를 그림 6.17(b)에 나타내었다.

다른 연질 자성재료와 달리, 포화 자속밀도는 다소 작지만 전기저항이 크고, 고주파 영역에서의 자기 특성이 단연 뛰어난 것이 특징이다. 펄스 전원, 고주파나 마이크로파 회로 등에 이용되고 있다.

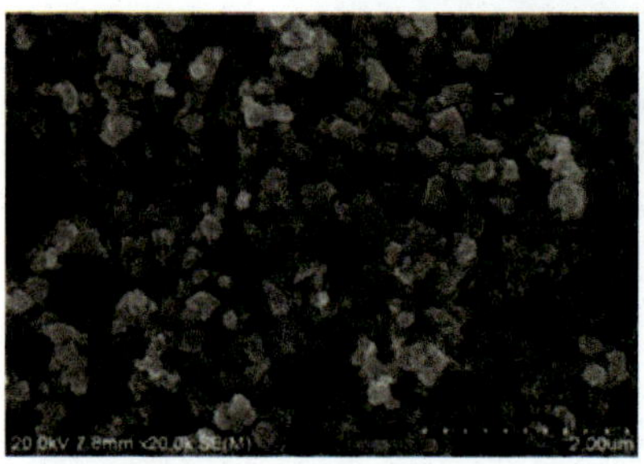

(a) 페라이트 분말의 SEM 사진

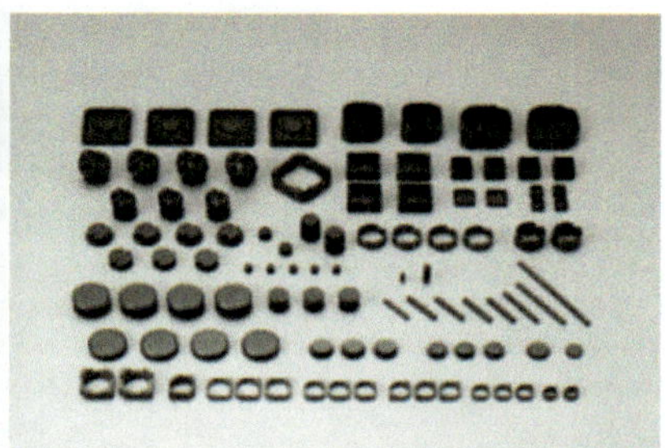

(b) 칩 인덕터용 Ni-Zn-C

그림 6.17 소프트 페라이트를 이용한 제품 예와 페라이트 분말의 SEM 사진

(7) 비정질 자성합금

비정질 금속(amorphous metal)은 유리처럼, 원소의 배열규칙성이 없이 완전히 무질서한 금속이다. 1960년에 캘리포니아공과대학의 폴듀에 등에 의해 Au 75%, Si 25%의 합금을 급냉함으로써 처음 발견된 후, 1970년 초에 도호쿠대학의 마스모토 켄에 의해 실용화되었다. 그림 6.18은 결정과 비정질의 차이 및 비정질 자성합금의 외관을 보여준다.

비정질 합금은 작은 철손과 높은 전기저항 때문에 변압기 철심으로 소용량에서부터 대용량까지 적용이 확대되고 있다. 비정질자성합금의 대표적인 특징으로 강인성 및 내식성, 연자성을 들 수 있다. 비정질에서는 금속 결정과 같은 미끄럼면이 없기 때문에 강도와 끈기를 양립시킬 수 있다. 또한 일반적으로 비정질 금속은 화학적 활성도가 높기 때문에 합금 안에 크롬과 같은 부동태를 만드는 원소를 첨가하면 두꺼운 부동태 피막을 쉽게 만들기 쉽고 높은 내부식성을 나타낸다. 비정질은 균일성이 높고, 부식의 기점이 되는 결정덩어리 경계면이 존재하지 않는 것도 내부식성을 높이는 데 기여한다. 비정질 금속은 이방성이 없고 자벽의 이동을 방해하는 입자가 존재하지 않기 때문에 조성 중에 강자성 금속을 첨가하면 뛰어난 연질 자성재료를 얻을 수 있다. 이 연자성 때문에 비정질 금속은 전원 트랜스나 노이즈 필터 등 전자기기의 핵심 소재로 사용되고 있다. 일반적으로 융점 T_m 이상에서는 비정질, T_m 이하부터는 결정이 되는데, T_m 이하에서 비정질 상태를 얻을 수 있는 합금이 비정질 합금이다.

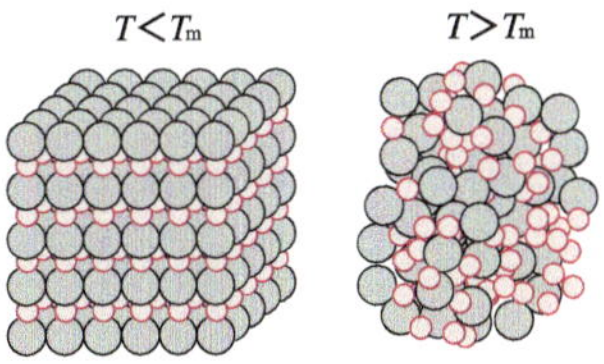

(a) 결정과 비정질의 차이

(b) 비정질 자성합금

그림 6.18 비정질 자성합금

(8) SMC

연질 압분심(SMC : soft magnetic composite)은, 그림 6.19와 같이, 계면에 유기물을 이용하여 전기적으로 절연 처리된 피막을 갖는 철 입자의 압분심으로, 고주파 특성이 뛰어난 자성재료이다. 요즘은 유기물을 사용하지 않는 것도 제작되고 있다. FeSi 자석분말 SMC는 고주파 특성 외에 투자율의 향상, 히스테리시스 손실의 저감, 전기저항률의 개선을 도모할 수 있다.

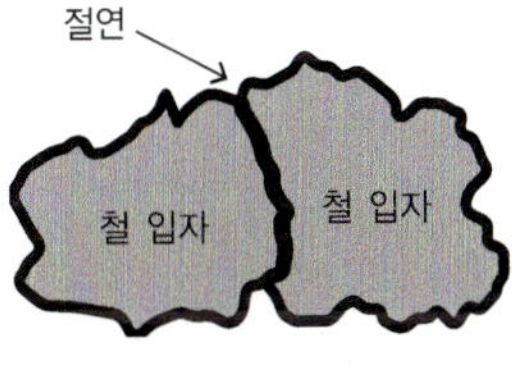

그림 6.19 연질 압분심 SMC

(9) 나노 결정 자성합금

나노 결정 자성합금은 나노 입자 (입자 직경은 약 10 nm) 조직을 갖는 자성재료이다. 철의 함유량이 비정질에 비해 10% 정도 많고, 그림 6.20(a)와 같이, 급냉 상태에서 비정질의 모상에 Cu 클러스터를 형성시키고, 열처리에 의해 클러스터를 중심으로 나노 결정 조직을 실현시킨 것으로, 뛰어난 연질 자기 특성을 나타내는 금속 자성재료이다. 그림 6.20(b)에 나타낸 바와 같이, 초미세 나노 결정 조직을 갖는 합금은 일반 합금보다 고강도 · 고연성 등의 뛰어난 성질을 가진다. 기존의 결정질 연성 자성재료는 자기 특성을 개선하기 위해 결정립 확대 방법을 사용하여야 했지만 그림 6.20(c)에 나타낸 바와 같이, 초미세 나노 결정 재료는 반대로 나노크기정도까지 결정립을 미세화하여 철손이 적은, 양호한 연질 자기력 특성을 가지면서 특히 투자율이 높은 재료를 얻을 수 있다. 그림 6.20(d)와 같이, 철 · 전이 금속계 나노 결정 연자성합금은 높은 포화 자속밀도, 뛰어난 연자기적 특성, 작은 자심 손실 등의 특성을 가지고 있으며 스위칭 전원, 노이즈 필터 등의 자심의 소형화, 고성능화를 가능하게 한다. 알루미늄 결정 안에 준결정 입자를 분산시키면, 고온강도, 연성, 인성 및 마모성이 뛰어난 알루미늄 합금을 제조할 수 있다.

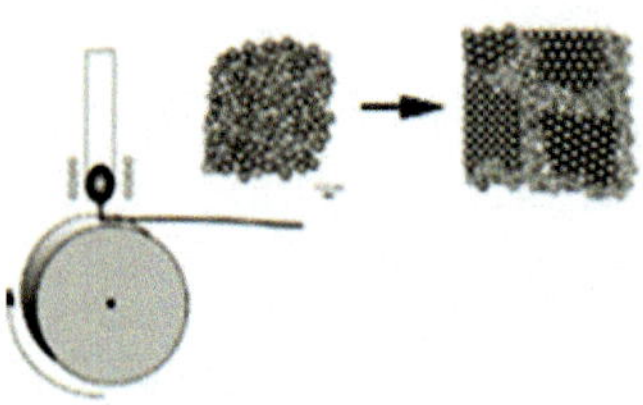

액체 급랭 · 나노 결정화

(a) 제조법

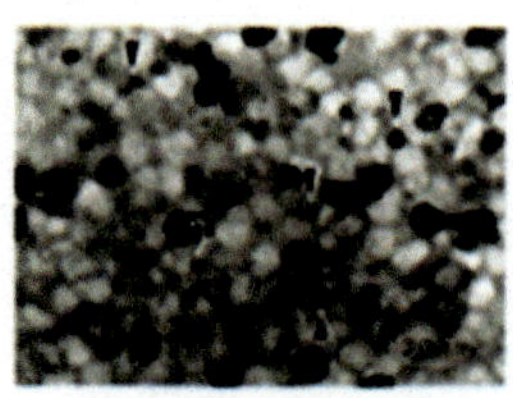

나노 결정 · 비결정

(b) 조직

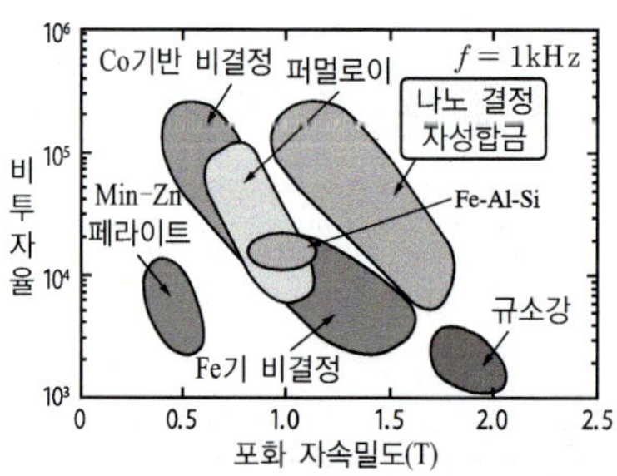

(c) 원리

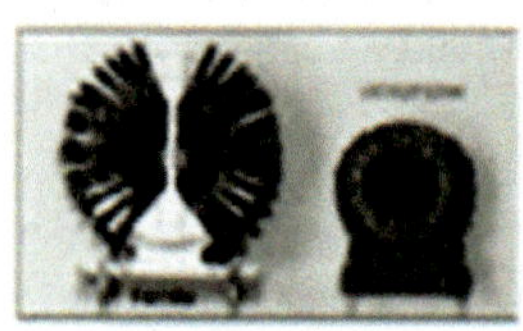

연 자성재료 헤드, 자심, 트랜스, 전자 부품

(d) 용도

그림 6.20 나노 결정 연질 자성재료

(10) 자기 기록 재료

강자성체의 중요한 용도로 자기 기록이 있다. PET 필름 테이프 위에 연성 자성재료를 도포한 것은 녹음기로서 오래 전부터 사용되어 왔다. 자기기록의 경우는 단위 면적당 기록할 정보량이 큰 것이 필요하지만 감자력이 발생하기 때문에 항자력이 큰 재료가 필요하다. 그러나 항자력이 너무 크면 자화에 큰 에너지가 필요하여, 기록 밀도가 저하되어 버린다. 또한 자화되지 않는다는 딜레마가 생긴다. 고밀도 기록이 가능한 하드디스크는 자계에 의해 전기저항이 변화하는 자기저항효과를 이용하고 있다. 대표적인 자기 기록 재료를 표 6.7에 나타내었다.

표 6.7 대표적인 자기 기록 재료

자성체	σ_s(Wb · m/kg)	자속밀도(T)	보자력 H_c(kA/m)
$y-Fe_2O_3$	1.0×10^{-4}	0.1	20~31
Co함유$y-Fe_2O_3$	1.0	0.1	20~80
CrO_2	1.1	0.15	16~64
Co-Ni 박막	>2.5	1.0	8~80

• $1T = 1Wb/m^2$

3 경질 자성재료(영구자석)

경질 자성재료(hard magnetic material)는 보자력이 큰 것을 특징으로 하는 재료로 영구자석으로 사용할 수 있다. 또한 자기 기록용 자성체도 여기에 속한다. 현재 산업용으로 사용되는 되는 영구자석 재료로는 페라이트 자석과 합금 자석이 있다. 합금 자석에는 알니코(AlNiCo) 자석, 희토류 자석이 있다. 희토류 자석은 희토류 원소(악티늄을 제외한 제 Ⅲ족 원소 및 란탄 계열)를 사용하여 만들어지는데, 1960년대 후반부터 개발된 SmCo 계 자석과 NdFeB 계 자석이 대표적이다. 이러한 희토류 자석은 자속밀도를 높일 수 있는 뛰어난 자기 특성을 가지고 있으며, 영구자석을 이용한 회전기(PM 모터 : permanent magnet type synchronous motor)용 재료로서 주목받고 있다. 표 6.8에 희토류 자석의 물성값을 보인다.

표 6.8 희토류 영구자석의 물성값

자석	잔류자속밀도 B_r(T)	보자력 H_{ci}(kA/m)	(B-H) max(kJ/m^3)	퀴리 온도 T_C(℃)
페라이트 자석 $BaO \cdot 6Fe_2O_3$(소결) $SrO \cdot 6Fe_2O_3$(소결)	0.2~0.4	100~30	10~40	 450 480
알니코 자석(소결)	0.6~1.4	275	10~88	700~860
사마륨 자석 $SmCo_5$(소결)	0.8~1.1	600~2000	120~200	720
사마륨 자석 $SM_2(Co, Fe, Cu, Zr)_{17}$ (소결)	0.9~1.15	450~1300	150~240	800
네오디뮴 자석 $Nd_2Fe_{14}B$(소결)	1.0~1.4	750~2000	200~440	310~400
네오디뮴 자석 $Nd_2Fe_{14}B$(결합)	0.6~0.7	600~1200	60~100	310~400

(1) 페라이트 자석

페라이트 자석(ferrite magnet)은 Fe 및 Ba 또는 Sr 산화물을 주성분으로 하고 있다. 이 때문에, 비전기저항이 높고, 내부식성이 뛰어나다.

(2) 알니코 자석

알니코 자석(AlNiCo)은 알루미늄(Al), 니켈(Ni), 코발트(Co) 등을 원료로 주조된 자석(주조 자석)이다. "알니코" 이름의 유래는 각 원소 기호를 간단히 나열한 것이다. 철이나 구리 등을 첨가제로 추가할 수 있으며, 강한 영구자석으로 사용된다. 일반적으로 사용하는 네오디뮴 자석과 사마륨 코발트 자석들은 등의 희토류 자석과 같이 강한 자력을 가지고 있다. 또한 알니코 자석도 지구 자계의 약 3,000배에 상당하는 0.15 T 정도의 자속밀도를 가지고 있다. 알니코 합금은 약 800℃의 높은 퀴리점을 지니고 있다. 그러나 보자력이 그다지 크지 않기 때문에 반자계가 큰 박판 형상에서는 자기 감자 때문에 사용할 수 없는 단점이 있다. 알니코 자석은 전동기나 센서 등에 사용되며, 스피커, 전기 기타의 피크 등에도 널리 이용된다. 그림 6.21은 스피커에 대한 응용 예이다. 또한, 다른 용도로 5 cm 정도의 막대 모양으로 된 알니코 자석을 소에게 삼키게 하여 제3위 속에서 철사 등의 철편을 다발 모양으로 흡착시켜 창상성 심막염을 예방하기 위해 사용되고 있다.

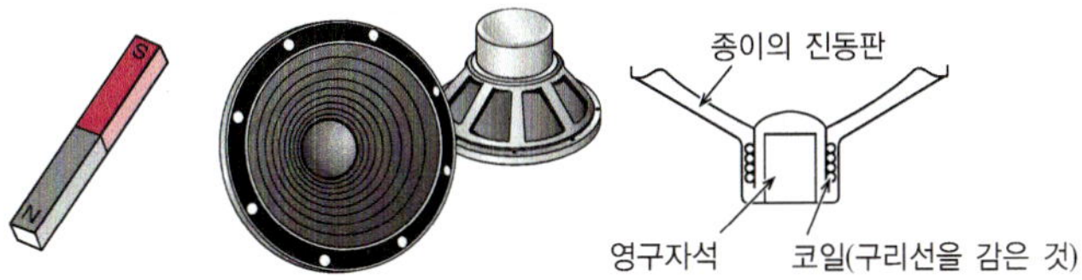

그림 6.21 알니코 합금 자석의 응용 예

(3) 사마륨 코발트 자석(사마코바 자석)

사마륨 코발트 자석(samarium-cobalt magnet)은 1970년대 초반에 개발된 자석이며, 사마륨과 코발트로 구성되는 희토류 자석이다. 사마코바 자석이라고 줄여 말할 수도 있다. 조성비가 다른 $SmCo_5$(1-5 계)와 Sm_2Co_{17}(2-17 계)이 있다. "1-5 계"는 고가의 사마륨의 비율이 높기 때문에 "2-17 계"의 등장 이후에는 많이 사용되고 있지 않다. 경도가 낮아서 부서지기 쉬운 성질이 있으나, 자기 특성이 안정되고 또한 가장 강한 네오디뮴 자석 다음으로 높은 자력을 가지고 있다. 자성이 사라지는 온도인 퀴리온도가 700~800℃로 매우 높고, 내열성이 우수하다. 최고 350℃ 정도까지의 환경에서도 사용할 수 있기 때문에 고온에서의 용도에 이용되고 있다. 내식성도 우수하지만, 수분이 충분히 적고 표면이 연마되어있는 상태에서는 저온에서도 발화할 수 있기 때문에 화재에 주의해야 한다.

(4) 네오디뮴 자석(네오디뮴 철 붕소 자석)

1984년 일본의 스미모토 특수 금속(당시 회사명, 2004년 이후 히타치 금속)의 사가와 마사토 등에 의해 발명된 네오디뮴 자석 $Nd_2Fe_{14}B$는 네오디뮴, 철, 붕소를 주성분으로 하는 희토류 자석의 하나로, 영구자석 중에서는 가장 강력한 자석이다. 그림 6.22은 네오디뮴 자석의 응용 예를 보여준다. 그림 6.23은 Nd 계 자석의 보자력과 조직 입자 크기와의 관계를 보여준다. 입자 직경이 작을수록 보자력이 커지는 것을 알 수 있다. 이것은 결정 입자가 단일 자구

입자 크기보다 작아지게 되면, 자기적으로 고립(절연)되어지기 때문이다.

한편, 네오디뮴 자석은 기계적으로 깨지기 쉬우며 자력의 온도 변화가 커서, 특히 가열하면 자석에서 발생하는 자속량이 비가역적으로 감소하는 열감자, 고온감자가 생기기 쉬운 결점이 있다. 희귀 금속인 디스프로슘(Dy)이나 갈륨(Ga)을 첨가하면 보자력 H_C가 자속밀도 $\mu_0 H_C$로 환산하여 1.5~3 T로 향상된다. 또한 1%의 디스프로슘의 첨가로 열 감소가 15℃ 개선되는 것으로 알려져 있다. 퀴리 온도는 약 310℃이다. 네오디뮴 자석은 쉽게 녹슬기 때문에 니켈로 도금하여 사용한다. 더욱이, 네오디뮴 자석이 고주파 전류에 노출되면 발생하는 와전류에 의해 발열한다. 이 발열에 대한 대책으로서 결정 방향이 한 방향으로 모이게 되는 Nd 계 이방성 본드 자석이 연구 개발되고 있다.

2009년에 발명된 NdCuAl 확산법으로 Ga, Dy, Co를 포함하지 않는 보자력 1.8 T의 Nd 계 이방성 본드 자석을 만들 수 있다. 이것은 종래의 소결 자석보다 전기저항이 2~3자리 크면서 사출성형을 할 수 있는 이점이 있다.

(a) 네오디뮴 자석

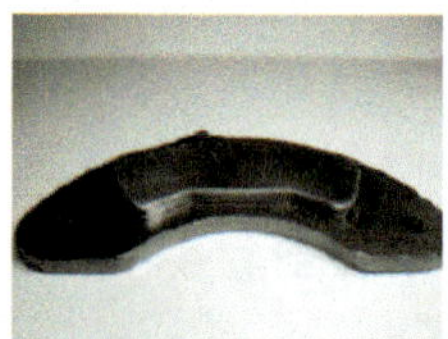

(b) 하드디스크 헤드의 액추에이터

그림 6.22 네오디뮴 자석의 응용 예

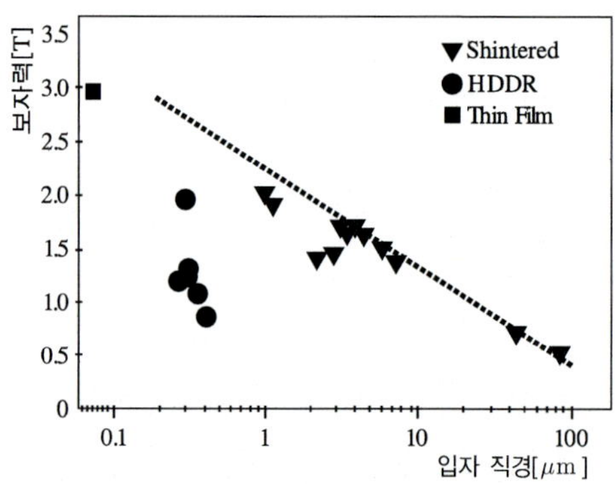

그림 6.23 입자 직경과 보자력과의 관계

(5) 사마륨 철 질소 자석

사마륨 질화 철 본드 자석은 자력 자체는 뒤떨어지지만, 절연성이 뛰어나고 녹슬지 않는다는 특성을 가지고 있어서, 현재 하이브리드카의 모터나 PC 내부 등에 널리 사용되고 있다. "네오디뮴 소결 자석"의 대안으로 개발되었지만, 열에 약하고 분말 소결 공법을 사용할 수 없기 때문에 본드 자석으로 사용되고 있다. 그림 6.24는 사마륨 자석 성형품의 예를 보여준다.

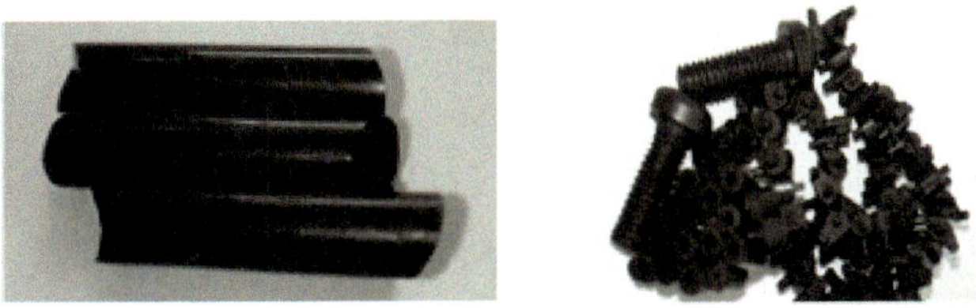

그림 6.24 사마륨 자석과 성형품의 예

4 자왜재료

자왜재료(magnetostrictive material)는, 그림 6.25와 같이, 자계를 걸면 자성체가 변형하는 재료를 말한다. 이를 모듈 효과라고 한다. 강자성체를 자화시켰을 때, 그 외형이 변형하는 현상 또는 그 변형을 자왜 또는 자기변형이라고 하는데, 니켈이나 페라이트에서 발생하는 변형에 의한 왜형비율은 불과 10^{-5} ~ 10^{-6} 정도로 매우 작다. 또한 일반 자왜재료에 비해 변화율이 40 ~ 100배 정도 큰 것들도 있는데, 이것을 초자왜 재료라고 한다. 여기에는 테르븀(Tb), 디스프로슘(Dy), 철(Fe)로 이루어진 단결정 등이 있으며, 압전 재료에 버금가는 변위량을 가지고 있다.

자왜의 원인은 자기모멘트를 담당하는 스핀 간의 상호작용의 에너지가 스핀 간의 거리의 함수이기 때문에, 강자성의 발생과 동시에 탄성 에너지의 합이 최소가 되도록 결정격자가 찌그러지기 때문이다. 용도는 초음파 발진기, 해저나 자원 탐사 소나 센서 외에도 진동 발전, 능동 제진 등 액츄에이터로서의 용도가 기대되고 있다.

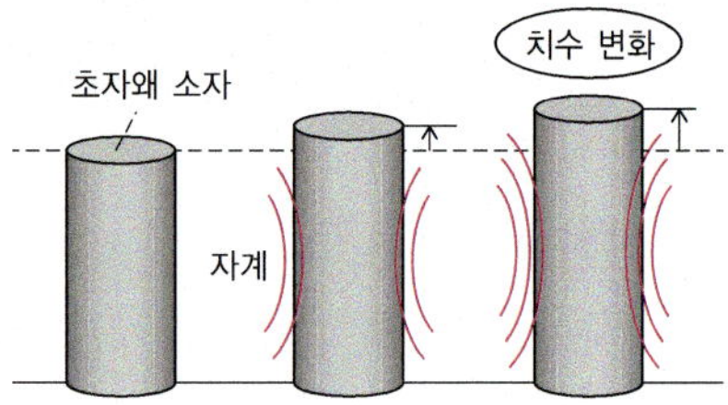

그림 6.25 줄(Joule) 효과 (초자왜)

또한 그림 6.26과 같이 초자왜 소자에 압력을 가하면 투자율이 변화하고 자화의 강도가 변화하는 현상을 빌라리 효과(Villari effect)라고 하는데, 센서의 용도로 사용하고 있다.
아울러, 자왜재료를 비틀면 둘레에 나선형 모양으로 자계가 발생하는 것을 마테우치효과(Matteucci effect)라고 하고, 역으로 원주상의 자계에 의해 자왜재료에 비틀림이 생기는 현상을 비데만효과(wiedmann effect)라고 한다.

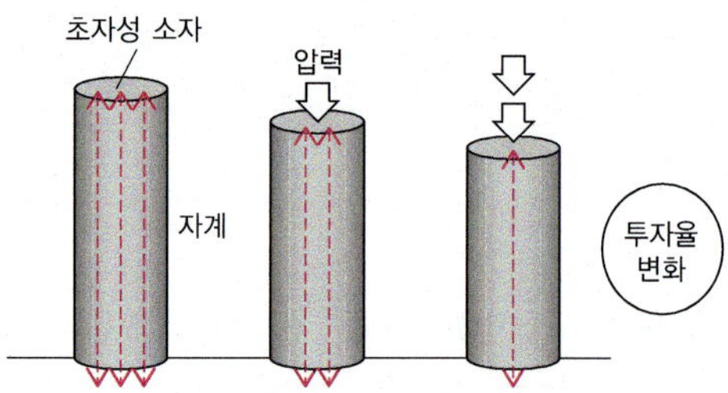

그림 6.26 비라리 효과

5 자기저항 재료

자기저항 재료는 자계를 가하면 전기저항이 변화하는 재료이다. 이러한 현상을 자기저항 효과(magnetoresistance effect)라고 하는데, 1856년에 윌리엄 톰슨에 의해 발견되었다. 예를 들어 InSb 판면에 수직 방향으로 자계가 가해지면 저항 값이 증가한다. 이것은 전류의 통로가 로렌츠 힘에 의해 변화하고 재료의 전자 이동도가 변화하는 것에 따른 것이다. 또한 강자성 금속인 코발트(Co)와 산화물 절연체인 Al_2O_3로 이루어진 금속-절연 나노 그래뉼라(nano granular) 막은 터널형 자기저항 효과(TMR)를 보여준다. 자기저항 효과의 특수한 예로 1 nm 정도의 강자성 박막(F층)과 비강자성 박막(NF층)을 올린 다층막에는 수십% 이상의 자기저항 비를 나타내는 것이 있는데 이러한 현상을 거대 자기저항 효과(GMR : giant magneto resistive effect)라고 한다. 1987년 독일의 페터 그루운 베루프, 프랑스의 알베르 페르들에 의해 발견되어 2007년 노벨 물리학상을 수상했다. 자기 다층막 이외에도 페롭스카이트형 망간 산화물에서도 관측된다. 거대 자기저항 효과를 응용한 기기로는 대용량 하드디스크의 자기헤드가 있다. 그림 6.27에 하드디스크 구조를, 또 그림 6.28에서 자기헤드의 구조를 보여준다. 자기헤드는 박막으로 되어 있어 자화 영역이 매우 작기 때문에 자계에 의해 전기저항이 변화하는 자기저항 효과를 이용하고 있다.

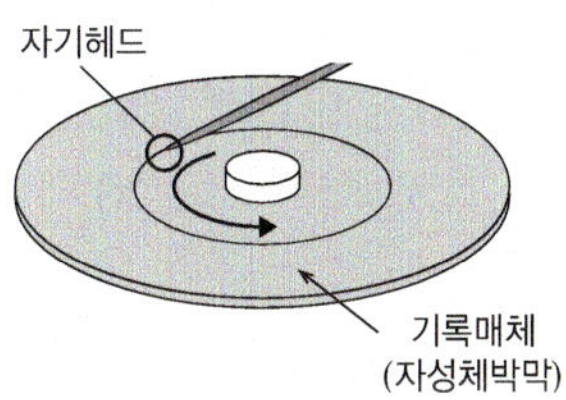

그림 6.27 하드디스크의 구조

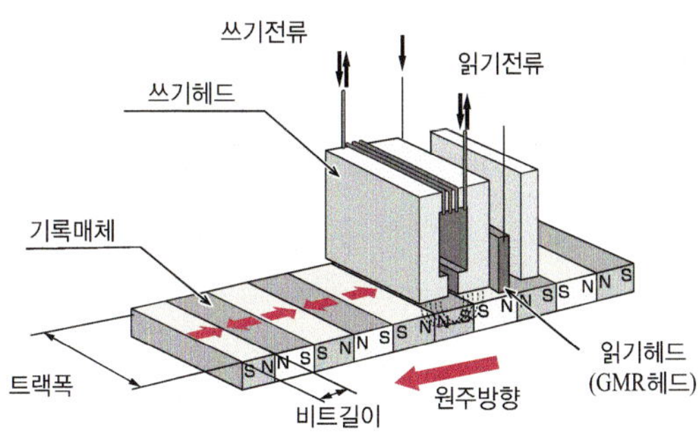

그림 6.28 자기헤드의 구조

6 자성유체

자성유체(magnetorheological fluid; magnetic fluid)는 유체이면서 자성을 띠고 사철과 같이 자석에 쏠리는 성질을 가지는 기능성 유체 중 하나이다. MR 유체라고도 한다. 그림 6.29에서 자성유체의 모습을 보여준다. 1960년대 초에 "우주의 무중력 상태에서 우주선 내부의 액체 연료를 운반하려면 어떻게 해야 하는가?"라는 NASA의 우주 프로그램에서 개발된 액체 재료이다.

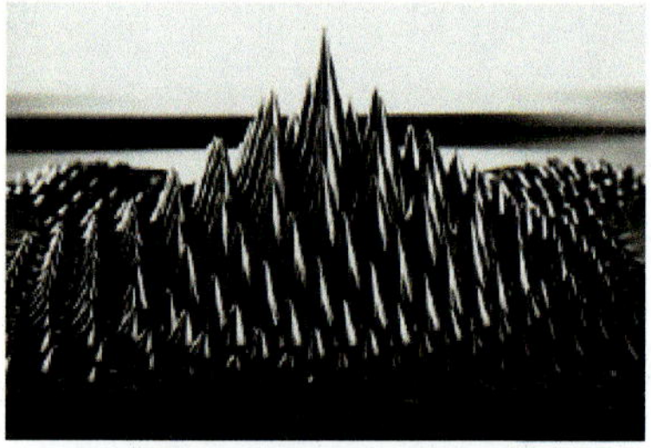

그림 6.29 자성유체

"자석에 반응하는 액체"라는 특성을 살려, 다양한 산업 용도로 활용되고 있다. 자성유체는 자철광이나 망간 아연 페라이트 등의 강자성 미립자, 그 표면을 덮는 계면 활성제, 기반액(물 또는 기름)의 셋으로 구성된 자성 콜로이드 용액이다. 자성유체 중의 강자성 입자는 직경 10 nm 정도이며, 계면 활성제와 기반액의 친화력과 계면 활성제끼리의 반발력에 의해 기반액 중에서 응집하거나 침전하지 않고 안정한 분산 상태를 유지하는 것으로 알려져 있다. 자성유체는 자계가 0이면 자성이 없는 단순한 액체이지만, 자석 등 외부에서 자계를 작용시키면 자화하지만 자석을 멀리하면(외부 자계를 제거), 자성유체의 자화는 다시 사라진다. 이러한 자기적 성질을 "초상자성"이라고 한다. 자성유체는 그림 6.30과 같이, 잔류자화 및 히스테리시스 등의 특성을 가지지 않는다.
또한 자성유체의 자화는 단위 체적당 자성유체 중에 함유되는 자성 입자의 양에 비례하고, 외부에서 인가된 자계에 의해 자화가 포화된 값을 포화 자화값이라고 한다.

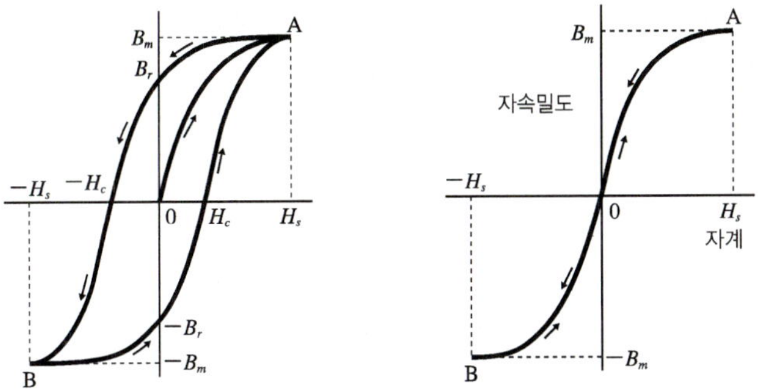

일반적인 자성재료의 자화 곡선　　　　자성유체의 자화 곡선

그림 6.30 자성유체의 자기 특성

정리

① 자성재료는 전기 기기나 소자에 필요한 자속밀도를 가능한한 작은 외부 자계로부터 얻을 수 있는 기능성 재료이다.

② 자성체는 강자성, 상자성체, 반자성체로 분류할 수 있다.

③ 일반적으로 강자성체를 자성체라고 부른다.

④ 실용화 되어 있는 자성재료에는 다양한 것이 있는데, 그들은 페라이트 자석과 합금 자석으로 나눌 수 있다.

⑤ NdFeB 자석은 페라이트 자석의 10배나 되는 최대 에너지 곱을 가지고 있다.

⑥ 거대 자기저항(GMR) 효과를 이용한 하드디스크의 읽기 자기헤드(GMR 헤드)가 실용화되어 있다.

연습문제

1 자성재료의 최대 비투자율, 보자력, 잔류자속밀도, 히스테리시스 손실의 관계를 설명하라. 上 中 下

2 전자기 강판의 종류와 특성의 차이를 정리하라. 上 中 下

3 철-니켈 합금은 높은 투자율 재료로 유용하다. 이 용도에 대해 설명하라. 上 中 下

4 비정질 자성합금의 제조 방법과 용도에 대해 조사하라. 上 中 下

5 압분철심이란 무엇인가? 또한 여기에 이용하는 강자성재료에는 어떤 것이 있는가? 上 中 下

6 고 투자율을 가진 페라이트 자심(코어)의 특징을 설명하라. 上 中 下

7 영구자석 재료로서 바람직한 특성에는 어떤 것들이 있는지 설명하라. 上 中 下

8 본드 자석이란 무엇인가? 上 中 下

9 거대자기저항(GMR) 효과란 무엇인가? 上 中 下

연습문제 정답 및 해설

1장

1 동전 속의 구리 원자의 몰수는

$$\frac{4.5\times10^{-3}\ \mathrm{kg}}{63.5\times10^{-3}\ \mathrm{kg/mol}}=7.1\times10^{-2}\ \mathrm{mol}$$

이니 원자 수는 $7.1\times10^{-2}\ \mathrm{mol}\times6.0\times10^{23}\ [1/\mathrm{mol}]=4.3\times10^{22}$

동박의 체적에 존재하는 몰수는

$$\frac{8.9\times10^{3}\ \mathrm{kg/m^3}\times10^{-3}\times10^{-3}\times10^{-4}\ \mathrm{m^{-3}}}{63.5\times10^{-3}\ \mathrm{kg/mol}}=1.4\times10^{-5}\ \mathrm{mol}$$

가 된다. 따라서 아보가드로 수를 사용하여

$1.4\times10^{-5}\ \mathrm{mol}\times6.0\times10^{23}\ [1/\mathrm{mol}]=8.4\times10^{18}$

2 구리 원자의 원자량은 63.5이므로 수치를 대입하면

$$\mathrm{v}=\sqrt{\frac{3\times1.4\times10^{-23}\ \mathrm{J/K}\times300\ \mathrm{K}}{63.5\times1.7\times10^{-23}\ \mathrm{kg}}}=340\ \mathrm{m/s}$$

3 옛날에는 KS 스틸, MK 스틸, 또는 알니코 자석, 페라이트 자석, 사마륨·코발트 자석, 네오디뮴 자석 등이 있다(자세한 내용은 6장을 참조하라).

4 금속계 초전도 재료, 구리 산화물계 재료, 철계 재료 등이 있다.

2장

1 1 eV는 1 V의 전위차를 갖는 평행판 안에서 전자를 가속시킬 때 전자가 얻을 수 운동에너지이다. 1 eV를 줄 [J] 단위로 표현하면 아래와 같이 매우 작은 값이다. 전자를 다루는 경우, 에너지를 줄 단위로 처리하면 이 작은 값을 이용한 계산이 필요하지만 eV 단위로 취급하면 사용하기 쉬운 수치이다.

$1\ \mathrm{eV}=1.60\times10^{-19}\ \mathrm{C}\times1\ \mathrm{V}=1.60\times10^{-19}\ \mathrm{J}$

2 전자는 전자와 양성자 간의 정전 인력 $e^2/4\pi\varepsilon_0 r^2$과 원심력 mv^2/r이 균형잡힌 상태에서 운동하고 있기 때문에 $e^2/4\pi\varepsilon_0 r^2=mv^2/r$이다. 또한 보어의 양자 조건에 의해, 각 운동량 $p=mrv=mh/2\pi$이다. 이 두 식에서 수소 전자의 궤도반경은 다음 식과 같이 구할 수 있다. 이 반경을 보어 반지름이라고 한다.

$$r=\frac{\varepsilon_0 h^2}{\pi me^2}=0.53\times10^{-10}\ \mathrm{m}$$

전자의 전체 에너지는 전자의 운동에너지와 정전 포텐셜에너지의 합이다.

전자의 운동에너지

$$=\frac{1}{2}\mathrm{mv}^2=\frac{1}{2}\left(\frac{\mathrm{e}^2}{4\pi\varepsilon_0\mathrm{r}}\right)=\frac{\mathrm{e}^2}{8\pi\varepsilon_0\mathrm{r}}\ \frac{\mathrm{e}^2}{8\pi\varepsilon\left(\frac{\varepsilon_0\mathrm{h}^2}{\pi\mathrm{me}^2}\right)}=\frac{\mathrm{me}^4}{8{\varepsilon_0}^2\mathrm{h}^2}\ [\mathrm{J}]$$

전자의 포텐셜에너지

$$\int_{\infty}^{\mathrm{r}}\frac{\mathrm{e}^2}{4\pi\varepsilon_0\mathrm{r}^2}\mathrm{dr}=\left[\frac{-\mathrm{e}^2}{4\pi\varepsilon_0\mathrm{r}}\right]_{\infty}^{\mathrm{r}}=\frac{-\mathrm{e}^2}{4\pi\varepsilon_0\mathrm{r}}=\frac{-\mathrm{e}^2}{4\pi\varepsilon_0\left(\frac{\varepsilon_0\mathrm{h}^2}{\pi\mathrm{me}^2}\right)}=\frac{-\mathrm{me}^4}{4{\varepsilon_0}^2\mathrm{h}^2}\ [\mathrm{J}]$$

따라서, 전자의 전체 에너지

$$=\frac{\mathrm{me}^4}{8{\varepsilon_0}^2\mathrm{h}^2}-\frac{\mathrm{me}^4}{4{\varepsilon_0}^2\mathrm{h}^2}=-\frac{\mathrm{me}^4}{8{\varepsilon_0}^2\mathrm{h}^2}\ [\mathrm{J}]=-2.165\times10^{-18}\ \mathrm{J}=-13.6\ \mathrm{eV}$$

전자의 정전 포텐셜에너지가 음수가 되는 것은, 정전 포텐셜의 기준을 전자가 원자핵의 영향을 받지 않는 원자핵으로부터 무한대 떨어진 위치로 잡았기 때문이다. 전자는 원자핵에 끌리고 포텐셜에너지를 작게 하면서 r의 위치에 존재하기 때문에 포텐셜에너지는 음수가 된다.

3

궤도	주양자수 n	방위양자수	궤도명	자기양자수 m	스핀양자수 s	최대 수용가능 전자수	
K각	1	0	1s	0	+1/2, −1/2	2	2
L각	2	0	2s	0	+1/2, −1/2	2	8
		1	2p	−1	+1/2, −1/2	2	
				0	+1/2, −1/2	2	
				+1	+1/2, −1/2	2	
M각	3	0	3s	0	+1/2, −1/2	2	18
		1	3p	−1	+1/2, −1/2	2	
				0	+1/2, −1/2	2	
				+1	+1/2, −1/2	2	
		2	3d	−2	+1/2, −1/2	2	
				−1	+1/2, −1/2	2	
				0	+1/2, −1/2	2	
				+1	+1/2, −1/2	2	
				+2	+1/2, −1/2	2	
N각	4	0	3s	0	+1/2, −1/2	2	32
		1	4p	−1	+1/2, −1/2	2	
				0	+1/2, −1/2	2	
				+1	+1/2, −1/2	2	
		2	4d	−2	+1/2, −1/2	2	
				−1	+1/2, −1/2	2	
				0	+1/2, −1/2	2	
				+1	+1/2, −1/2	2	
				+2	+1/2, −1/2	2	
		3	4f	−3	+1/2, −1/2	2	
				−2	+1/2, −1/2	2	
				−1	+1/2, −1/2	2	
				0	+1/2, −1/2	2	
				+1	+1/2, −1/2	2	
				+2	+1/2, −1/2	2	
				+3	+1/2, −1/2	2	

4

껍질	궤도	$_{6}$C	$_{15}$P	$_{18}$Ar	$_{26}$Fe	$_{28}$Ni	$_{31}$Ga	$_{32}$Ge	$_{33}$As	$_{49}$In	$_{50}$Sn	$_{51}$Sb
K	1s	2	2	2	2	2	2	2	2	2	2	2
L	2s	2	2	2	2	2	2	2	2	2	2	2
	2p	2	6	6	6	6	6	6	6	6	6	6
M	3s		2	2	2	2	2	2	2	2	2	2
	3p		3	6	6	6	6	6	6	6	6	6
	3d				8	8	10	10	10	10	10	10
N	4s					2	2	2	2	2	2	2
	4p						1	2	3	6	6	6
	4d									10	10	10
	4f											
O	5s									2	2	2
	5p									1	2	3
	5d											
	⋮											

5 열에너지는 절대온도를 T [K]라고 하면 볼츠만상수 $k_B(1.38\times10^{-23}\ J/K)$에 의해 $E=k_BT[J]$으로 정의된다. 따라서, 300 K의 열에너지는 $4.14\times10^{-21}J(=0.026\ eV)$이다. 한편, 빛의 에너지는 파장을 ν로 하면 플랑크 상수 $h(6.63\times10^{-34}\ J\cdot s)$에 의해서 $E=h\nu[J]$로 정의된다. 파장 λ가 500 nm인 빛의 진동수 ν를 빛의 속도 c $(=3\times10^{8}\ m/s)$로 하면 $\nu=c/\lambda$에서 $6\times10^{14}\ [1/s]$이다. 따라서 500 nm의 빛의 에너지는 $3.98\times10^{-19}J(=2.49\ eV)$로 구해진다. 열에너지에 비해 빛에너지가 큰 것을 알 수 있다.

6

	공유결합	이온결합	금속결합	판델발스 결합
결합력	← 강함			
융점·비점	매우 높음	높음	중간	낮음
전기전도	일반적으로 낮음	매우 낮음 (액체는 높음)	매우 높음	매우 낮음
경도	매우 딱딱함	약간 딱딱함	딱딱한~부드러운까지 연성·전성이 풍부하다.	부드러움

7 결정면 ① $(1\ \bar{1}\ 0\ 0)$ ② $(1\ 0\ \bar{1}\ 1)$ ③ $(\bar{1}\ 2\ \bar{1}\ 0)$
결정 방위 ① [1, 0, 0, 0] ② [0, 0, 0, 1] ③ [0, 1, 0, 1]

3장

1 전자 밀도 n = 아보가드로 수 × 밀도 ÷ 원자량 = 8.47×10^{28}개/m^3이므로, 다음 식처럼 된다.

이동도 $\mu_e = \dfrac{1}{n \cdot e \cdot \rho} = 4.3 \times 10^{-3}\ m^2/(V \cdot s)$

평균 속도 $\nu_e = \mu_e \cdot E = 6.6 \times 10^{-2}\ m/s$

완화 시간 $\tau_e = \dfrac{m_e}{ne^2\rho} = 2.44 \times 10^{-14}\ s$

2 전자 밀도 n = 아보가드로 수 × 밀도 ÷ 원자량 = 6.03×10^{28}개/m^3이므로 다음 식이 된다.

이동도 $\mu_e = \dfrac{1}{n \cdot e \cdot \rho} = 4.3 \times 10^{-3}\ m^2/(V \cdot s)$

평균 속도 $\nu_e = \dfrac{I}{S \cdot n \cdot \rho} = 5.27 \times 10^{-5}\ m/s$

완화 시간 $\tau_e = \dfrac{m_e}{n \cdot e^2 \cdot \rho} = 2.09 \times 10^{-14}\ s$

3 파장 $\lambda = \dfrac{C_0}{\nu} = 472\ nm$

진동수 $\nu = \dfrac{1}{2\pi}\sqrt{\dfrac{n \cdot e^2}{\varepsilon_0 \cdot m_e}} = 6.35 \times 10^{-14}\ Hz$

4 광량자 에너지는 $E = \dfrac{h \cdot C_0}{e \cdot \lambda} = 0.25\ eV$이 된다.

5 맥스웰 볼츠만(Maxwell-Boltzmann) 분포는 원통을 중력 내에서 생각하고 내부의 기체 분자가 온도 T [K]에서 열평형 상태라고 가정한다. 높이 Z와 Z+dZ 사이에 있는 입자에 의한 압력 dP는

$$dP = -nmg dZ \tag{1}$$

여기서, n(Z) : Z위치에서의 분자 농도, g : 중력 가속도, m : 분자 질량. 한편, 보일-샤를의 법칙에서 1 mol의 기체의 체적을 V_m이라 하면

$$PV_m = RT \tag{2}$$

여기서, R : 기체 상수 = 8.314 J/kmol, 기체 밀도 ρ, 아보가드로 수 : $N_0 = 6.025 \times 10^{23}$ [1/mol]으로부터

$$V_m = \frac{N_0 m}{\rho}\frac{N_0}{n} \tag{3}$$

여기서, $n = \rho/m$이므로,

식 (2)는 볼츠만상수 : $k_B = \left(\frac{R}{N_0}\right) = 1.38 \times 10^{-23}$ J/K이므로

$$P = \frac{n}{N_0}RT = nk_B T \tag{4}$$

따라서, 식 (4)를 미분하면 또한 식 (1)에서

$$\frac{dP}{dZ} = k_B T\frac{dn}{dZ} \tag{5}$$

$$\frac{dP}{dZ} = -nmg \tag{6}$$

그래서

$$k_B T\frac{dn}{dZ} = -nmg \Rightarrow -\frac{dn}{n} = \frac{mg}{k_B T}dZ \tag{7}$$

적분하면

$$n = A\exp\left(-\frac{mgZ}{k_B T}\right) \tag{8}$$

여기서 A : 적분 상수

식 (8)에서 mgZ는 높이의 차이에 의한 중력 포텐셜에너지 W(Z)라고 하면

$$n(Z) = A\exp\left(-\frac{W(Z)}{k_B T}\right)$$

단위면적당 기체입자 수를 N이라 하면

$$N = \int_0^\infty n(Z)dZ = A\int_0^\infty \exp\left(-\frac{W(Z)}{k_B T}\right)dZ = A\frac{k_B T}{mg} \tag{9}$$

$\therefore A = \frac{mg}{k_B T}N$이므로

$$n(Z) = \frac{Nmg}{k_B T} - \exp\left(-\frac{Nmg}{k_B T}\right) = \frac{Nmg}{k_B T} \times \exp\left(-\frac{W(Z)}{k_B T}\right) \tag{10}$$

일반형으로 높이 Z에서 Z+dZ사이에 있는 기체입자 수는

$$f(Z)dZ = A(N,T)\exp\left(-\frac{W(Z)}{k_B T}\right)dZ \tag{11}$$

[$\because A(N,T) = \frac{Nmg}{k_B T}$]가 된다. f(Z)는 분포함수라고 부른다.

6 열전 성능상수는 $Z=\frac{\alpha^2}{\eta\rho}=2.32\times10^{-3}$이 된다.

7 초전도 임계전류밀도는 $J=\frac{B}{\mu_0\cdot N\cdot\pi\cdot r_2}=1.27\times10^8\ A/m^2$가 된다.

8 론돈의 투과깊이는 $\lambda=\sqrt{\frac{m_5}{n_s\cdot e^2\cdot\mu_0}}=2.38\times10^{-8}m$가 된다.

4 장

1 반도체 중의 캐리어 이동도 μ는 캐리어의 움직임의 용이성을 나타낸다. 반도체 안에서, 전계 E [V/m] 속에 캐리어가 놓여 있을 때 캐리어의 전계에 의한 이동속도 v [cm/s]는 $v=\mu E$로 표시된다. 이 식에서 캐리어 이동도 $\mu=v/E$가 되어, 단위는 $cm/s\div V/m=cm^2/(V\cdot s)$로 표시된다.

2 무어의 법칙은 Gordon Moore씨가 1965년에 경험법칙으로 제창한 "반도체의 집적 밀도는 18~24개월 동안 두 배로 늘어난다"는 법칙이다. 반도체 미세화의 방향성과 성능 향상을 예측하기 위한 지표로서 널리 사용되어 왔다. 제창 이후 반도체의 가공 기술은 대체로 무어의 법칙과 같은 속도로 고밀도화 되어 왔다. 그러나 최근 i) 생산 비용 증대, ii) 특성의 불균질성, iii) 누설전류의 증대, iv) 소비전력의 증대 등의 문제로 인해 집적 밀도의 향상 속도가 더 느려지고 있다. i) 제조비용 증대 요인은 반도체 제조 공장에 대한 설비 투자의 증대, 설계 기간의 장기화, 마스크 가격 급등, 테스트/검증 비용의 증가, 소량 다품종화 등을 들 수 있다. ii) 특성의 불균질성은 칩에 주입된 불순물 분포의 흔들림 때문에 기인하는 문턱 전압이 로트마다, 웨이퍼마다, 칩마다 달라지고, 칩 내에서도 달라진다는 것이다. iii) 누설전류의 증대는 단채널효과와 터널효과에 의한 드레인 소스 사이의 누설 전류 증대이다. iv) 소비전력에 있어서는 칩 당 소비전력이 200 W를 넘어서게 되면서 방열이 어려워지고 있으며, 칩의 동작이 불안정해질 수 있다.

3 역 바이어스 전압을 높이면, 그림 (a)에 나타낸 바와 같이, 공핍층을 통과하는 열 여기 등에 의해 발생한 전자는 높은 역전압에 의해 가속되어 큰 운동에너지를 갖는다. 이 전자가 원자와 충돌하면서 가전자들에게 에너지를 주게 되는데, 이 전자들이 금지대를 뛰어 넘는 만큼의 에너지를 얻게 되면 공핍층 영역에서 전자-정공 쌍을 생성한다. 생성된 전자도 전계에 의해 가속하고 마찬가지로 가전자를 자극하기 때문에, 기하급수적으로 전자가 증가한하게 된다. 이런 상태를 전자 사태항

복이라고 하고, 역방향 바이어스 전압을 인가했을 때 큰 역방향 전류가 흐르는 요인 중 하나이다. 또한 역 바이어스가 인가되면, 그림 (b)에 나타낸 바와 같이, 금지대 폭이 전계의 영향으로 구부려 좁아진다. 이때, 접합면 근처의 전자가 전도대에서 가전자대로 빠져 나가는 현상이 일어난다. 이 현상은 터널효과라 불리는 양자 이론에 의한 현상이다. 가전자대에서 빠져 나간 전자가 반대 방향으로 흐르는 큰 전류의 또 다른 요인으로서 제너 항복이라고 한다. 반도체의 불순물 밀도가 높은 경우에는 전이 영역의 폭이 작아지므로 제너 항복 쪽이 일어나기 쉽고 불순물 밀도가 낮은 경우에는 전이 영역의 폭이 넓어 때문에 전자사태 항복이 지배적이다.

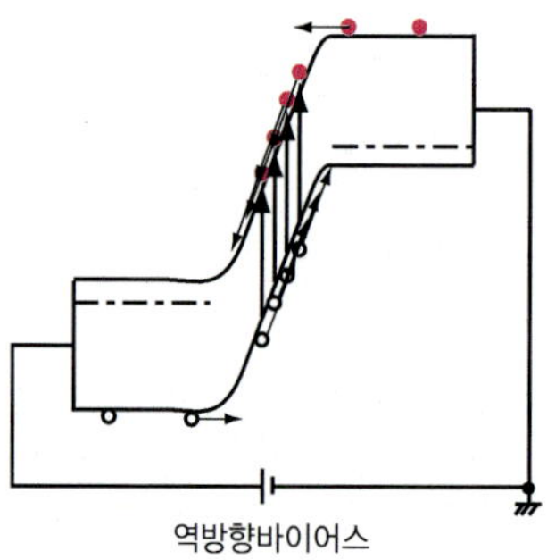

(a) 눈사태 항복

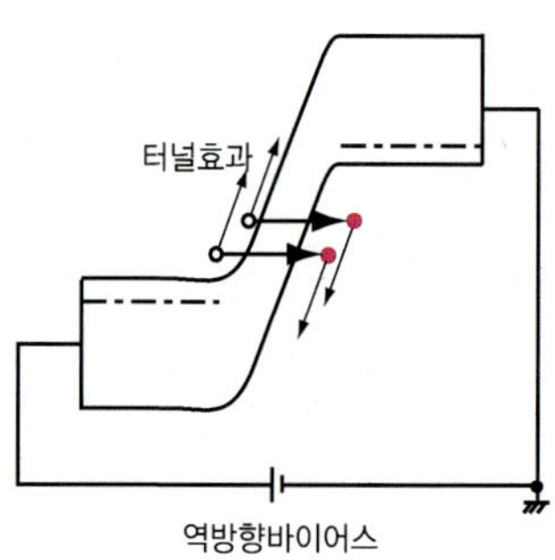

(b) 제너 항복

4 열평형 상태와 바이어스 전압 인가 시의 pnp 트랜지스터의 에너지밴드 다이어그램을 아래에 나타낸다.

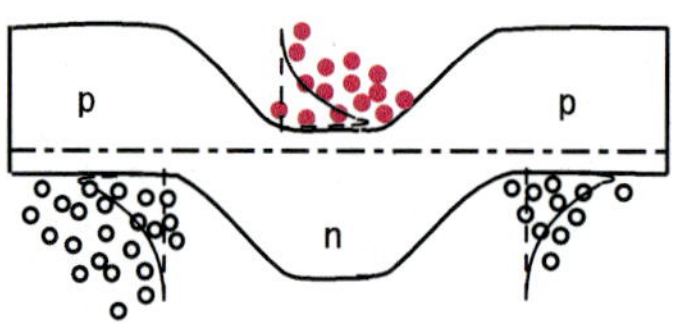

(a) pnp형 트랜지스터 에너지밴드 다이어그램

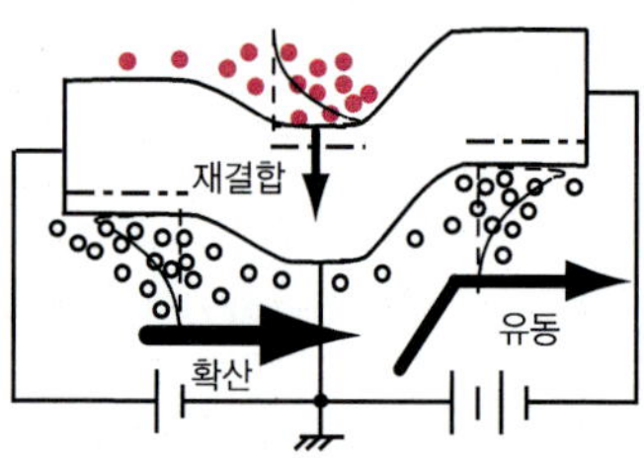

(b) 바이어스 에너지밴드 다이어그램

5 그림 (a)는 이상적인 p 채널 MOS 구조의 에너지밴드 다이어그램을 보여준다. 그림 (b)는 게이트 전극에 양의 전압을 인가한 경우이며, n형 기판에 전자가 정전 유도된다. 이때의 에너지 밴드는 전계의 영향으로 그림과 같이 곡선이 된다. 이러한 상태를 축적 모드라고 한다. 그림 (c)는 게이트 전극에 음의 전압을 인가한 경

우이다. 이 경우, n형 기판은 양의 전하가 정전 유도되게 되지만, n형 반도체는 전자의 숫자가 적기 때문에 야기되는 전자는 거의 없다.

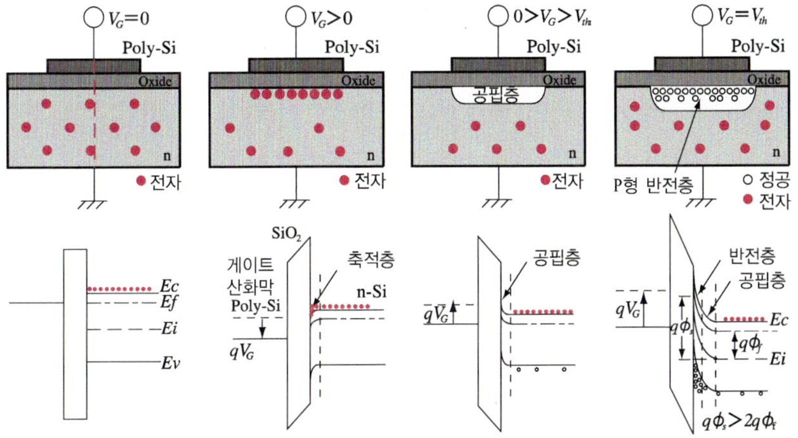

(a) 플랫 밴드 모드 (b) 축적 모드 (c) 공핍 모드 (d) 강 반전 모드

pn 접합의 공핍층과 같은 상황이 된다. 게이트에 인가되는 전압을 낮춰가면 게이트 산화막 바로 아래에 정공이 모이기 시작한다. 이 상태를 약반전 모드라고 한다. 이 정공은 열 여기에 의해 n형 기판 내부에서 발생한 정공과 전자 쌍에서 기인한다. 그림 (d)와 같이, 게이트 전압을 더욱 더 낮추면, n형 반도체의 전자의 수와 같은 수의 정공이 반전층에 머물게되는 반전 모드이다.

6 STI(shallow trench isolation)는 소자 영역과 소자 영역을 분리하기 위한 구조의 하나이다. LOCOS 법에서는 SiN 단층 아래의 실리콘이 가로 방향으로 산화되기 때문에 충분히 미세화를 할 수 없다는 문제가 있었다. STI는 그림과 같이 소자 분리 영역에 좁은 홈을 형성하여 절연막 SiO_2을 포함하는 구조이다. LOCOS에서 처럼 가로로 퍼지는 것은 아니기 때문에, 미세화에 유리하다.

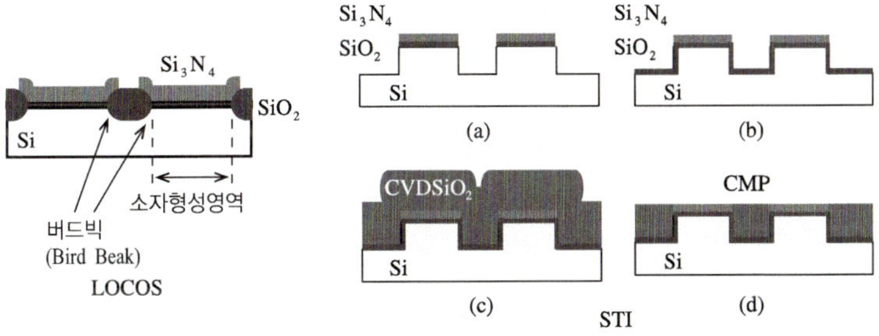

5 장

1 (가) 체적저항률 (나) [Ω · m]
(다) $\rho l/S$ (라) 10^{10}
(마) 전도도 (바) 전도전류
(사) 변위전류 (아) 자유전자
(자) 밴드 갭

2 (가) 유전율 (나) [F/m]
(다) 비유전율 (라) $\varepsilon_0\varepsilon_r$
(마) 8.854×10^{-12} (바) 전기쌍극자
(사) 쌍극자 분극 (아) 원자 분극
(자) 전자 분극 (차) 유전정접
(카) 3×10^8 (타) $c/\sqrt{\varepsilon_r}$
(파) $\sqrt{\varepsilon_r}$

3 (가) GIS (나) (역)기전력, (유도)기전력
(다) 아크 (라) 절연파괴 전계
(마) SF_6(육불화황) (바) 3중점(트리플 정션)
(사) 연면 (아) 트래킹
(자) 냉각 (차) 수분
(카) 유동 대전 (타) 절연파괴 전계
(파) 내열성(열전성이나 성형성에서도 가능)

4 (가) 맥 류 (나) 평활
(다) 칩 (라) 저대역통과필터(Low Pass Filter)
(마) 공진회로

6 장

1 • 최대 비투자율 : 그림 6.11에 나타낸 B-H 곡선에서 투자율이 최대가 될 때의 비투자율
• 보자력 : 자기 히스테리시스 특성(p.198)를 참조
• 잔류자속밀도 : 자기 히스테리시스 특성(p.198)을 참조
• 히스테리시스 손실 : 철손(히스테리시스 손실과 와전류 손실)(p.201)을 참조.

2 발전소의 발전기, 변전소의 변압기, 모터 및 코일의 철심에 사용되는 전자기 강판은 주로 철에 규소를 첨가하여 제조하므로 규소강판이라고도 한다. 규소 첨가량이 증가할수록 철손이 저하되지만, 규소를 첨가하면 강철이 깨지기 쉬워지므로 실용적인 전자기 강판의 규소 첨가량은 약 4%까지이다. 최근에는 규소를 사용하지 않는 전자강판도 있다.

전자강판의 종류는 무방향성 전자강판과 방향성 전자강판의 2종류가 있다. 무방향성 전자강판은 특정 방향으로 치우쳐 자화하지 않도록 한 강판이며, 결정축 방향이 무작위로 되도록 조정하여 제조한다. 주로 모터의 철심이나 발전기에 사용되고 있다.

방향성 전자강판은 결정 배열을 압연 방향으로 정렬시킴으로써 특정 방향으로만 특성이 우수한 강판이다. 변압기나 전자석 등에 사용되고 있으며, 판의 두께는 0.23 mm에서 0.35 mm의 것이 많이 사용되고 있다. 또한 와전류 손실을 감소시키기 위해, 판의 표면에 절연 피복이 되어있다(p.204 참조).

3 매우 높은 투명성을 가지고 있기 때문에 약전기기의 철심 및 전자기기를 전자기 간섭으로부터 차단하기 위한 용도에 적합하다. 알루미늄・니켈・코발트・철을 주성분으로 하는 영구자석은 한때 널리 사용되었지만, 최근에는 여러 용도에서 페라이트 자석과 희토류 자석으로 대체되고 있다.

4 금속을 액체 상태에서 1초당 10,000~1,000,000℃의 속도로 초급냉하면 액체 금속을 정렬되지 않은 원자 상태에서 고체화하여 비정질 자성합금을 얻을 수 있다. 실용적으로 제조 방법은 냉각 롤을 고속 회전시켜 롤 표면에 녹은 금속을 연속적으로 주입하여 막상의 긴 테이프로 만드는 방법이 일반적이다. 비정질의 큰 특성은 결정 금속에 비해 3~4배의 강도를 얻을 수 있고 게다가 인성도 큰 것이다. 또한 합금에서는 원자가 방향성이 없기 때문에 자기적 성질이 뛰어나 자화하기 쉽기 때문에 높은 포화자속밀도와 높은 투자율이 기존 재료에 비해 비약적으로 향상된다. 예를 들어, 13% B(붕소) - 9% Si(실리콘)의 Fe(철) 바탕의 비정질 합금은 포화 자속밀도가 높고, 철손이 매우 낮기 때문에 전력용 변압기 철심으로 실용화되고 있다.

5 철 등의 자성 분말의 표면을 무기계의 인산・붕산・산화마그네슘 등으로 절연 처리된 연자성 분말을 금형 안에 넣고 높은 압력으로 압축 성형한 것을 압분철심이라고 한다. 절연 처리가 되어있어서 와전류 손실의 발생이 억제되어 있다. 그래서 압분자심의 고주파 자심 손실은 규소강판에 비해 작다는 장점을 가지고 있다. 초크 코일과 모터코어 등 다방면에서 이용되고 있다.

6 철손은 주파수가 높을수록 증가하기 때문에 고주파에서는 산화철을 주성분으로 하는 고 투자율 페라이트 코어가 사용된다. 이 페라이트는 철 등의 자성 분말에 전기 절연 접합의 기능을 가지는 수지 컴파운드를 혼합하여 압축 성형한 것으로, 높은 투자율, 높은 자속밀도, 낮은 손실 특성을 얻을 수 있다.

7 영구자석 재료의 특성으로 에너지 곱$(B \cdot H)_{max}$이 큰 것이 중요하다. 또한, 보자력 Hc가 큰 것도 용도에 따라 필요해지고 있다. 사용 목적에 따라서는 내열성과 내식성이 우수하고, 또한 원료가 저렴하고 접근 가능한 것도 중요한 요인이 되고 있다.

8 미세한 자석 입자 혹은 미세분말을 수지 등의 바인더와 혼합하여 성형 고체화하여 제조 되는 자석을 본드 자석이라고 한다. 자석 분말은 페라이트계 자석과 희토류계 자석이 있다. 바인더를 사용하기 때문에 형상의 자유도나 치수 정밀도는 높지만, 비자성 부분을 많이 함유하기 때문에 소결 자석과 비교하면, 자기 특성이 낮고 내열성도 떨어지는 단점이 있다. 또한 자기를 입히는 방법에도 노력이 필요하다.

9 자기저항재료(p.215) 참조.

찾 아 보 기

찾아보기

ㅈ

ㅎ

기타